21世纪高等学校规划教材丨电子信息

信息论与编码

龙光利 主编
侯宝生 副主编
张文丽 魏瑞 陈正涛 井敏英 编著

清华大学出版社
北京

内容简介

本书系统地讲述信息论与编码的基础理论,包含香农信息论的核心内容,全书共分7章,即绪论、信源与信息熵、信道与信道容量、信息率失真函数、信源编码、信道编码和加密编码。

本书文字通俗易懂,注重基本理论和实现原理,与实际通信系统紧密联系,内容由浅入深,尽量减少繁杂的公式推导和定理证明。为了帮助读者掌握基本理论和分析方法,每章都列举了一定数量的例题,章末附有小结和习题,并配有部分习题参考答案。

本书可作为高等学校通信工程、电子信息工程、电子信息科学技术等专业本科生教材,也可供通信工程技术人员和科研人员参考。

本书封面贴有清华大学出版社防伪标签,无标签者不得销售。
版权所有,侵权必究。举报:010-62782989,beiqinquan@tup.tsinghua.edu.cn。

图书在版编目(CIP)数据

信息论与编码/龙光利主编. --北京:清华大学出版社,2015(2024.8重印)
21世纪高等学校规划教材·电子信息
ISBN 978-7-302-39010-7

Ⅰ.①信… Ⅱ.①龙… Ⅲ.①信息论—高等学校—教材 ②信源编码—高等学校—教材
Ⅳ.①TN911.2

中国版本图书馆CIP数据核字(2015)第013576号

责任编辑:郑寅堃 赵晓宁
封面设计:傅瑞学
责任校对:焦丽丽
责任印制:刘 菲

出版发行:清华大学出版社
网　　址:https://www.tup.com.cn,https://www.wqxuetang.com
地　　址:北京清华大学学研大厦A座　　邮　编:100084
社 总 机:010-83470000　　邮　购:010-62786544
投稿与读者服务:010-62776969,c-service@tup.tsinghua.edu.cn
质量反馈:010-62772015,zhiliang@tup.tsinghua.edu.cn
课件下载:https://www.tup.com.cn,010-83470236

印 装 者:北京建宏印刷有限公司
经　　销:全国新华书店
开　　本:185mm×260mm　　印　张:13.75　　字　数:337千字
版　　次:2015年2月第1版　　印　次:2024年8月第9次印刷
印　　数:3301~3500
定　　价:39.00元

产品编号:060450-02

出版说明

随着我国改革开放的进一步深化,高等教育也得到了快速发展,各地高校紧密结合地方经济建设发展需要,科学运用市场调节机制,加大了使用信息科学等现代科学技术提升、改造传统学科专业的投入力度,通过教育改革合理调整和配置了教育资源,优化了传统学科专业,积极为地方经济建设输送人才,为我国经济社会的快速、健康和可持续发展以及高等教育自身的改革发展做出了巨大贡献。但是,高等教育质量还需要进一步提高以适应经济社会发展的需要,不少高校的专业设置和结构不尽合理,教师队伍整体素质亟待提高,人才培养模式、教学内容和方法需要进一步转变,学生的实践能力和创新精神亟待加强。

教育部一直十分重视高等教育质量工作。2007年1月,教育部下发了《关于实施高等学校本科教学质量与教学改革工程的意见》,计划实施"高等学校本科教学质量与教学改革工程"(简称"质量工程"),通过专业结构调整、课程教材建设、实践教学改革、教学团队建设等多项内容,进一步深化高等学校教学改革,提高人才培养的能力和水平,更好地满足经济社会发展对高素质人才的需要。在贯彻和落实教育部"质量工程"的过程中,各地高校发挥师资力量强、办学经验丰富、教学资源充裕等优势,对其特色专业及特色课程(群)加以规划、整理和总结,更新教学内容、改革课程体系,建设了一大批内容新、体系新、方法新、手段新的特色课程。在此基础上,经教育部相关教学指导委员会专家的指导和建议,清华大学出版社在多个领域精选各高校的特色课程,分别规划出版系列教材,以配合"质量工程"的实施,满足各高校教学质量和教学改革的需要。

为了深入贯彻落实教育部《关于加强高等学校本科教学工作,提高教学质量的若干意见》精神,紧密配合教育部已经启动的"高等学校教学质量与教学改革工程精品课程建设工作",在有关专家、教授的倡议和有关部门的大力支持下,我们组织并成立了"清华大学出版社教材编审委员会"(以下简称"编委会"),旨在配合教育部制定精品课程教材的出版规划,讨论并实施精品课程教材的编写与出版工作。"编委会"成员皆来自全国各类高等学校教学与科研第一线的骨干教师,其中许多教师为各校相关院、系主管教学的院长或系主任。

按照教育部的要求,"编委会"一致认为,精品课程的建设工作从开始就要坚持高标准、严要求,处于一个比较高的起点上。精品课程教材应该能够反映各高校教学改革与课程建设的需要,要有特色风格、有创新性(新体系、新内容、新手段、新思路,教材的内容体系有较高的科学创新、技术创新和理念创新的含量)、先进性(对原有的学科体系有实质性的改革和发展,顺应并符合21世纪教学发展的规律,代表并引领课程发展的趋势和方向)、示范性(教材所体现的课程体系具有较广泛的辐射性和示范性)和一定的前瞻性。教材由个人申报或各校推荐(通过所在高校的"编委会"成员推荐),经"编委会"认真评审,最后由清华大学出版社审定出版。

目前,针对计算机类和电子信息类相关专业成立了两个"编委会",即"清华大学出版社计算机教材编审委员会"和"清华大学出版社电子信息教材编审委员会"。推出的特色精品教材包括:

(1) 21世纪高等学校规划教材·计算机应用——高等学校各类专业,特别是非计算机专业的计算机应用类教材。

(2) 21世纪高等学校规划教材·计算机科学与技术——高等学校计算机相关专业的教材。

(3) 21世纪高等学校规划教材·电子信息——高等学校电子信息相关专业的教材。

(4) 21世纪高等学校规划教材·软件工程——高等学校软件工程相关专业的教材。

(5) 21世纪高等学校规划教材·信息管理与信息系统。

(6) 21世纪高等学校规划教材·财经管理与应用。

(7) 21世纪高等学校规划教材·电子商务。

(8) 21世纪高等学校规划教材·物联网。

清华大学出版社经过三十多年的努力,在教材尤其是计算机和电子信息类专业教材出版方面树立了权威品牌,为我国的高等教育事业做出了重要贡献。清华版教材形成了技术准确、内容严谨的独特风格,这种风格将延续并反映在特色精品教材的建设中。

清华大学出版社教材编审委员会
联系人:魏江江
E-mail:weijj@tup.tsinghua.edu.cn

前 言

　　信息论与编码是高等理工院校通信工程、电子信息工程、电子信息科学与技术等专业一门重要的专业基础课。为了提高学生综合运用本课程所学知识的能力，全面掌握信息论与编码的基本概念、基本理论和实现原理，本书在内容上注重讲解基本概念，注重技术实用性和新颖性，概念准确，文字描述简洁明了。在各章中，对重点内容都结合例子予以说明，并进行总结和归纳，以利于学生对信息论与编码中最重要、最关键的内容能深入理解、掌握和应用，为进一步加深学习和深入研究打下坚实基础。

　　本书内容丰富，由浅入深，分析严谨，注重理论联系实际。为了帮助读者掌握基本理论和分析方法，每章都列举了一定数量的例题，每章后还附有习题，便于读者掌握主干内容。

　　全书共分7章。第1章为绪论，介绍信息论的基本概念、数字通信系统的模型、信息论与编码发展简史及信息论与编码主要内容和应用。

　　第2章为信源与信息熵，概述信源的数学模型及分类、离散信源熵和互信息、信息熵的性质、离散序列信源熵、连续信源熵和互信息以及冗余度。

　　第3章为信道与信道容量，概述信道的基本概念、离散信道及其容量、离散序列信道及容量、连续信道及其容量以及信源与信道的匹配。

　　第4章为信息率失真函数，讨论信息率失真函数的基本概念和性质、离散信源的信息率失真函数及连续信源的信息率失真函数。

　　第5章为信源编码，概述信源编码的基本概念、无失真信源编码定理、无失真信源编码方法、限失真信源编码定理及限失真信源编码方法。

　　第6章为信道编码，讨论纠错编码的基本思想、有噪信道编码、线性分组码、循环码、卷积码、交织码和TCM码。

　　第7章为加密编码，讨论加密编码的基础知识、数据加密标准DES、国际数据加密算法(IDEA)、公开密钥加密算法、通信网络中的加密、信息安全和确认技术。

　　书末附有部分习题参考答案，便于读者查阅。

　　本书由龙光利主持编写，并编写其中第1和第3章，魏瑞编写第2章，陈正涛编写第4章，井敏英编写第5章，侯宝生编写第6章，张文丽编写第7章。全书由龙光利统稿。本书在编写过程中还得到了陕西理工大学教材建设经费资助和其他同事的帮助，在此一并表示感谢！

　　鉴于作者水平有限，书中难免存在错误和不妥之处，恳请读者批评指正。

编　者

2014年11月

目 录

第1章 绪论 1
 1.1 信息论的基本概念 1
 1.2 数字通信系统的模型 3
 1.3 信息论与编码发展简史 5
 1.4 信息论与编码主要内容和应用 9
  1.4.1 信息论与编码研究的主要内容 9
  1.4.2 目前信息论与编码的主要研究成果 10
  1.4.3 信息论与编码的应用 12
 1.5 小结 13
 习题 13

第2章 信源与信息熵 15
 2.1 信源的数学模型及分类 15
 2.2 离散信源熵和互信息 16
  2.2.1 自信息量 16
  2.2.2 信息熵 19
  2.2.3 互信息 21
  2.2.4 平均互信息 22
 2.3 信息熵的性质 25
  2.3.1 熵的性质 25
  2.3.2 平均互信息量的性质 27
 2.4 离散序列信源熵 28
  2.4.1 离散无记忆扩展信源 28
  2.4.2 离散平稳信源的熵 30
  2.4.3 马尔可夫的信源 35
 2.5 连续信源熵和互信息 37
  2.5.1 连续单个符号信源熵 37
  2.5.2 几种特殊连续信源熵 38
  2.5.3 连续信源熵的性质 40
  2.5.4 最大熵和熵功率 40
 2.6 冗余度 42
 2.7 小结 42

习题 ……………………………………………………………………………………… 43

第 3 章　信道与信道容量 …………………………………………………………… 45

3.1　信道的基本概念 …………………………………………………………… 45
3.1.1　信道的定义及分类 ……………………………………………………… 45
3.1.2　信道参数 ………………………………………………………………… 47
3.1.3　信道容量的定义 ………………………………………………………… 50

3.2　离散信道及其容量 ………………………………………………………… 51
3.2.1　无干扰离散信道 ………………………………………………………… 51
3.2.2　对称离散信道的信道容量 ……………………………………………… 52
3.2.3　一般离散信道的容量 …………………………………………………… 57

3.3　离散序列信道及容量 ……………………………………………………… 59

3.4　连续信道及其容量 ………………………………………………………… 62
3.4.1　连续单符号加性信道 …………………………………………………… 63
3.4.2　多维无记忆加性连续信道 ……………………………………………… 64
3.4.3　加性高斯白噪声波形信道 ……………………………………………… 66

3.5　信源与信道的匹配 ………………………………………………………… 67

3.6　小结 ………………………………………………………………………… 68

习题 ……………………………………………………………………………… 69

第 4 章　信息率失真函数 …………………………………………………………… 72

4.1　基本概念 …………………………………………………………………… 72
4.1.1　失真函数 ………………………………………………………………… 72
4.1.2　平均失真 ………………………………………………………………… 74
4.1.3　信息率失真函数 $R(D)$ ………………………………………………… 75

4.2　信息率失真函数的性质 …………………………………………………… 78

4.3　离散信源的信息率失真函数 ……………………………………………… 82

4.4　连续信源的信息率失真函数 ……………………………………………… 84

4.5　小结 ………………………………………………………………………… 86

习题 ……………………………………………………………………………… 87

第 5 章　信源编码 …………………………………………………………………… 90

5.1　信源编码的基本概念 ……………………………………………………… 90
5.1.1　分组码的定义 …………………………………………………………… 90
5.1.2　分组码的属性 …………………………………………………………… 91
5.1.3　码树 ……………………………………………………………………… 92
5.1.4　克劳夫特不等式 ………………………………………………………… 93

5.2　无失真信源编码定理 ……………………………………………………… 94
5.2.1　定长编码定理 …………………………………………………………… 94

	5.2.2	变长编码定理	97
5.3	无失真信源编码方法		99
	5.3.1	最佳变长编码	99
	5.3.2	游程编码	105
	5.3.3	算术编码	109
5.4	限失真信源编码定理		112
5.5	限失真信源编码方法		113
	5.5.1	量化编码	113
	5.5.2	预测编码	114
	5.5.3	变换编码	116
5.6	小结		120
习题			120

第6章 信道编码 124

6.1	纠错编码的基本思想		124
	6.1.1	差错控制方式及纠错编码的分类	124
	6.1.2	纠错编码的相关概念	126
6.2	有噪信道编码		127
	6.2.1	噪声信道的编译码问题	127
	6.2.2	有噪信道编码定理	135
	6.2.3	差错控制的途径	139
6.3	线性分组码		143
	6.3.1	线性分组码的生成矩阵和校验矩阵	143
	6.3.2	线性分组码纠检错能力	147
	6.3.3	伴随式与标准阵列译码	148
	6.3.4	汉明码	151
6.4	循环码		152
	6.4.1	循环码的定义	152
	6.4.2	循环码的多项式描述及生成多项式	152
	6.4.3	循环码的生成矩阵和校验矩阵	154
	6.4.4	循环码的编译码方法	156
6.5	卷积码		159
	6.5.1	卷积码的编码基本原理	159
	6.5.2	卷积码的代数表述	160
	6.5.3	卷积码的译码	164
6.6	交织码		169
	6.6.1	分组交织器	169
	6.6.2	卷积交织器	170
6.7	TCM 码		171

　　　　6.7.1 网格编码调制的基本原理 …………………………………………………… 171
　　　　6.7.2 TCM 编码 ……………………………………………………………………… 172
　　　　6.7.3 TCM 译码 ……………………………………………………………………… 175
　6.8 小结 ………………………………………………………………………………………… 176
　习题 …………………………………………………………………………………………… 176

第 7 章 加密编码 …………………………………………………………………………………… 178

　7.1 加密编码的基础知识 ……………………………………………………………………… 178
　　　7.1.1 加密的基本概念 ………………………………………………………………… 178
　　　7.1.2 常用的数据加密体制 …………………………………………………………… 179
　　　7.1.3 密码算法分类 …………………………………………………………………… 180
　7.2 数据加密标准 DES ………………………………………………………………………… 180
　　　7.2.1 DES 加密解密原理 ……………………………………………………………… 181
　　　7.2.2 DES 加密解密算法 ……………………………………………………………… 181
　　　7.2.3 DES 算法的安全性 ……………………………………………………………… 185
　7.3 国际数据加密算法 ………………………………………………………………………… 186
　　　7.3.1 算法原理 ………………………………………………………………………… 186
　　　7.3.2 加密解密过程 …………………………………………………………………… 186
　　　7.3.3 算法的安全性 …………………………………………………………………… 188
　7.4 公开密钥加密算法 ………………………………………………………………………… 188
　　　7.4.1 公开密钥加密体制 ……………………………………………………………… 188
　　　7.4.2 RSA 密码算法 …………………………………………………………………… 189
　7.5 通信网络中的加密 ………………………………………………………………………… 193
　　　7.5.1 链路加密 ………………………………………………………………………… 193
　　　7.5.2 节点加密 ………………………………………………………………………… 193
　　　7.5.3 端到端加密 ……………………………………………………………………… 194
　7.6 信息安全和确认技术 ……………………………………………………………………… 194
　　　7.6.1 信息安全的基本概念 …………………………………………………………… 194
　　　7.6.2 数字签名 ………………………………………………………………………… 195
　　　7.6.3 网络信息安全技术 ……………………………………………………………… 201
　7.7 小结 ………………………………………………………………………………………… 202
　习题 …………………………………………………………………………………………… 203

部分习题答案 ……………………………………………………………………………………… 205

参考文献 …………………………………………………………………………………………… 210

第1章 绪论

20 世纪 40 年代末,人们已经认识到信息的客观存在,并建立了研究信息的学科——信息论。信息论也称为通信的数学理论,是在长期通信工程的实践中,与概率论、随机过程和数理统计这些数学学科相结合而逐步发展起来的一门新兴科学,是应用近代数理统计方法研究信息的传输、存储与处理的科学。信息科学的兴起极大地改变了整个科学结构、内容和方向,改变了科学发展的途径和科学思维方式。随着信息概念的不断深化,它在科学技术上的重要性早已超越了狭义的通信工程的范畴,在许多领域中日益受到科学工作者的重视。通过本章的学习,了解信息的概念、信息的定义、信息传输系统的基本模型和各部分功能,信息理论的主要研究内容以及信息论的发展历程和应用情况。

1.1 信息论的基本概念

1. 信息论

狭义信息论,又称为香农信息论或经典信息论,是在信息可以度量的基础上有效、可靠地传递信息的科学,它涉及信息的度量、信息的特性、信息传输速率、信道容量、干扰对信息传输的影响等方面的知识。

广义信息论,包括通信的全部统计问题的研究、香农信息论、信号设计、噪声理论、信号检测与估值等,还包括如医学、生物学、心理学、遗传学、神经生理学、语言学甚至社会学和科学管理学中有关信息的问题。

一般信息论,研究信息传输和处理问题。除了香农理论以外,还包括噪声理论、信号滤波和预测、统计检测与估计理论、调制理论、信息处理理论及保密理论等。本书讨论的范围限于一般信息论。

总之,信息论是关于信息的本质和传输规律的科学理论,是研究信息的度量、发送、传输和接收的一门学科。它不仅是现代信息科学大厦的一块重要基石,而且还广泛地渗透到生物学、医学、管理学、经济学等其他各个领域。

2. 信息、消息、信号及其区别

1) 信息

香农定义:信息是事物运动状态或存在方式的不确定性的描述。

信息的基本概念在于它的不确定性,任何确定的事物都不会有信息。信息是非具体的、非物理性的。

信息是信息论中最基本、最重要的概念。信息既是信息论的出发点,也是它的归宿。信息论的出发点是认识信息的本质及其运行规律;它的归宿是利用信息来达到某种具体的目的。

2) 消息

定义:用文字、符号、数据、语言、音符、图片、图像等能够被人们感觉器官所感知的形式,把客观物质运动和主观思维活动的状态表达出来就成为消息。

消息包含信息,是信息的数学载体,消息是具体的,但不是物理性的。

3) 信号

定义:把消息变换成适合信道传输的物理量(如电信号、光信号、声信号、生物信号等),这种物理量称为信号。

信号是信息的载体,信号是具体的、物理性的。

3. 信息的可靠性、有效性、保密性、认证性

(1) 可靠性。使信源发出的消息经过信道传输以后,尽可能准确、不失真地再现在接收端。

(2) 有效性。用尽可能短的时间和尽可能少的设备来传送一定数量的信息。

(3) 保密性。隐蔽和保护通信系统中传送的消息,使它只能被授权接收者接收,而不能被未授权接收者接收和理解。

(4) 认证性。接收者能正确判断所接收消息的正确性,验证消息的完整性,而不是伪造和篡改的。

4. 信息的特征

(1) 信息是新知识、新内容。

(2) 信息是能使认识主体对某一事物的未知性或不确定性减少的有用知识。

(3) 信息可以产生,也可以消失,同时信息也可以被携带、储存及处理。

(4) 信息可以度量。

5. 信息的分类

(1) 按信息的性质划分,可分为语法信息、语义信息和语用信息。

(2) 按观察过程划分,可分为实在信息、先验信息和实得信息。

(3) 按信息的地位划分,可分为客观信息(效果信息、环境信息)和主观信息(决策信息,指令、控制和目标信息)。

(4) 按信息的作用划分,可分为有用信息、无用信息和干扰信息。

(5) 按信息的逻辑意义划分,可分为真实信息、虚假信息和不定信息。

(6) 按信息的传递方向划分,可分为前馈信息和反馈信息。

(7) 按信息的生成领域划分,可分为宇宙信息、自然信息、思维信息和社会信息。

(8) 按信息的信息源性质划分,可分为语言信息、图像信息、数据信息、计算信息和文字信息。

(9) 按信息的信号形成划分,可分为连续信息、离散信息和半连续信息。

另外,还有按信息的应用部门、载体性质等分类。

在众多的分类原则和方法中,最重要的就是按信息性质分类。香农信息论主要讨论的是语法信息中的概率信息。

1.2 数字通信系统的模型

数字通信系统是利用数字信号来传递信息的通信系统,如图 1.1 所示。数字通信涉及的技术问题很多,其中主要有信源编码/译码、信道编码/译码、数字调制/解调、数字复接、同步及加密等。

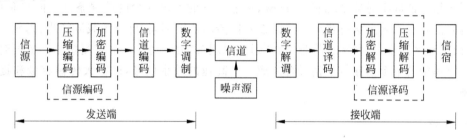

图 1.1 数字通信系统模型

1. 信源编码与译码

信源是发送消息的源,根据其输出的性质,有数字信源和模拟信源之分。

信源编码的实质就是为了去掉信源中的信息冗余。信源编码的作用是数据压缩和模数转换。

数据压缩——设法减少码元数目和降低码元速率。码元速率将直接影响传输所占的带宽,而传输带宽又直接反映了通信的有效性。

模数转换——当信息源给出的是模拟语音信号时,信源编码器将其转换成数字信号,以实现模拟信号的数字化传输。第 5 章将讨论模拟信号数字化传输的两种方式,即脉冲编码调制(PCM)和增量调制(ΔM)。

信源译码是信源编码的逆过程。

2. 信道编码与译码

数字信号在信道传输时,由于噪声、衰落及人为干扰等会引起差错,为了减少差错,信道编码器对传输的信息码元按一定的规则加入保护成分(监督元),组成"抗干扰编码"。接收端的信道译码器按一定规则进行解码,从解码过程中发现错误或纠正错误,从而提高通信系统抗干扰能力,实现可靠通信。

3. 加密与解密

在需要实现保密通信的场合,为了保证所传信息的安全,人为将被传输的数字序列扰乱,即加上密码,这种处理过程叫加密。在接收端利用与发送端相同的密码复制品对收到的数字序列进行解密,恢复原来信息,叫解密。

4. 数字调制与解调

数字调制就是把数字基带信号的频谱搬移到高频处,形成适合在信道中传输的频带信号。基本的数字调制方式有振幅键控 ASK、频移键控 FSK、绝对相移键控 PSK、相对(差分)相移键控 DPSK。对这些信号可以采用相干解调或非相干解调,还原为数字基带信号。对高斯噪声下的信号检测,一般用相关器接收机或匹配滤波器实现。数字调制是本课程的重点内容之一。

5. 同步与数字复接

同步是保证数字通信系统有序、准确、可靠工作的不可缺少的前提条件。同步是使收、发两端的信号在时间上保持步调一致。按照同步的功用不同,可分为载波同步、码元(位)同步、群同步和网同步,这些问题将集中在"通信原理"课程中讨论。数字复接就是依据时分复用基本原理把若干个低速数字信号合并成一个高速的数字信号,以扩大传输容量和提高传输效率。

6. 讨论

(1) 图 1.1 是数字通信系统的一般模型,实际的数字通信系统不一定包括图中的所有环节。例如,在某些有线信道中,若传输距离不太远且通信容量不太大时,数字基带信号无需调制,可以直接传送,称之为数字信号的基带传输,其模型中就不包括调制与解调环节。

(2) 模拟信号经过数字编码后可以在数字通信系统中传输,数字电话系统就是以数字方式传输模拟语音信号的例子。

(3) 数字信号也可以在模拟通信系统中传输。如计算机数据可以通过模拟电话线路传输,但这时必须使用调制解调器(Modem)将数字基带信号进行正弦调制,以适应模拟信道的传输特性。可见,模拟通信与数字通信的区别仅在于信道中传输的信号种类不同。

7. 数字通信的主要特点

目前,无论是模拟通信还是数字通信,在不同的通信业务中都得到了广泛的应用。但是,数字通信的发展速度已明显超过模拟通信,成为当代通信技术的主流。与模拟通信相比,数字通信更能适应现代社会对通信技术越来越高的要求。

1) 数字通信的优点

(1) 抗干扰能力强,可消除噪声积累。

(2) 差错可控,传输性能好。可以采用信道编码技术使误码率降低,提高传输的可靠性。

(3) 易于与各种数字终端接口,用现代计算技术对信号进行处理、加工、变换、存储,从而形成智能网。

(4) 易于集成化,从而使通信设备微型化。

(5) 易于加密处理,且保密强度高。

2) 数字通信的缺点

（1）频带利用率不高。数字通信的许多优点都是用比模拟通信占据更宽的系统频带为代价换取的。以电话为例，一路模拟电话通常只占据 4kHz 带宽，但一路接近同样话音质量的数字电话可能要占据 20~60kHz 的带宽，因此数字通信的频带利用率不高。

（2）对同步要求高，系统设备比较复杂。

不过，随着新的宽带传输信道（如光导纤维）的采用、窄带调制技术和超大规模集成电路的发展，数字通信的这些缺点已经弱化。随着微电子技术和计算机技术的迅猛发展和广泛应用，数字通信在今后的通信方式中必将逐步取代模拟通信而占主导地位。

1.3 信息论与编码发展简史

我国古代"烽火告警"是一种最早的快速、远距离传递信息的方式；造纸术和印刷术的发明，使信息的表示和存储方式产生了一次重大的变化；电报、电话、电视的发明，再次引导了信息加工和传输的革命；20 世纪后半叶，计算机技术、微电子技术、传感技术、激光技术、卫星通信技术、移动通信技术、航空航天技术、广播电视技术、多媒体技术、网络技术、新能源和新材料等新技术的应用，将人类社会推入高度信息化的时代。

一位美国科学家在诗中这样描述：没有物质的世界是虚无的世界，没有能源的世界是死寂的世界，没有信息的世界是混乱的世界。可见信息的重要性。

1. 信息论的提出

17 世纪到 19 世纪，美国物理学家吉布斯(Gibbs,Josiah Willard)和奥地利物理学家波尔兹曼(Boltzmann,Ludwig)首先把统计学引入物理领域，为信息论的诞生做出了贡献。这种探究方法为信息理论的创立提供了方法论的前提。

1832 年，莫尔斯电报系统中出现了高效率的编码方法，这对后来香农的编码理论是有启发的。

1885 年，凯尔文(L. Kelvin)曾经研究过一条电缆的极限传信串问题。

1922 年，卡松(J. R. Carson)提出边带理论，指明信号在调制（编码）与传送过程中与频谱宽度的关系。

1924 年，奈奎斯特(H. Nyquist)解释了信号带宽和信息速率之间的关系，同年奈奎斯特发表了"影响电报速度的某些因素"一文，指出了电信号的传输速率与信道频带宽度之间存在着确定的比例关系。带宽(Band Width)又叫频宽，是指在固定的时间可传输的资料数量，即在传输管道中可以传递数据的能力。

1928 年，哈特莱(Ralph Vinton Lyon Hartley,1888—1970)给出了信息度量方法；1928 年，哈特莱在《信息传输》(*Transmission of Information*)一文中指出，信息是包含在消息（讯息）中的抽象量，消息是信息的载荷者；消息是具体的，信息是抽象的。但是，在传播中，传者传出讯息，并不意味着受者就一定收到讯息；受者收到讯息，也不能保证"翻译"、还原成传者意欲传递的那种信息。因为，传、受两者共享信息的前提，是拥有基本相同等级的符号系统和经验系统。他认为"信息是指有新内容、新知识的消息"，将信息理解为选择通信符号的方式，并用选择的自由度来计量这种信息的大小。符号系统，如汉字；经验系统，如语法、约定俗成的东西。

1936年,阿姆斯特朗(Armstrong)提出增大带宽可加强抗干扰能力。

1939年,达德利(H. Dudley)发明了声码器(Vocoder),用于记录和分析声音,基于此,提出了通信所需要的带宽至少应与所传送的消息的带宽相同。达德利和莫尔斯都是研究信源编码的先驱者。

1943年,维纳(Norbert Wiener,1894—1964)教授与别格罗和罗森勃吕特发表了名为"行为、目的和目的论"的论文,从反馈角度研究了有目的性的行为,找出了神经系统和自动机之间的一致性。这是第一篇关于控制论的论文。这时,神经生理学家匹茨和数理逻辑学家合作应用反馈机制制造了一种神经网络模型。第一代电子计算机的设计者艾肯和冯·诺依曼认为这些思想对电子计算机设计十分重要,就建议维纳召开一次关于信息、反馈问题的讨论会,1943年底在纽约召开了这一会议,参加者中有生物学家、数学家、社会学家、经济学家,他们从各自角度对信息反馈问题发表意见。以后又连续举行这样的讨论会,对控制论的产生起到了推动作用。

1948年,维纳出版了专著——《控制论——动物和机器中的通信与控制问题》(Cybernetics),并创立了控制论。维纳从更加广阔的领域研究了信息,他认为信息是"我们在适应外部世界、控制外部世界的过程中同外部世界交换内容的名称。"他还认为:"接受信息和使用信息的过程,就是我们适应外部世界环境的偶然性变化的过程,也是我们在这个环境中有效地生活的过程。"

以上这些研究工作都给香农关于信息理论的研究带来很大的影响。

香农(C. E. Shannon,1916—2001),美国著名数学家、贝尔实验室电话研究所博士,于1941—1944年对通信和密码进行了深入的研究,利用概率论和数理统计的方法研究通信系统,得出了几个重要且具有普遍意义的结论,奠定了现代信息论的基础,通常称为香农信息论。

1948年和1949年,香农在《贝尔系统技术》杂志上分别发表了两篇论文,即《通信的数学理论(Mathematical Theory of Communication)》和《在噪声中的通信》两篇文章。在这两篇论文中,他提出了信息量的概念和信息熵的计算方法,并因此被视为现代信息论的创始人。香农还给信息下了一个高度抽象化的定义:"信息是用以消除随机不确定性的东西。"揭示了通信系统传递的对象就是信息,并对信息以科学的定量描述,即信息熵的概念,指出了通信系统的中心问题是在噪声下如何有效且可靠地传送信息,及实现这一目标的主要方法是编码等。香农理论的核心是:在有噪信道中只要信息传输速率低于某个值——信道容量,就存在着一种编码方法,它可以使消息传输过程的差错率任意小,这一结论完全出乎人们的意料,引起了科学家们的极大兴趣。当然,从数学观点看,香农的结论是一个最优编码的存在定理。从工程观点看,尽管香农没有提出实现最优编码的具体途径,但存在性的严格证明促进了人们去寻找有效通信系统的途径。

2. 信息论与编码的发展

1948年,香农在论文中提出了无失真信源编码定理,给出了简单的编码方法——香农码。

1949年,香农发表了论文《保密通信的信息理论》,首先用信息论的观点对信息保密问题作了全面论述。

1950 年,汉明码被提出。

1951 年,美国无线电工程师协会(Institute of Radio Engineers,IRE)成立了信息论组,1955 年正式出版了信息论汇刊。香农等科学家在该刊上发表了许多重要文章。

1952 年,费诺(R. M. Fano)给出并证明了费诺不等式,并给出了关于香农信道编码逆定理的证明。关于无失真信源编码方法,给出了一种费诺码。同年,哈夫曼(D. A. Huffman)构造了著名的哈夫曼编码,并证明了它是最佳码。

1957 年,沃尔夫维兹采用了类似典型序列方法证明了信道编码逆定理。

1959 年,香农在发表的《保真度准则下离散信源编码定理》(*Coding Theorems for a Discrete Source with a Fidelity Criterion*)一文中,系统地提出了信息率失真理论和限失真信源编码定理。这两个理论是数据压缩的数学基础,为各种信源编码的研究奠定了基础。

20 世纪 60 年代,信道编码技术有了较大发展,成为信息论的又一重要分支,它把代数方法引入到纠错码的研究中,使分组码技术达到了高峰,找到了可纠正多个错误的码,提出了可实现的译码方法;同时卷积码和概率译码也有了重大突破。

1960 年,卷积码的概率译码被提出。

1961 年,香农的《双路通信信道》(*Two-way Communication Channels*)论文开辟了多用户信息理论(网络信息论)的研究。到 20 世纪 70 年代,有关信息论的研究,从点与点间的单用户通信推广发展到多用户系统的研究。

1961 年,费诺又描述了分组码中码率、码长和错误概率的关系,并提出了香农信道编码定理的充要性证明。

1964 年,霍尔辛格(J. L. Holsinger)进一步发展了对有色高斯噪声信道容量的研究。

1965 年,格拉戈尔(R. G. Gallager)发展了费诺的证明结论,并提供了一种简明的证明方法。

1968 年,埃利斯(P. Elias)发展了香农-费诺码,提出了算术编码的初步思想。

1969 年,平斯克尔(M. S. Pinsker)提出了具有反馈的非白噪声高斯信道容量问题。

1971 年,伯格尔(T. Berger)给出了更一般的信源率失真编码定理。

1971 年和 1972 年,艾斯惠特(R. Ahlswede)和廖(H. Liao)分别找出了多元接入信道的信道容量区。1973 年,沃尔夫(J. K. Wolf)和斯莱平(D. Slepian)将其推广到公共信息的多元接入信道中。

1972 年,T. Cover 发表了有关广播信道的研究,以后陆续进行了有关多接入信道和广播信道模型和信道容量的研究。

1972 年,阿莫托(S. Arimoto)和布莱哈特(R. Blahut)分别发展了信道容量的迭代算法。

1976 年,里斯桑内(J. Rissanen)给出和发展了算术编码。

1976 年,迪弗和海尔曼发表了论文《密码学的新方向》,提出了公钥密码体制。

1977 年,齐弗(J. Ziv)和兰佩尔(A. Lempel)提出了著名的 L-Z 编码(通用信源算法),1978 年,他们又给出了其改进算法。

1983 年,科弗尔(T. M. Cover)和艾斯惠特(R. Ahlswede)分别发表文章讨论相关信源在多元接入信道的传输问题。

1990 年,贝尔等在 L-Z 算法的基础上又做出了一系列变化和改进。目前,L-Z 编码(通用信源算法)已广泛用于计算机数据压缩中,如 UNIX 中的压缩算法就采用了 L-Z 编码算法。

至此,香农理论已成为真正具有实用意义的科学理论。

信息论形成与发展的三大定理:无失真信源编码定理(第一极限定理)、信道编码定理(第二极限定理)、限失真信源编码定理(第三极限定理)。

近四十多年来,信息理论这一领域的研究十分活跃,发表了大量的论文,使多用户信息论的理论日趋完善。近几年,随着计算机技术和超大规模集成电路技术的发展,信道编码,如 Turbo 码、LDPC 等编解码取得了重大突破。Turbo 码、LDPC 采用长码、交织技术、迭代解码技术进行编解码,从而提高了编码效率和纠错能力。

目前,信息论不仅在通信、广播、电视、雷达、导航、计算机、自动控制、电子对抗等电子学领域得到了直接应用,还广泛地渗透到医学、生物学、心理学、神经生理学等自然科学,甚至语言学、美学等领域。信息论已成为涉及范围极广的信息科学。

3. 香农的生平、学术风格和习惯

Claude Elwood Shannon(图 1.2),1916 年 4 月 30 日出生于美国密歇根州。1940 年于麻省理工学院获得博士学位。1941 年香农加入了 AT&T 电话公司,并在贝尔实验室工作到 1972 年。1948 年发表了著名文章《通信的数学理论》,奠定了信息论的基础。

香农的祖父是一位农场主兼发明家,发明过洗衣机和许多农业机械,这对香农的影响比较直接。此外,香农的家庭与大发明家爱迪生(Thomas Alva Edison,1847—1931)还有远亲关系。

1938 年,香农在 MIT 获得电气工程硕士学位,硕士论文题目是 *A Symbolic Analysis of Relay and Switching Circuits*(继电器与开关电路的符号分析)。当时他已经注意到电话交换电路与布尔代数之间的类似性,即把布尔代数的"真"与"假"和电路系统的"开"与"关"对应起来,并用 1 和 0 表示。于是他用布尔代数分析并优化开关电路,这就奠定了数字电路的理论基础。

图 1.2 Claude Elwood Shannon

香农的研究兴趣广泛,取得过多方面成就。香农平时不仅做了许多研究,而且也喜欢动手制作各种设备,一生有许多杰出的制作发明,如受控飞碟、会走迷宫的机器鼠等。他具有很强的工程素养又精通数学,得天独厚的知识结构使他能把数学理论自如地运用于工程。

香农善于刻画问题本质,白天总是关起门来工作,晚上则骑着他的独轮车来到贝尔实验室。

香农有着非常敏锐的学术眼光,他一生所写论文不算太多,但是,不鸣则已、一鸣惊人,篇篇都是经典,许多都具有开拓性,他是信息时代的引路人和开拓者,被誉为"信息论之父"(Father of Information Theory)。

香农不提倡迷信权威,提醒人们不要滥用信息论,并且认为重要的工作往往是基于谨慎的批判。他反对对一些已有领域的过度研究,而是强调转向有意义的研究领域,他反对跟风

研究,强调应该在"自己的屋子里"做自己的、一流的、最高科学水平的工作。

香农定理的证明是非构造性的,而且也不够严格,但他的"数学直觉出奇地正确"(A. N. Kolmogrov,1963)。哈代指出:"数学家通常是先通过直觉来发现一个定理;这个结果对于他首先是似然的,然后他再着手去制造一个证明。"他已在数学上严格地证明了香农编码定理,而且还从中发现了各种具体可构造的有效编码理论和方法,可以实现香农指出的极限。

香农善于简化问题,建立模型。理论的作用是浓缩知识之树,"简单模型胜于繁琐的现象罗列","简单化才能显现出事物的本质,它表现了人的洞察力"。

2001 年 2 月 24 日,香农在马萨诸塞州 Medford 病逝,享年 85 岁。贝尔实验室和 MIT 发表的讣告都尊崇香农为信息论及数字通信时代的奠基之父。著名信息论和编码学者 Dr. Richard Blahut 在香农塑像落成典礼上这样评价香农:"在我看来,两三百年之后,当人们回过头来看我们这个时代的时候,他们可能不会记得谁曾是美国的总统,他们也不会记得谁曾是影星或摇滚歌星,但是仍然会知晓香农的名字,学校里仍然会讲授信息论。"

1.4 信息论与编码主要内容和应用

1.4.1 信息论与编码研究的主要内容

信息论研究的目的:高效、可靠、安全并且随心所欲地交换和利用各种各样的信息。归纳起来,信息论与编码研究的主要内容如下。

1. 通信统计理论的研究

通信统计理论主要研究利用统计数学工具分析信息和信息传输的统计规律,其具体内容有:
① 信息的测度。
② 信息速率与熵。
③ 信道传输能力——信道容量。

2. 信源的统计特性

① 文字(如汉字)、字母(如英文)统计特性。
② 语声的参数分析和统计特性。
③ 图片及活动图像(如电视)的统计特性。
④ 其他信源的统计特性。

3. 编码理论与技术的研究

① 有效性编码,用来提高信息传输效率,主要针对信源的统计特性进行编码,也称为信源编码。
② 抗干扰编码,用来提高信息传输的可靠性,主要针对信道的统计特性进行编码,也称为信道编码。

4. 提高信息传输效率的研究

① 功率的节约。
② 频带的压缩。
③ 传输时间的缩短，即快速传输问题。

5. 抗干扰理论与技术的研究

① 各种调制制度的抗干扰性。
② 理想接收机的实现。

6. 噪声中信号检测理论与技术的研究

① 信号检测的最佳准则。
② 信号最佳检测的实现。

本门课主要研究以下内容：
① 信源与信息熵。
② 信道与信道容量。
③ 信息率失真函数。
④ 信源编码。
⑤ 信道编码。
⑥ 加密编码。

1.4.2　目前信息论与编码的主要研究成果

1. 语音信号压缩

语音信号一直是通信网中传输的主要对象。自从通信网数字化以来，降低语音信号的编码速率就成为通信中的一个重要问题。根据信号所需的编码速率可以远远低于仅按奈奎斯特抽样定理和量化噪声分析所决定的编码速率。几十年来的研究工作已在这方面取得巨大进展：长途电话网标准的语音编码速率已从 1972 年 CCITT G.711 标准 64kb/s，降低到 1995 年原 CCITT G.723.1 标准 6.3kb/s。在移动通信中，1989 年欧洲 GSM 标准中的语音编码速率为 13.2kb/s，1994 年在为半速率 GSM 研究的移动通信研制的 VSELP 编码算法中，码速率为 5.6kb/s，IS-96 是美国高通（Qualcomm）公司为 CDMA 移动通信研制的一种 CELP 编码，具有 4 种码速率。对语音音质要求较低的军用通信，美国 NSA 标准的速率在 1975 年时已达到 2.4kb/s。目前，在实验室中已实现 600b/s 的低速率语音编码，特别是按音素识别与合成原理构造的声码器，其速率可低于 100b/s，已接近信息论指出的极限。

2. 图像信号压缩

图像信号的信息量特别巨大。这对图像信号的传输及存储都带来极大的不便。经过多年的研究，到 20 世纪 80 年代，图像信号压缩逐步进入建立标准的阶段。1989 年原 CCITT 提出电视电话/会议电视的压缩标准 H.261，其压缩比达到 25∶1～48∶1。1991 年 CCITT

与 ISO 联合提出的"多灰度静止图像压缩编码"标准 JPEG,其压缩比为 24∶1。在运动图像方面,运动图像专家组(MPEG)继成功定义了 MPEG-1 和 MPEG-2 之后,于 1993 年 7 月开始制定全新的 MPEG-4 标准,并分别于 1999 年初和 2000 年初正式公布了版本 1 和版本 2。到 2001 年 10 月,MPEG-4 已定义了 19 个视觉类(Visual Profile),其中新定义的简单演播室类(Simple Studio Profile)和核心演播室类(Core Studio Profile)使 MPEG-4 对 MPEG-2 类别保留了一些形式上的兼容,其码率可高达 2Gb/s。随着 MPEG-4 标准的不断扩展,它不但能支持码率低于 64kb/s 的多媒体通信,也能支持广播级的视频应用。

3. 降低信息传输所需的功率

在远距离无线通信,特别是深空通信中如何降低信息传输所需的功率至关重要,因为在这种情况下发送设备的功率和天线的尺寸都已成为设备生产和使用中的一个困难问题。从 20 世纪 60 年代后期起,NASA 发射的所有深空探测器无一例外地在其通信设备中采取了信道编码措施,因为根据信息理论的分析,采用低码率的信道编码可以降低传送单位比特所需的能量 E_b 与噪声功率谱密度 n_0 之比。现在利用不太复杂的信道编码就可以使同样误码率下所需的 E_b/n_0 之比不采用信道编码时低 6dB 左右。其中一些好的方案(如用 RS 码作为外码、卷积码作为内码的方案)可以使误码率在 10^{-5} 的情况下所需的 E_b/n_0 降到 0.2dB,比不用信道编码时所需的 10.5dB 降低了 10dB 多。

4. 计算机网中数据传输可靠性的保证

在用各种电缆连接而成的计算机网中电噪声和各种外界的电磁干扰,会使传输的信息发生差错,局域网中的差错率一般在 10^{-8} 左右,广域网中的差错率一般在 $10^{-3} \sim 10^{-5}$ 之间,实际应用中,差错率太高,必须设法降低。目前普遍采用的解决办法是带自动重发请求的差错检测码。差错检测方法从简单的奇偶校验到比较复杂的循环冗余检验都被采用,但规模较大的网络一般都用循环冗余检验,这种方法已被各种网络通信协议采用并成为标准。例如,ISO 制定的高级数据链路协议(HDLC)就采用原 CCITT V.41 的 CRC 码进行循环冗余检验,HDLC 在全世界已被广泛采用,应用领域非常广泛,并且又派生出许多协议。

5. 图像信号的复原与重建

20 世纪 80 年代以来,最大熵方法在图像复原与重建中取得了很大的成功。在退化图像复原中,图像退化的原因多种多样,如景物的运动、光学系统的不理想、噪声等。图像重构的形式也很多,如计算机层析图像、结晶学研究中用的光学干涉仪或无线电干涉仪的图像、核磁共振波谱仪图像等。这些应用中,最大熵方法比其他方法处理结果好,同时还有其他优点,如盲解卷时解出卷积函数,在重建图像中可以同时对仪器中的某些参数进行校正。虽然目前最大熵方法在这些应用中还不能给出性能的解析表达式,但算法已比较成熟,如常用的剑桥算法等。

6. 模式识别问题与树分类器的设计

模式识别在很多学科中都会遇到,相同类别的模式在空间中有较短的距离,但距离是什么令人困惑。从统计分类及统计信息的观点来看,熵、鉴别信息(交叉熵)与互信息是各种不同情况下可以选用的比较合理的距离量度。20 世纪 80 年代以来,这一观点在模式分类中得到广泛承认并有重要的应用,如利用互信息设计树分类器,相当于设计香农费诺前缀码,在语音识别中广泛使用的 Itakura-Saito 距离实际上就是鉴别信息的一种具体形式。

1.4.3 信息论与编码的应用

信息论与编码从它诞生之日起就吸引了众多领域学者的注意,他们竞相应用信息论与编码的概念和方法去理解和解决本领域的问题,如信息论与编码在生物学、医学、经济、管理、图书情报等领域都有不同程度的应用。下面简要介绍信息论与编码在生物学、医学、经济学、管理科学中的应用。

1. 在生物学中的应用

目前,国际公认的生物信息学的研究内容大致包括以下几个方面。
① 生物信息的收集、储存、管理和提供。
② 基因组序列信息的提取和分析。
③ 功能基因组相关信息分析。
④ 生物大分子结构模拟和药物设计。
⑤ 生物信息分析的技术与方法研究。
⑥ 应用与发展研究。

2. 在医学中的应用

从信息论的观点看,有机体是不断接收与输出信息,以维持正常的生命活动。在正常的无疾病的有机体系统中,信息的接收、传递、输出均有正常的秩序。人在生病时,信息道发生堵塞、信息产生异常。治疗实际上是给予药物、能量及其所携带的信息,补足缺乏信息,纠正错误的信息,疏通不流信息的通道。

3. 在管理科学中的应用

在现代化管理中,信息论已成为与系统论、控制论等相并立的现代科学主要方法论之一。信息论在企业管理中拥有重要的应用价值和应用前景。目前在大型企业中广泛实施的企业资源计划系统(ERP),在管理系统的流程设计上引用了信息论的原理。

4. 在经济学中的应用

在经济学领域活跃着一门新的学科——信息经济学(Economics of Information)。信息经济学可概括为 5 大领域。
① 不完全信息经济学。
② 信息转换经济学。
③ 信息的经济研究。
④ 信息经济的研究。
⑤ 信息经济的社会学研究。

1.5 小结

信息论是关于信息的本质和传输规律的科学理论,是研究信息的度量、发送、传输和接收的一门学科。信息的基本概念在于它的不确定性,任何确定的事物都不会有信息。信息是非具体的、非物理性的。香农信息论主要讨论的是语法信息中的概率信息。数字通信系统是利用数字信号来传递信息的通信系统,数字通信涉及的技术问题很多,其中主要有信源编码/译码、信道编码/译码、数字调制/解调、数字复接、同步及加密等。1948 年和 1949 年,香农在《贝尔系统技术》杂志上发表了两篇论文,即《通信的数学理论》和《在噪声中的通信》。在这两篇论文中,他提出了信息量的概念和信息熵的计算方法,并因此被视为现代信息论的创始人。信息论与编码研究的主要内容有:通信的统计理论研究,信源的统计特性,编码理论与技术研究,提高信息传输效率研究,抗干扰理论与技术研究,噪声中信号检测理论与技术研究。目前信息论与编码的主要研究成果有语音信号压缩、图像信号压缩、降低信息传输所需的功率、计算机网中数据传输可靠性的保证、图像信号的复原与重建、模式识别问题与树分类器的设计。信息论与编码在生物学、医学、经济、管理、图书情报等领域都有不同程度的应用。

习题

1-1 填空题

(1) 在认识论层次上研究信息时,必须同时考虑到形式、_____ 和 _____ 3 个方面的因素。

(2) 如果从随机不确定性的角度来定义信息,信息反映 _____ 的消除量。

(3) 信源编码的结果是 _____ 冗余,而信道编码的手段是 _____ 冗余。

(4) _____ 年,香农发表了著名的论文 _____,标志着信息论的诞生。

(5) 信息商品是一种特殊商品,它有 _____ 性、_____ 性、_____ 性和知识创造性等特征。

1-2 判断题

(1) 信息传输系统模型表明,噪声仅仅来源于信道。 ( )
(2) 本体论层次信息表明,信息不依赖于人而存在。 ( )
(3) 信道编码与译码是一对可逆变换。 ( )
(4) 1976 年,论文《密码学的新方向》的发表,标志着保密通信理论研究的开始。 ( )
(5) 基因组序列信息的提取和分析是生物信息学的研究内容之一。 ( )

1-3 选择题

(1) 下列表述中,属于从随机不确定性的角度来定义信息的是( )。
    A. 信息是数据   B. 信息是集合之间的变异度
    C. 信息是控制的指令   D. 信息是收信者事先不知道的报到

(2)（　　）是最高层次的信息。

　　A. 认识论　　　　B. 本体论　　　　C. 价值论　　　　D. 唯物论

(3) 下列不属于狭义信息论的是（　　）。

　　A. 信息的测度　　B. 信源编码　　　C. 信道容量　　　D. 计算机翻译

(4) 下列不属于信息论研究内容的是（　　）。

　　A. 信息的产生　　B. 信道传输能力　C. 文字的统计特性　D. 抗干扰编码

1-4　信息有哪些特征？信息有哪些分类？

1-5　信息论与编码研究的主要内容有哪些？

1-6　给定爱因斯坦质能方程 $\Delta E = \Delta mc^2$，试说明该方程所传达的语法信息、语义信息和语用信息。

第 2 章 信源与信息熵

信源是信息论的主要研究对象之一,但在信息论中并不探讨信源的内部结构和物理机理,而是重点讨论信源输出的描述方法及性质。信源输出的消息通常是以符号的形式出现的,都是随机的,无法预先确定的,因此可用随机变量、随机矢量和随机过程来描述信源,运用概率论和随机过程的理论来研究信息,这是香农信息论的基本点。本章主要讨论如何定量地描述信息,即如何度量信息。

2.1 信源的数学模型及分类

信源是产生消息的源,消息中含有信息,在信息论中常把基本消息称为符号,基本消息集合就是符号集合或符号表,消息则是符号串。信息是抽象的,而消息是具体的,所以可通过消息来研究信源,研究信源各种可能的输出及输出各种可能消息的不确定性。虽然消息是随机的,但其取值服从一定的统计规律,因此信息论中用随机变量、随机矢量和随机过程来描述消息。当信源给定,其相应的样本空间及其概率测度 $\{X,P(x)\}$ ——概率空间就已经给定;反之,如果概率空间给定,就表示相应的信源已给定。因此可以用概率空间来描述信源,即

$$\begin{bmatrix} X \\ P(X) \end{bmatrix} = \begin{bmatrix} x_1, & x_2,\cdots, & x_n \\ p(x_1), & p(x_2),\cdots, & p(x_n) \end{bmatrix} \quad \text{或} \quad \begin{bmatrix} X \\ P \end{bmatrix} = \begin{bmatrix} (a,b) \\ p(x) \end{bmatrix}$$

式中,X 为信源;P 为信源符号的出现概率。

根据样本空间的 X 取值分布的不同情况,信源可以分为以下 3 种类型。

(1) 离散信源。消息集 X 为离散集合,即指发出在时间和幅度上都是离散分布的信源,如投硬币、掷骰子、计算机代码等都是离散消息。

(2) 连续信源。时间离散而幅度取值连续的信源,如温度、压力等。

(3) 波形信源。时间和幅度取值连续的信源,如语音、图像等。

连续信源和波形信源输出的消息可以经过抽样和量化分别处理成时间离散和幅度离散的消息。

根据信源的统计特性,信源又可分为以下两种类型。

(1) 无记忆信源。先后不同时刻的消息,取值相互独立。或者说,消息的概率分布与它发生的时刻毫无关联。

(2) 有记忆信源。某一时刻消息的取值与前面若干时刻消息的取值有关联,如中文句

子中前后文字出现是有依赖性的。

另外,还可以根据各维随机变量的概率分布是否随时间的推移而变化将信源分为平稳信源和非平稳信源。一个实际信源的统计特性往往是相当复杂的,要想找到精确的数学模型很困难,实际应用常常是用一些可以处理的数学模型来近似。本书中主要讨论离散平稳信源的情况。离散平稳信源的分类如下:

$$
\text{离散信源}\begin{cases}\text{离散无记忆信源}\begin{cases}\text{发出单个符号的无记忆信源}\\\text{发出符号序列的无记忆信源}\end{cases}\\\text{离散有记忆信源}\begin{cases}\text{发出符号序列的有记忆信源(记忆长度无限)}\\\text{发出符号序列的马尔可夫信源(记忆长度有限)}\end{cases}\end{cases}
$$

2.2 离散信源熵和互信息

2.2.1 自信息量

离散无记忆单符号信源输出的是单个符号的消息。每一个符号代表一条完整的消息,且不同时刻发出的符号间是相互独立的,符号集中的符号数是有限的或无限可列的符号或数字。离散无记忆单符号信源是最简单也是最基本的信源,是组成实际信源的基本单元,只涉及一个随机事件,用一维离散随机变量表示信源发出的符号消息,用离散随机变量的概率分布表示信源发出该消息的可能性。离散无记忆单符号信源的数学模型用离散型概率空间表示为

$$\begin{bmatrix}X\\P(X)\end{bmatrix}=\begin{bmatrix}x_1, & x_2,\cdots, & x_n\\p(x_1), & p(x_2),\cdots, & p(x_n)\end{bmatrix}$$

其中 $p(x_i)$ 满足

$$0\leqslant p(x_i)\leqslant 1,\quad \sum_{i=1}^n p(x_i)=1$$

式中,X 为信源输出消息的整体;x_i 为某个消息;$p(x_i)$ 为消息 x_i 出现的概率;n 为信源可能输出的消息数,信源每次输出其中的一个消息。

【例 2-1】 二进制对称信源只能输出 0 或 1,输出 0 的概率为 p,输出 1 的概率为 $1-p$,用 0、1 表示信源的两个消息,概率空间描述为

$$\begin{bmatrix}X\\P(X)\end{bmatrix}=\begin{bmatrix}x_1(0) & x_2(1)\\p & 1-p\end{bmatrix}$$

【例 2-2】 随机掷一个骰子,每次朝上的点数是随机的,把可能出现的点数看作信源输出的消息,那么该信源可以描述为

$$\begin{bmatrix}X\\P(X)\end{bmatrix}=\begin{bmatrix}x_1 & x_2 & x_3 & x_4 & x_5 & x_6\\1/6 & 1/6 & 1/6 & 1/6 & 1/6 & 1/6\end{bmatrix}$$

信源发出的消息是随机的、含有不确定性的。若通过某个过程对信源有一定的了解,也就是从信源获得信息的过程就是不确定性减少的过程。从通信的角度来说,通信是为了将某个消息从信源传到信宿,这个消息中一定包含着信宿未知的一些消息(即存在一定的不确

定性),经过通信,信宿得到了一定量的信息,所以通信是信息量不确定性的减少过程。那么传递一次消息得到多少信息呢?直观地可把信息量定义为

收到某消息获得的信息量 = 不确定性的减少量
= 收到此消息前关于某事件发生的不确定性
− 收到此消息后关于某事件发生的不确定性

而事件 x 发生的不确定性与事件发生的概率 $p(x)$ 有关,概率越小,不确定性就越大。因此,某事件发生所得到的信息量记为 $I(x)$,$I(x)$ 应该是该事件发生的概率的函数,即

$$I(x) = f[p(x)]$$

1. 自信息量

如果随机事件 x_i 发生,则该事件所含有的信息量称为自信息量,定义为

$$I(x_i) = \log_2 \frac{1}{p(x_i)} = -\log_2 p(x_i) \tag{2-1}$$

$I(x_i)$ 代表两种含义:

(1) 自信息量表示事件发生前,事件发生的不确定性。因为概率小的事件不易发生,预料它何时发生比较困难,因此包含较大的不确定性;又因为概率大的事件容易发生,预料它何时发生比较容易,因此不确定性较小。当某事件必然发生时,就不存在不确定性,即不确定性为零。

(2) 自信息量表示事件发生后,事件所包含的信息量,是提供给信宿的信息量,也是解除这种不确定性所需要的信息量。概率大的事件不仅容易预测,而且发生后所提供的信息量也小;而概率小的事件不仅难以预测,而且发生后所提供的信息量也大。

自信息量的单位取决于对数的底:
- 底为 2,单位为比特(bit,Binary Unit,简写为 b)。
- 底为 e,单位为奈特(nat,Nature Unit)。
- 底为 10,单位为哈特(hat,Hartley Unit)。

它们之间的关系可根据换底公式 $\log_a x = \log_b x / \log_b a$,得

$$1 \text{ nat} = 1.44 \text{b}, \quad 1 \text{ hat} = 3.32 \text{ b}$$

一般计算都采用以 2 为底的对数,为了书写简洁,常把底数 2 略去不写;理论推导中或用连续信源时用以 e 为底的自然对数比较方便;工程上用以 10 为底的对数比较方便。

显然,自信息量具有下列性质:

(1) $I(x_i)$ 是非负值,这是由对数的性质决定的。

(2) 当 $p(x_i) = 1$ 时,$I(x_i) = 0$。概率为 1 的确定事件,其自信息量为 0。

(3) 当 $p(x_i) = 0$ 时,$I(x_i) = \infty$。概率为 0 的不可能事件一旦发生,产生的信息量非常大。

(4) $I(x_i)$ 是先验概率 $p(x_i)$ 的单调递减函数,即:若 $p(x_1) > p(x_2)$ 时,则 $I(x_1) < I(x_2)$。

(5) 自信息量也是一个随机变量,即:x_i 是一个随机变量,$I(x_i)$ 是 x_i 的函数,所以自信息量也是一个随机变量。

2. 联合自信息量

两个随机事件的离散信源,其信源模型为

$$\begin{bmatrix} XY \\ P(XY) \end{bmatrix} = \begin{Bmatrix} x_1 y_1, \cdots, x_1 y_m, x_2 y_1, \cdots, x_2 y_m, \cdots, x_n y_1, \cdots x_n y_m \\ p(x_1 y_1), \cdots p(x_1 y_m), p(x_2 y_1), \cdots, p(x_n y_m) \end{Bmatrix}$$

其中

$$0 \leqslant p(x_i y_j) \leqslant 1 \quad i=1,2,\cdots,n; \ j=1,2,\cdots,m, \quad \sum_{i=1}^{n}\sum_{j=1}^{m} p(x_i y_j) = 1$$

二维联合集 XY 中,对事件 x_i 和 y_j,若事件 x_i 和 y_j 同时发生,可用联合概率 $p(x_i y_j)$ 来表示,其联合自信息量定义为

$$I(x_i y_j) = \log_2 \frac{1}{p(x_i y_j)} = -\log_2 p(x_i y_j) \tag{2-2}$$

当 x_i 和 y_j 相互独立时,$p(x_i y_j) = p(x_i) p(y_j)$,代入式(2-2)就有

$$I(x_i y_j) = I(x_i) + I(y_j) \tag{2-3}$$

说明两个随机是相互独立时,同时发生得到的自信息量等于这两个随机事件各自独立发生得到的自信息量之和,即统计独立信源的信息量等于它们各自的自信息量之和。

3. 条件自信息量

二维联合集 XY 中,对事件 x_i 和 y_j,事件 x_i 在事件 y_j 给定的条件下的条件自信息量,可用条件概率 $p(x_i/y_j)$ 来表示,其事件自信息量定义为

$$I(x_i/y_j) = -\log_2 p(x_i/y_j) \tag{2-4}$$

式(2-4)表示在 y_j 给定的条件下随机事件 x_i 发生所带来的信息量。同样 x_i 给定的条件下随机事件 y_j 发生所带来的条件自信息量为

$$I(y_j/x_i) = -\log_2 p(y_j/x_i) \tag{2-5}$$

容易证明,自信息量、条件自信息量、联合自信息量之间有以下关系,即

$$\begin{aligned} I(x_i y_j) &= -\log_2 p(x_i) p(y_j/x_i) = I(x_i) + I(y_j/x_i) \\ &= -\log_2 p(y_j) p(x_i/y_j) = I(y_j) + I(x_i/y_j) \end{aligned} \tag{2-6}$$

【例 2-3】 英文字母中 e 出现的概率为 0.105,c 出现的概率为 0.023,o 出现的概率为 0.001。分别计算它们的自信息量。

【解】

$$\text{e 的自信息量 } I(e) = -\log_2 0.105 = 3.25 \text{ (b)}$$
$$\text{c 的自信息量 } I(c) = -\log_2 0.023 = 5.44 \text{ (b)}$$
$$\text{o 的自信息量 } I(o) = -\log_2 0.001 = 9.97 \text{ (b)}$$

【例 2-4】 木箱中有 90 个红球,10 个白球。现从箱中随机地取出两个球。求:

(1) 事件"两个球中有红、白球各一个"的不确定性。
(2) 事件"两个球都是白球"所提供的信息量。
(3) 事件"两个球都是白球"和"两个球都是红球"的发生,哪个事件更难猜测?

【解】 设 x 为红球数,y 为白球数。

(1) $P_{XY}(1,1) = \dfrac{C_{90}^{1} C_{10}^{1}}{C_{100}^{2}} = \dfrac{90 \times 10}{100 \times 99/2} = 2/11 \quad I(1,1) = -\log_2 2/11 = 2.46 \text{(b)}$

(2) $P_{XY}(0,2) = \dfrac{C_{10}^2}{C_{100}^2} = \dfrac{10 \times 9/2}{100 \times 99/2} = 1/110$　　$I(0,2) = -\log_2(1/110) = 6.782(b)$

(3) $P_{XY}(2,0) = \dfrac{C_{90}^2}{C_{100}^2} = \dfrac{90 \times 89/2}{100 \times 99/2} = 89/110$　　$I(2,0) = -\log_2(89/110) = 0.306(b)$

因为 $I(0,2) > I(2,0)$，所以事件"两个球都是白球"的发生更难猜测。

【例 2-5】 木箱中有 90 个红球，10 个白球。现从箱中先拿出一球，再拿出一球。求：
(1) 事件"在第一个球是红球条件下，第二个球是白球"的不确定性。
(2) 事件"在第一个球是红球条件下，第二个球是红球"所提供的信息量。

【解】 设 x 为第一个球，y 为第二个球；设 r 表示红球，w 表示白球。
(1) $p(y=w \mid x=r) = 10/99$　　$I(y=w \mid x=r) = -\log_2 10/99 = 3.307(b)$
(2) $p(y=r \mid x=r) = 89/99$　　$I(y=r \mid x=r) = -\log_2 89/99 = 0.154(b)$

2.2.2 信息熵

1. 信源熵

自信息表示某一消息所含有的信息量，它本身是一个随机变量，不能用它作为整个信源的信息测度。大多数情况下，更关心离散信源符号集的平均信息量问题，即信源中平均每个符号所能提供的信息量，这需要对信源中所有符号的自信息量进行统计平均。

信源各个离散消息的自信息量的数学期望为信源的平均信息量，称为信源的信息熵，也叫信源熵或香农熵，简称熵，记为 $H(X)$，可表示为

$$H(X) = E[I(x_i)] = E\left[\log_2 \dfrac{1}{p(x_i)}\right] = -\sum_{i=1}^n p(x_i) \log_2 p(x_i) \tag{2-7}$$

这个平均信息量的表达式与统计物理学中热熵的表达式很相似，在概念上两者也有相似之处。因此，借用"熵"这个词，把信源整体的信息量称为信息熵，也叫信源熵或香农熵。值得注意的是，信息熵的单位由自信息量的单位决定，即取决于对数选取的底。如果取以 2 为底的对数，单位是比特/符号。

信息熵是从整个集合的统计特性来考虑的，它从平均意义上来表征信源的总体特征，代表了 3 种含义：在信源输出后，信息熵 $H(X)$ 表示每个消息提供的平均信息量；在信源输出前，信息熵 $H(X)$ 表示信源的平均不确定性；用信息熵 $H(X)$ 来表征变量 X 的随机性。

【例 2-6】 有两个信源，其概率空间分别为

$$\begin{bmatrix} X \\ p(x) \end{bmatrix} = \begin{bmatrix} x_1, & x_2 \\ 0.99 & 0.01 \end{bmatrix} \quad \begin{bmatrix} Y \\ p(y) \end{bmatrix} = \begin{bmatrix} y_1, & y_2 \\ 0.5 & 0.5 \end{bmatrix}$$

求 $H(X)$、$H(Y)$。

【解】 $H(X) = -(0.99\log_2 0.99 + 0.01\log_2 0.01) = 0.08$（比特/符号）
　　　　$H(Y) = -(0.5\log_2 0.5 + 0.5\log_2 0.5) = 1$（比特/符号）

显然 $H(Y) > H(X)$，信源 Y 比信源 X 的平均不确定性要大。信源的概率分布越均匀，平均信息量也就越大。

【例 2-7】 有一篇千字文章，假定每字可从万字表中任选，则共有不同的千字文篇数为 $N = 10\,000^{1000} = 10^{4000}$ 篇，按等概率计算，平均每篇千字文可提供的信息量为多少？

【解】 $H(X) = \log_2 N = 4 \times 10^3 \times 3.32 \approx 1.33 \times 10^4$（比特/符号）

2. 条件熵

上面讨论的是单个离散随机变量的信息的度量问题。实际应用中，常常需要考虑两个或两个以上的随机变量之间的相互关系，此时要引入条件熵的概念。

条件熵是在联合符号集合 XY 上的条件自信息量的数学期望。在已知随机变量 Y 的条件下，随机变量 X 的条件熵定义为

$$H(X/Y) = E[I(x_i/y_j)] = \sum_{j=1}^{m}\sum_{i=1}^{n} p(x_i y_j) I(x_i/y_j)$$

$$= -\sum_{j=1}^{m}\sum_{i=1}^{n} p(x_i y_j) \log_2 p(x_i/y_j) \tag{2-8}$$

值得注意的是，条件熵的概率加权的统计用的是 $p(x_i y_j)$ 而不是 $p(x_i/y_j)$。下面说明为什么用联合概率进行加权平均。

在给定 y_j 条件下，x_i 的条件自信息量为 $I(x_i/y_j)$，X 集合的条件熵 $H(X/y_j)$ 为

$$H(X/y_j) = \sum_i p(x_i/y_j) I(x_i/y_j) \tag{2-9}$$

在给定 Y（即各个 y_j）条件下，X 集合的条件熵 $H(X/Y)$ 定义为

$$H(X/Y) = E\big[I(x_i/y_j) = \sum_j p(y_j) H(X/y_j)\big]$$

$$= \sum_{j=1}^{m}\sum_{i=1}^{n} p(x_i y_j) I(x_i/y_j)$$

$$= -\sum_{j=1}^{m}\sum_{i=1}^{n} p(x_i y_j) \log_2 p(x_i/y_j) \tag{2-10}$$

显然，给定 X 条件下，Y 的条件熵 $H(Y/X)$ 为

$$H(Y/X) = E[I(y_j/x_i)] = -\sum_{i=1}^{n}\sum_{j=1}^{m} p(x_i y_j) \log_2 p(y_j/x_i) \tag{2-11}$$

3. 联合熵

联合熵是联合符号集合 XY 上的每对元素对 $x_i y_j$ 的联合自信息量的数学期望。记为 $H(XY)$，可表示为

$$H(XY) = \sum_{i=1}^{n}\sum_{j=1}^{m} p(x_i y_j) I(x_i y_j) = -\sum_{i=1}^{n}\sum_{j=1}^{m} p(x_i y_j) \log_2 p(x_i y_j) \tag{2-12}$$

【例 2-8】 二进制通信系统采用符号 0 和 1，由于存在失真，传输时会产生误码，用符号表示下列事件，u_0：一个 0 发出；u_1：一个 1 发出；v_0：一个 0 收到；v_1：一个 1 收到。给定下列概率，$p(u_0)=1/2$，$p(v_0/u_0)=3/4$，$p(v_0/u_1)=1/2$。

(1) 已知发出一个"0"，求收到符号后得到的信息量。
(2) 已知发出的符号，求收到符号后得到的信息量。
(3) 已知发出的和收到的符号，求能得到的信息量。
(4) 已知收到的符号，求被告知发出的符号得到的信息量。

【解】 (1) $p(v_1/u_0) = 1 - p(v_0/u_0) = \dfrac{1}{4}$

$$H(V/u_0) = -p(v_0/u_0)\log_2 p(v_0/u_0) - p(v_1/u_0)\log_2 p(v_1/u_0)$$
$$= H\left(\frac{3}{4}, \frac{1}{4}\right) = 0.82(比特/符号)$$

(2) 联合概率 $p(u_0 v_0) = p(v_0/u_0) p(u_0) = 3/8$, 同理可得
$$p(u_0 v_1) = 1/8; \quad p(u_1 v_0) = 1/4; \quad p(u_1 v_1) = 1/4$$
$$H(V/U) = -\sum_{i=0}^{1}\sum_{j=0}^{1} p(u_i v_i)\log_2 p(v_j/u_i)$$
$$= -\frac{3}{8}\log_2 \frac{3}{4} - \frac{1}{8}\log_2 \frac{1}{4} - 2 \times \frac{1}{4}\log_2 \frac{1}{2}$$
$$= 0.91(比特/符号)$$

(3) 解法 1: $H(UV) = -\sum_{i=0}^{1}\sum_{j=0}^{1} p(u_i v_i)\log_2 p(u_i v_j) = 1.91(比特/符号)$

解法 2: $p(u_0) = p(u_1) = \frac{1}{2}$, 所以 $H(U) = 1(比特/符号)$
$$H(U,V) = H(U) + H(V/U) = 1 + 0.91 = 1.91(比特/符号)$$

(4) $p(v_0) = \sum_{i=0}^{1} p(u_i v_0) = \frac{5}{8}; \quad p(v_1) = \sum_{i=0}^{1} p(u_i v_1) = \frac{3}{8}$
$$H(V) = -p(v_0)\log_2 p(v_0) - p(v_1)\log_2 (v_1) = 0.96(比特/符号)$$
$$H(U/V) = H(UV) - H(V) = 1.91 - 0.96 = 0.95(比特/符号)$$

2.2.3 互信息

互信息量 $I(x_i; y_j)$ 是定量地研究信息流通问题的重要基础。但它只能定量地描述输入随机变量发出某个具体消息 x_i, 输出随机变量出现某一个具体消息 y_j 时流经信道的信息量。$I(x_i; y_j)$ 还是随 x_i 和 y_j 变化而变化的随机变量。

互信息量不能从整体上作为信道中信息流通的测度。这种测度应该是从整体的角度出发, 在平均意义上度量每通过一个符号流经信道的平均信息量。

1. 互信息

一个事件 y_j 所给出关于另一个事件 x_i 的信息量称为互信息量, 定义为 x_i 的后验概率 $p(x_i/y_j)$ 与先验概率 $p(x_i)$ 比值的对数, 即

$$I(x_i; y_j) = \log_2 \frac{p(x_i \mid y_j)}{p(x_i)} = I(x_i) - I(x_i \mid y_j) \tag{2-13}$$

同理, 可以定义 y_j 对 x_i 的互信息量

$$I(y_j; x_i) = \log_2 \frac{p(y_j \mid x_i)}{p(y_j)} = I(y_j) - I(y_j \mid x_i) \tag{2-14}$$

互信息量的单位与自信息量的单位一样取决于对数的底。当对数底为 2 时, 互信息量的单位是比特。互信息量定义中无法确定 $p(x_i)$ 与 $p(y_j/x_i)$ 的大小关系, 所以 $I(x_i; y_j)$ 不一定是大于零或是等于零。

考虑到 $p(x_i y_j) = p(x_i) p(y_j/x_i) = p(y_j) p(x_i/y_j)$, 可得

$$I(x_i;y_j) = \log_2 \frac{p(x_i \mid y_j)}{p(x_i)} = \log_2 \frac{p(x_iy_j)}{p(x_i)p(y_j)} = \log_2 \frac{p(y_j \mid x_i)}{p(y_j)}$$
$$= I(x_i) - I(x_i \mid y_j) = I(y_j) - I(y_j \mid x_i)$$
$$= I(x_i) + I(y_j) - I(x_iy_j) \tag{2-15}$$

2. 条件互信息

联合集 XYZ 中,在给定 z_k 条件下,x_i 与 y_j 之间的互信息量定义为条件互信息量,用 $I(x_iy_j/z_k)$ 表示,其定义式为

$$I(x_i;y_j/z_k) = \log_2 \frac{p(x_i \mid y_jz_k)}{p(x_i/z_k)} \tag{2-16}$$

3. 联合互信息

联合集 XYZ 中,在给定 z_ky_j 条件下,x_i 与 y_jz_k 之间的互信息量定义为条件互信息量,用 $I(x_j;y_jz_k)$ 表示,其定义式为

$$I(x_i;y_jz_k) = \log_2 \frac{p(x_i \mid y_jz_k)}{p(x_i)} = \log_2 \left(\frac{p(x_i \mid y_iz_k)}{p(x_i \mid y_j)} \cdot \frac{p(x_i \mid y_j)}{q(x_i)} \right)$$
$$= \log_2 \frac{p(x_i \mid y_j)}{q(x_i)} + \log_2 \frac{p(x_i \mid y_jz_k)}{p(x_i \mid y_j)}$$
$$= I(x_i;y_j) + I(x_i;z_k \mid y_j) \tag{2-17}$$

互信息量 $I(x_i;y_j)$ 是定量地研究信息流通问题的重要基础。但它只能定量地描述输入随机变量发出某个具体消息 x_i,输出变量出现某一个具体消息 y_j 时,流经信道的信息量;此外,$I(x_i;y_j)$ 还是随 x_i 和 y_j 变化而变化的随机变量。

互信息量不能从整体上作为信道中信息流通的测度。这种测度应该是从整体的角度出发,在平均意义上度量每通过一个符号流经信道的平均信息量。下面引入平均信息量的概念。

2.2.4 平均互信息

1. 平均互信息量

互信息量 $I(x_i;y_j)$ 在联合概率空间 XY 中的统计平均值为 Y 对 X 的平均互信息量,简称平均互信息,用 $I(X;Y)$ 表示,其定义式为

$$I(X;Y) = \sum_{i=1}^n \sum_{j=1}^m p(x_iy_j)I(x_i;y_j) = \sum_{i=1}^n \sum_{j=1}^m p(x_iy_j) \log_2 \frac{p(x_i \mid y_j)}{p(x_i)} \tag{2-18}$$

同理,可以定义 Y 对 X 的平均互信息量为

$$I(Y;X) = \sum_{i=1}^n \sum_{j=1}^m p(x_iy_j)I(y_j;x_i) = \sum_{i=1}^n \sum_{j=1}^m p(x_iy_j) \log_2 \frac{p(y_j \mid x_i)}{p(y_j)} \tag{2-19}$$

考虑到 $p(x_iy_j) = p(x_i)p(y_j/x_i) = p(y_j)p(x_i/y_j)$,则有

$$I(X;Y) = \sum_{i=1}^n \sum_{j=1}^m p(x_iy_j) \log_2 \frac{p(x_iy_j)}{p(x_i)p(y_j)} \tag{2-20}$$

下面从 3 个不同角度阐述平均互信息量的物理意义。

(1) 观察者站在输出端,有

$$I(X;Y) = \sum_{i=1}^n \sum_{j=1}^m p(x_iy_j) \log_2 \frac{p(x_i \mid y_j)}{p(x_i)}$$

$$= \sum_{i=1}^{n}\sum_{j=1}^{m} p(x_i y_j) \log_2 \frac{1}{p(x_i)} - \sum_{i=1}^{n}\sum_{j=1}^{m} p(x_i y_j) \log_2 \frac{1}{p(x_i \mid y_j)}$$
$$= H(X) - H(X/Y) \tag{2-21}$$

式中，$H(X/Y)$ 为信道疑义度/损失熵，Y 关于 X 的后验不确定度，表示收到变量 Y 后，对随机变量 X 仍然存在的不确定度，代表了在信道中损失的信息；$H(X)$ 为 X 的先验不确定度/无条件熵；$I(X;Y)$ 为收到 Y 前后关于 X 的不确定度减少的量。从 Y 获得的关于 X 的平均信息量。

(2) 观察者站在输入端，有

$$I(Y;X) = \sum_{i=1}^{n}\sum_{j=1}^{m} p(x_i y_j) \log_2 \frac{p(y_j \mid x_i)}{p(y_j)}$$
$$= \sum_{i=1}^{n}\sum_{j=1}^{m} p(x_i y_j) \log_2 \frac{1}{p(y_j)} - \sum_{i=1}^{n}\sum_{j=1}^{m} p(x_i y_j) \log_2 \frac{1}{p(y_j \mid x_i)}$$
$$= H(Y) - H(Y/X) \tag{2-22}$$

式中，$H(Y/X)$ 为噪声熵，表示发出随机变量 X 后，对随机变量 Y 仍然存在的平均不确定度。如果信道中不存在任何噪声，发送端和接收端必存在确定的对应关系，发出 X 后必能确定对应的 Y，而现在不能完全确定对应的 Y，这显然是由信道噪声所引起的；$I(Y;X)$ 为发出 X 前后关于 Y 的先验不确定度减少的量。

(3) 观察者站在通信系统总体立场上，有

$$I(X;Y) = \sum_{i=1}^{n}\sum_{j=1}^{m} p(x_i y_j) \log_2 \frac{p(x_i y_j)}{p(x_i) p(y_j)}$$
$$= H(X) + H(Y) - H(XY) \tag{2-23}$$

式中，$H(XY)$ 为联合熵，表示输入随机变量 X，经信道传输到达信宿，输出随机变量 Y，即收、发双方通信后，整个系统仍然存在的不确定度；$I(X;Y)$ 为通信前后整个系统不确定度减少量。在通信前把 X 和 Y 看成两个相互独立的随机变量，整个系统的先验不确定度为 X 和 Y 的联合熵 $H(X)+H(Y)$；通信后把信道两端出现 X 和 Y 看成是由信道的传递统计特性联系起来的、具有一定统计关联关系的两个随机变量，这时整个系统的后验不确定度由 $H(XY)$ 描述。

2. 平均条件互信息量

平均条件互信息量定义为

$$I(X;Y/Z) = E(I(x_i;y_j/z_k)) = \sum_i \sum_j \sum_k p(x_i y_j z_k) \log_2 \frac{p(x_i \mid y_j z_k)}{p(x_i \mid z_k)} \tag{2-24}$$

它表示随机变量 Z 给定后，从随机变量 Y 所得到的关于随机变量 X 的信息量。

3. 平均联合互信息量

平均联合互信息量定义为

$$I(X;YZ) = E(I(x_i;y_j z_k)) = \sum_i \sum_j \sum_k p(x_i y_j z_k) \log_2 \frac{p(x_i \mid y_j z_k)}{p(x_i)} \tag{2-25}$$

它表示从二维随机变量 YZ 给定后,从随机变量 Y 所得到的关于随机变量 X 的信息量。

可以证明

$$I(X;YZ) = \sum_i \sum_j \sum_k p(x_i y_j z_k) \log_2 \frac{p(x_i/y_j z_k)}{p(x_i)}$$

$$= \sum_i \sum_j \sum_k p(x_i y_j z_k) \log_2 \frac{p(x_i/z_k) p(x_i/y_j z_k)}{p(x_i) p(x_i/z_k)}$$

$$= I(X;Z) + I(X;Y/Z) \tag{2-26}$$

同理可得

$$I(X) = I(X;Y) + I(X;Z/X) \tag{2-27}$$

【**例 2-9**】 把已知信源 $\begin{bmatrix} X \\ P(X) \end{bmatrix} = \begin{bmatrix} x_1 & x_2 \\ 0.5 & 0.5 \end{bmatrix}$ 接到如图 2.1 所示的信道上,求在该信道上传输的平均互信息量 $I(X;Y)$、疑义度 $H(X/Y)$、噪声熵 $H(Y/X)$ 和联合熵 $H(XY)$。

【**解**】

(1) 由 $p(x_i y_j) = p(x_i) p(y_j/x_i)$ 求出各联合概率:

$$p(x_1 y_1) = p(x_1) p(y_1/x_1) = 0.5 \times 0.98 = 0.49$$
$$p(x_1 y_2) = p(x_1) p(y_2/x_1) = 0.5 \times 0.02 = 0.01$$
$$p(x_2 y_1) = p(x_2) p(y_1/x_2) = 0.5 \times 0.20 = 0.10$$
$$p(x_2 y_2) = p(x_2) p(y_2/x_2) = 0.5 \times 0.80 = 0.40$$

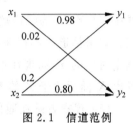

图 2.1 信道范例

(2) 由 $p(y_j) = \sum_{i=1}^{n} p(x_i y_j)$,得到 Y 集各消息概率:

$$p(y_1) = \sum_{i=1}^{2} p(x_i y_1) = p(x_1 y_1) + p(x_2 y_1) = 0.49 + 0.10 = 0.59$$
$$p(y_2) = 1 - p(y_1) = 1 - 0.59 = 0.41$$

(3) 由 $p(x_i/y_j) = p(x_i y_j)/p(y_j)$,求 X 的各后验概率:

$$p(x_1/y_j) = p(x_i y_j)/p(y_j) = 0.49/0.59 = 0.831$$
$$p(x_2/y_1) = 1 - p(x_1/y_1)/p(y_1) = 1 - 0.831 = 0.169$$

同理可推出:

$$p(x_1/y_2) = 0.024$$
$$p(x_2/y_2) = 0.976$$

(4) $H(X) = -\sum_{i=1}^{2} p(x_i) \log_2 p(x_i) = -(0.5\log_2 0.5 + 0.5\log_2 0.5) = 1$(比特/符号)

$H(Y) = -\sum_{i=1}^{2} p(y_i) \log_2 p(y_i) = -(0.59\log_2 0.59 + 0.41\log_2 0.41) = 0.98$(比特/符号)

$H(XY) = -\sum_{j=1}^{m} \sum_{i=1}^{n} p(x_i y_j) \log_2 (x_i y_j)$

$= -(0.49\log_2 0.49 + 0.01\log_2 0.01 + 0.1\log_2 0.1 + 0.4\log_2 0.4)$

$= 1.43$(比特/符号)

(5) 平均互信息:

$$I(X;Y) = H(X) + H(Y) - H(XY) = 1 + 0.98 - 1.43 = 0.55 \text{(比特/符号)}$$

(6) 信道疑义度：
$$H(X/Y) = H(X) - I(X;Y) = = 1 - 0.55 = 0.45 \text{(比特/符号)}$$
(7) 噪声熵：
$$H(Y/X) = H(Y) - I(X;Y) = 0.98 - 0.55 = 0.43 \text{(比特/符号)}$$

2.3 信息熵的性质

2.3.1 熵的性质

1. 非负性

$$H(X) \geqslant 0 \tag{2-28}$$

其中等号成立的充要条件是当且仅当对某 $i, p(x_i) = 1$，其余的，$p(x_k) = 0 (k \neq i)$。信源熵是自信息量的数学期望，自信息是非负值，所以信源熵一定满足非负性。

2. 对称性

熵对称性是指 $H(X)$ 中的 $p(x_1), p(x_2), \cdots, p(x_i), \cdots, p(x_n)$ 的顺序任意互换时熵的值不变，即

$$\begin{aligned} H(p(x_1), p(x_2), \cdots, p(x_n)) &= H(p(x_2), p(x_1), \cdots, p(x_n)) \\ &= H(p(x_n), p(x_{n-1}), \cdots, p(x_2), p(x_1)) \end{aligned} \tag{2-29}$$

该性质说明，熵只与随机变量的总体结构有关，与信源的总体统计特性有关。如果某些信源的统计特性相同(含有的符号数和概率分布相同)，那么这些信源的熵就相同。

3. 确定性

$$H(1,0) = H(1,0,0) = \cdots = H(1,0,0,\cdots,0) = 0 \tag{2-30}$$

只要信源符号表中有一个符号出现概率为1，信源熵就等于0。在概率空间中，如果有两个基本事实，其中一个是必然事件，另一个则是不可能事件，因此没有不确定性，熵必为0。可以类推到 n 个基本事件构成的概率空间。

4. 最大离散熵定理

信源 X 中包含 n 个不同离散消息时，信源熵 $H(X)$ 有

$$H(X) \leqslant \log_2 n \tag{2-31}$$

当且仅当 X 中各个消息出现概率全相等时，式(2-31)取等号。

式(2-3)说明当信源 X 中各个离散消息以等概率出现时，可得到最大信源熵，即

$$H_{\max}(X) = \log_2 n \tag{2-32}$$

定理 若信源中含有两个消息，即 $n=2$，可设一个消息的概率为 p，另一个消息的概率为 $1-p$，该信源熵为

$$H(X) = -[p\log_2 p - (1-p)\log_2(1-p)] \tag{2-33}$$

信息熵 $H(p)$ 是 p 的函数。p 取值于 $[0,1]$ 区间，可画出熵函数 $H(p)$ 的曲线，如图 2.2 所示。从图中可以看出，如果二元信源的输出符号是确定的，即 $p=1$，则信源不提供任何信息；反之，当二元信源符号以等概率发生时，信源熵达到极大值，等于 1bit 的信息量。

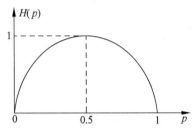

图 2.2 熵函数 $H(p)$

5. 香农辅助定理

对于任意两个 n 维概率矢量 $\boldsymbol{P}=(p_1,p_2,\cdots,p_n)$ 和 $\boldsymbol{Q}=(q_1,q_2,\cdots,q_n)$，有下面的不等式成立，即

$$H(p_1,p_2,\cdots,p_n) = -\sum_{i=1}^{n} p_i \log_2 p_i \leqslant -\sum_{i=1}^{n} p_i \log_2 q_i \tag{2-34}$$

该式表明，对任意概率分布 p_i，它对其他概率分布 q_i 的自信息量 $-\log_2 q_i$ 取数学期望时，必不小于 p_i 本身的熵。等号仅当 $P=Q$ 时成立。

6. 条件熵不大于无条件熵

条件熵小于信源熵，即 $H(X/Y) \leqslant H(X)$。当且仅当 x 和 y 相互独立时，$p(x/y) = p(x)$，取等号。

两个条件下的条件熵小于一个条件下的条件熵，即 $H(Z/XY) \leqslant H(Z/Y)$。当且仅当 $p(z/xy) = p(z/y)$ 时取等号。

联合熵小于信源熵之和，即 $H(XY) \leqslant H(X) + H(Y)$。当且仅当两个集合相互独立时取等号，此时可得联合熵的最大值，即 $H(XY)_{\max} = H(X) + H(Y)$。

互信息量与熵之间的关系如图 2.3 所示。图中两圆外轮廓表示 $H(XY)$，圆(1)表示 $H(X)$ 和圆(2)表示 $H(Y)$，则有

$$H(XY) = H(X) + H(Y/X) = H(Y) + H(X/Y) \tag{2-35}$$

$$H(X/Y) \leqslant H(X), \quad H(Y/X) \leqslant H(Y) \tag{2-36}$$

$$\begin{aligned} I(X;Y) &= H(X) - H(X/Y) \\ &= H(Y) - H(Y/X) \\ &= H(X) + H(Y) - H(XY) \end{aligned} \tag{2-37}$$

如果 X 和 Y 相互独立，则

$$I(X;Y) = 0, \quad H(XY) = H(X) + H(Y) \tag{2-38}$$

$$H(X) = H(X/Y), \quad H(Y) = H(Y/X) \tag{2-39}$$

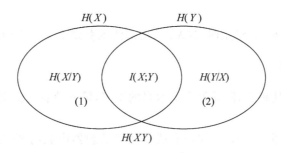

图 2.3 互信息量与熵之间的关系

2.3.2 平均互信息量的性质

1. 非负性

$$I(X;Y) \geqslant 0 \tag{2-40}$$

当且仅当 X 和 Y 相互独立,即 $p(x_i y_j) = p(x_i) p(y_j)$,对所有的 i 和 j 成立时,式中等号成立。

平均互信息量不是从两个具体消息出发,而是从随机变量 X 和 Y 的整体角度出发,在平均意义上观察问题,所以平均互信息量不会出现负值。

从整体和平均的意义上来说,信道每传递一条消息,总能提供一定的信息量,或者说接收端每收到一条消息,总能提取到关于信源 X 的信息量,使信源的不确定度有所下降。从一个事件提取关于另一个事件的信息,最坏的情况是 0,不会由于知道了一个事件,反而使另一个事件的不确定度增加。

2. 对称性

$$I(X;Y) = I(Y;X) \tag{2-41}$$

对称性表示 Y 获得关于 X 的信息量等于 X 获得关于 Y 的信息量。

对于信道两端的随机变量 X 和 Y,由 Y 提取到的关于 X 的信息量与从 X 中提取到的关于 Y 的信息量是一样的。$I(X;Y)$ 和 $I(Y;X)$ 只是观察者的立足点不同,是对信道两端的随机变量 X 和 Y 之间信息流通的总体测度的两种不同表达形式。

3. 极值性

$$I(X;Y) \leqslant H(X), \quad I(Y;X) \leqslant H(Y) \tag{2-42}$$

从一个事件提取关于另一个事件的信息量,至多是另一个事件熵那么多,不会超过另一个事件自身所含的信息量。

4. 凸函数性

$I(X;Y)$ 是 $p(x_i)$ 和 $p(x_i/y_j)$ 的函数,即

$$I(X;Y) = f[p(x_i), p(x_i/y_j)] \tag{2-43}$$

若条件概率分布 $p(x_i/y_j)$ 给定时,$I(X;Y)$ 是输入信源概率分布 $p(x_i)$ 的严格上凸

函数。

若输入信源分布 $p(x_i)$ 给定时，$I(X;Y)$ 是条件概率分布 $p(x_i/y_j)$ 的严格下凸函数。

5. 数据处理定理

当消息经过多级处理后，随着处理器数目的增多，输入消息与输出消息之间的平均互信息量趋于变小。

两级串联信道如图 2.4 所示，可以看成是两级处理器串联的情况。其数据处理定理的表达式为

$$I(X;Z) \leqslant I(Y;Z) \qquad (2\text{-}44)$$

$$I(X;Z) \leqslant I(X;Y) \qquad (2\text{-}45)$$

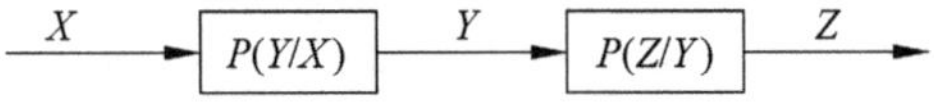

$$X \longrightarrow \boxed{P(Y/X)} \xrightarrow{Y} \boxed{P(Z/Y)} \xrightarrow{Z}$$

图 2.4 两级串联信道的情况

由式(2-44)和式(2-45)可知，两级串联信道输入与输出消息之间的平均互信息量既不会超过第Ⅰ级信道输入与输出消息之间的平均互信息量，也不会超过第Ⅱ级信道输入与输出消息之间的平均互信息量。数据处理定理说明，当对信号、数据或消息进行多级处理时，每处理一次，就有可能损失一部分信息，也就是说，数据处理会把信号变成更有用的形式，但是绝不会创造出新的信息，这就是信息不增原理。

2.4 离散序列信源熵

前面讨论了单个消息（符号）的离散信源的熵，并较详细地讨论了它的性质。然而实际信源的输出往往是空间或时间的离散随机序列，其中有无记忆的离散信源序列，当然更多的是有记忆的，即序列中的符号之间有相关性。此时需要用联合概率分布函数或条件概率分布函数来描述信源发出的符号间的关系。下面讨论离散无记忆序列信源和两类较简单的离散有记忆序列信源，即离散平稳序列和马尔可夫信源。

2.4.1 离散无记忆扩展信源

前面讨论的是最简单的信源，但很多情况下，实际信源的输出是由一系列简单信源符号组成的序列。例如，莫尔斯电报的输出形式是一串的 0 和 1，但其实质是按 5 位一组划分的特定编码，对于这种编码，应将其看作是 0、1 二元信源经过 5 次扩展而得到的新信源。此信源共有 25 个可能的符号，可以等效地看作是一个具有 32 个符号的信源，其中各个符号都是 0、1 的 5 重序列。简单离散无记忆信源经 N 次扩展后得到的新信源称为离散无记忆信源的 N 次扩展信源。

无记忆扩展信源就是每次发出一组含两个以上符号的符号序列代表一个消息，而且所发出的各个符号是相互独立的。各个符号的出现概率是它自身的先验概率，序列中符号组的长度即为扩展次数。为了方便起见，假定随机序列长度是有限的。

1. 离散无记忆二进制信源 X 的二次扩展信源

二次扩展信源输出的消息符号序列是分组发出的,每个二进制数构成一组,则新的等效信源 X 的输出符号为 00,01,10,11。

若单符号离散信源的数学模型为

$$\begin{bmatrix} X \\ P(X) \end{bmatrix} = \begin{bmatrix} x_1 & x_2 \\ p(x_1) & p(x_2) \end{bmatrix}$$

则二次扩展信源的数学模型为

$$\begin{bmatrix} X \\ P(X) \end{bmatrix} = \begin{bmatrix} a_1 & a_2 & a_3 & a_4 \\ p(a_1) & p(a_2) & p(a_3) & p(a_4) \end{bmatrix}$$

其中,X^2 表示二次扩展信源。这里,$a_1=00, a_2=01, a_3=10, a_4=11$。且有

$$p(a_i) = p(x_{i_1}) p(x_{i_2}) \quad i_1, i_2 \in \{1,2\}$$

2. 离散无记忆信源 X 的 N 次扩展信源

若单符号离散信源的数学模型为

$$\begin{bmatrix} X \\ P(X) \end{bmatrix} = \begin{bmatrix} x_1, & x_2, \cdots, & x_n \\ p(x_1), & p(x_2), \cdots, & p(x_n) \end{bmatrix}$$

满足

$$\sum_{i=1}^{n} p(x_i) = 1$$

则其 N 次扩展信源用 X^N 来表示,其数学模型为

$$\begin{bmatrix} X^N \\ P(X^N) \end{bmatrix} = \begin{bmatrix} a_1 & a_2 & \cdots & a_i & \cdots & a_{n^N} \\ p(a_1) & p(a_2) & \cdots & p(a_i) & \cdots & p(a_{n^N}) \end{bmatrix}$$

满足

$$\sum_{i=1}^{n^N} p(a_i) = 1$$

每个符号 a_i 对应于某个有 N 个 x_i 组成的序列。

在 N 次扩展信源 X^N 中,符号序列构成的矢量其各分量之间是彼此独立的,即

$$a_i = (x_{i_1}, x_{i_2}, \cdots, x_{i_N})$$

$$p(a_i) = p(x_{i_1}) p(x_{i_2}) \cdots p(x_{i_N}) \quad i_1, i_2, \cdots, i_N \in \{1, 2, \cdots, n\}$$

3. 离散无记忆信源 X 的 N 次扩展信源的熵

N 次扩展信源的熵按信息熵的定义为

$$H(X^N) = -\sum_{i=1}^{n^N} p(a_i) \log_2 p(a_i) \tag{2-46}$$

其单位为比特/符号序列。

N 次扩展信源的熵可以按熵的性质进行推导,有

$$H(X^N) = H(X_1 X_2 \cdots X_N) = H(X_1) + H(X_2/X_1)$$

$$+ H(X_3/X_1X_2) + \cdots + H(X_N/X_1X_2\cdots X_{N-1})$$

由于无记忆扩展信源的各 X_i 之间是彼此独立的，且各个 $H(X_i) = H(X)$，所以

$$H(X^N) = H(X_1X_2\cdots X_N) = H(X_1) + H(X_2) + H(X_3) + \cdots + H(X_N) = NH(X)$$
(2-47)

离散平稳无记忆信源 X 的 N 次扩展信源的熵是离散信源 X 的 N 倍。

【例 2-10】 求下面离散无记忆信源的二次扩展信源及其熵。

$$\begin{bmatrix} X \\ p(X) \end{bmatrix} = \begin{bmatrix} x_1 & x_2 & x_3 \\ \dfrac{1}{2} & \dfrac{1}{4} & \dfrac{1}{4} \end{bmatrix}, \quad \sum_{i=1}^{3} p(x_i) = 1$$

【解】 因为信源是离散无记忆扩展信源，且信源 X 共有 3 个不同符号，所以由信源 X 中每两个符号组成的不同排列共有 $3^2 = 9$ 种，得二次扩展信源共有 9 个不同的符号。又因为离散无记忆扩展信源的特点有

$$p(a_i) = p(x_{i_1})p(x_{i_2})\cdots p(x_{i_N}) \quad i_1, i_2, \cdots, i_N \in \{1, 2, \cdots n\}$$

由此可得表 2.1。

表 2.1 信源 X 的二次扩展信源 X^2

X^2 信源符号 a_i	a_1	a_2	a_3	a_4	a_5	a_6	a_7	a_8	a_9
相应的消息序列	x_1x_1	x_1x_2	x_1x_3	x_2x_1	x_2x_2	x_2x_3	x_3x_1	x_3x_2	x_3x_3
概率 $p(a_i)$	1/4	1/8	1/8	1/8	1/16	1/16	1/8	1/16	1/16

则二次扩展信源的概率空间为

$$\begin{bmatrix} X^N \\ P(X^N) \end{bmatrix} = \begin{bmatrix} a_1 & a_2 & a_3 & a_4 & a_5 & a_6 & a_7 & a_8 & a_9 \\ 1/4 & 1/8 & 1/8 & 1/8 & 1/16 & 1/16 & 1/8 & 1/16 & 1/16 \end{bmatrix}$$

单符号离散信源熵为

$$H(X) = -\sum_{i=1}^{3} p(x_i) \log_2 p(x_i) = 1.5 \text{（比特 / 符号）}$$

二次扩展信源熵为

$$H(X^2) = -\sum_{i=1}^{9} p(a_i) \log_2 p(a_i) = 3 \text{（比特 / 符号序列）} = 2H(X)$$

可见，扩展信源 X^N 的每一个输出符号 a_i 是由 N 个 x_i 所组成的序列，并且序列中前后符号是统计独立的。现已知每个信源符号 x_i 含有的平均信息量为 $H(X)$，那么，N 个 x_i 组成的无记忆序列平均含有的信息量就为 $NH(X)$（根据熵的可加性）。因此信源 X^N 每个输出符号含有的平均信息量为 $NH(X)$。$H(X) = 1.5$ 比特/符号，即用 1.5 比特就表示该事件。则 $H(X^N) = 3$ 比特/符号序列，即用 3 比特就表示该事件。

2.4.2 离散平稳信源的熵

前面讨论了离散无记忆信源及其扩展信源，实际中大多数都不是这种理想的无记忆信源。一般情况下，离散信源输出的是空间和时间离散的符号序列，且各符号之间存在着或强或弱的相关性，可以用联合概率来描述，而且其统计特性可能随时间而变化，在不同的时刻，其输出序列的概率分布可能不同，这是最一般的有记忆信源的情况，比较复杂。为便于分

析,本书只讨论其中一类特殊的信源,即平稳信源。

1. 离散平稳信源

对于随机矢量 $\boldsymbol{X}=X_1X_2\cdots X_N$,若任意两个不同时刻 i 和 j(大于 2 的任意整数),信源发出消息的概率分布完全相同,即

(1) 一维平稳信源
$$P(X_i = x_1) = P(X_j = x_1) = p(x_1)$$
$$P(X_i = x_2) = P(X_j = x_2) = p(x_2)$$
$$\vdots$$
$$P(X_i = x_n) = P(X_j = x_n) = p(x_n)$$

(2) 二维平稳信源
$$P(X_i = x) = P(X_j = x) = p(x)$$
$$P(X_i = x_1, X_{i+1} = x_2) = P(X_j = x_1, X_{j+1} = x_2) = p(x_1x_2)$$

其中,$x_1, x_2 \in X = (x_1, x_2, \cdots, x_n)$。

(3) 离散平稳信源
$$P(X_i) = P(X_j) = p(x)$$
$$P(X_i X_{i+1}) = P(X_j X_{j+1})$$
$$\vdots$$
$$P(X_i X_{i+1} X_{i+2} \cdots X_{i+N}) = P(X_j X_{j+1} X_{j+2} \cdots X_{j+N})$$

如果信源的各维联合概率分布均与时间起点无关,那么信源是完全平稳的。这种各维联合概率均与时间起点无关的完全平稳信源,称为离散平稳信源。

2. 二维平稳信源

最简单的离散有记忆平稳信源是 N 为 2 的情况,即二维平稳信源,它满足一维和二维概率与时间起点无关。信源发出的符号序列中,每两个符号可看作一组,每组代表信源 $X=X_1X_2$ 的一个消息。由平稳的定义可知,每组中的后一个符号与前一个符号有统计关联关系,而这种概率性的关联与时间的起点无关。假定符号序列的组与组之间是统计独立的。这与实际情况不符,由此得到的信源熵仅仅是近似值。但是当每组中符号的个数很多时,组与组之间关联性比较强的只是前一组末尾的一些符号和后一组开头的一些符号,随着每组序列长度的增加,这种差距越来越小。

1) 数学模型

$X_1, X_2 \in (x_1, x_2, \cdots, x_n)$,则矢量 $\boldsymbol{X} \in \{x_1x_1, \cdots, x_1x_n, x_2x_1, \cdots, x_2x_n, \cdots, x_nx_1, \cdots, x_nx_n\}$。

令 $a_i \in (x_{i_1} x_{i_2})(i_1, i_2 = 1, 2, \cdots, n)$,则 $i = 1, 2, \cdots, n^2$,设单符号离散信源概率空间为

$$\begin{bmatrix} \boldsymbol{X} \\ P(\boldsymbol{X}) \end{bmatrix} = \begin{bmatrix} x_1, & x_2, \cdots, & x_n \\ p(x_1), & p(x_2), \cdots, & p(x_n) \end{bmatrix}$$

满足

$$\sum_{i=1}^{n} p(x_i) = 1$$

二维平稳信源 $X = X_1 X_2$ 的概率空间为

$$\begin{bmatrix} X_1 X_2 \\ P(X_1 X_2) \end{bmatrix} = \begin{bmatrix} x_1 x_1 & x_1 x_2 & \cdots & x_n x_n \\ p(x_1 x_1) & p(x_1 x_2) & \cdots & p(x_n x_n) \end{bmatrix}$$

满足

$$\sum_{i=1}^{n} \sum_{j=1}^{n} p(x_i x_j) = 1$$

2) 熵

根据信息熵的定义,新信源 $X_1 X_2$ 的熵为

$$H(X_1 X_2) = - \sum_{i=1}^{n} \sum_{j=1}^{m} p(x_i x_j) \log_2 p(x_i x_j) \tag{2-48}$$

$H(X_1 X_2)$ 称为符号序列 $X_1 X_2$ 的联合熵。它表示原来信源 X 输出任意一对可能的消息的平均不确定性。

二维平稳信源的平均符号熵用 $H_2(X)$ 表示,定义为

$$H_2(X) = H(X_1 X_2)/2 \tag{2-49}$$

这里的下标 2 表示通过二维平稳信源的符号序列的联合熵求取信源信息熵,所以称 $H_2(X)$ 为二维平稳信源的平均符号熵。

【例 2-11】 某一离散二维平稳信源 $X_1 X_2$ 的原始信源 X 的信源模型为

$$\begin{bmatrix} X \\ P(X) \end{bmatrix} = \begin{bmatrix} x_1 & x_2 & x_3 \\ \dfrac{1}{4} & \dfrac{4}{9} & \dfrac{11}{36} \end{bmatrix}, \quad \sum_{i=1}^{3} p(x_i) = 1$$

输出符号序列中,只有前后两个符号有记忆,条件概率 $p(X_2/X_1)$ 度如表 2.2 所示。求信源的熵 $H(X)$、条件熵 $H(X_2/X_1)$ 和联合熵 $H(X_1 X_2)$。

表 2.2 条件概率 $p(X_2/X_1)$

X_1 \ X_2	x_1	x_2	x_3
x_1	2/9	2/9	0
x_2	1/8	3/4	1/8
x_3	0	2/11	9/11

【解】
$$H(X) = \sum_{i=1}^{3} p(x_i) \log_2 \frac{1}{p(x_i)} = -\frac{1}{4} \log_2 \left(\frac{1}{4} \right) - \frac{4}{9} \log_2 \left(\frac{4}{9} \right) - \frac{11}{36} \log_2 \left(\frac{11}{36} \right)$$
$$= 1.542 (\text{比特}/\text{符号})$$

$$H(X_2/X_1) = \sum_{i_1=1}^{3} \sum_{i_2=1}^{3} p(x_{i_1}) p(x_{i_2}/x_{i_1}) \log_2 \frac{1}{p(x_{i_2}/x_{i_1})} = 0.870 (\text{比特}/\text{符号})$$

$$H(X_1 X_2) = H(X_1) + H(X_2/X_1) = 1.542 + 0.870 = 2.412 (\text{比特}/\text{符号})$$

$$H_2(X) = \frac{1}{2} H(X_1 X_2) = 1.206 (\text{比特}/\text{符号})$$

$H_2(X)$ 小于信源提供的平均信息量 $H(X)$,这是由于符号之间的统计相关性所引起的。

3. N 维平稳信源

对于一般的离散平稳信源，符号的相互依赖关系存在于更多的符号之间，理论上符号相关长度可至无穷远。下面将二维离散平稳有记忆信源推广到 N 维。

1）熵

已知 N 维联合概率分布可求得离散平稳信源的联合熵，即表示平均发一个消息（N 个符号组成）所提供的信息量，即

$$H(X^N) = H(X_1) + H(X_2/X_1) + H(X_3/X_1X_2) + \cdots + H(X_N/X_1X_2\cdots X_{N-1})$$
(2-50)

2）极限熵

（1）平均符号熵。

信源输出 N 长符号序列，平均每发出一个符号所提供的信息量为平均符号熵，即

$$H_N(X) = \frac{1}{N} \cdot H(X_1X_2\cdots X_N) \tag{2-51}$$

（2）极限熵。

信源输出 N 长符号序列，当 $N \to \infty$ 时，平均符号熵的极限为极限熵，即

$$H_N(X) = \lim_{N \to \infty} \frac{1}{N} \cdot H(X_1X_2\cdots X_N) \tag{2-52}$$

3）性质

（1）条件熵 $H(X_N/X_1X_2\cdots X_{N-1})$ 随着 N 的增加而递减。

由于条件熵不大于无条件熵，条件较多的熵不大于减少一些条件的熵，考虑到平稳性，所以

$$\begin{aligned} H(X_N | X_1X_2\cdots X_{N-1}) &\leqslant H(X_{N-1} | X_1X_2\cdots X_{N-2}) \\ &\leqslant H(X_{N-2} | X_1X_2\cdots X_{N-3}) \\ &\vdots \\ &\leqslant H(X_2/X_1) \\ &\leqslant H(X_1) \end{aligned}$$

表明记忆长度越长，条件熵越小，也就是序列的统计约束条件关系增加时，不确定性减少。

（2）当 N 一定时，则平均符号熵不小于条件熵，即

$$H_N(X) \geqslant H(X_N | X_1X_2\cdots X_{N-1}) \tag{2-53}$$

因为

$$\begin{aligned} NH_N(X) &= H(X_1X_2\cdots X_N) \\ &= H(X_1) + H(X_2 | X_1) + \cdots + H(X_N | X_1X_2\cdots X_{N-1}) \end{aligned}$$

由性质（1）得，条件熵 $H(X_N/X_1X_2\cdots X_{N-1})$ 随着 N 的增加而递减，则有

$$NH_N(X) \geqslant N \cdot H(X_N | X_1X_2\cdots X_{N-1})$$
$$H_N(X) \geqslant H(X_N | X_1X_2\cdots X_{N-1})$$

（3）平均符号熵 $H_N(X)$ 随 N 的增加非递增。

因为

$$NH_N(X) = H(X_1 X_2 \cdots X_{N-1})$$
$$= H(X_1 X_2 \cdots X_{N-1}) + H(X_N | X_1 X_2 \cdots X_{N-1})$$
$$= (N-1)H_{N-1}(X) + H(X_N | X_1 X_2 \cdots X_{N-1})$$

由性质(2)得

$$H_N(X) \leqslant H_{N-1}(X) \tag{2-54}$$

(4) 如果 $H(X) < \infty$，则有 $H_\infty(X) = \lim_{N \to \infty} H_N(X)$ 存在，并且

$$H_\infty(X) = \lim_{N \to \infty} H_N(X) = \lim_{N \to \infty} H(X_N | X_1 X_2 \cdots X_{N-1}) \tag{2-55}$$

根据性质(1)得

$$H_{N+k}(X) = \frac{1}{N+k}[H(x_1, \cdots, X_{N-1}) + H(X_N | X_1, \cdots, X_{N-1}) + \cdots$$
$$+ H(X_{N+k} | X_1, \cdots, X_{N+k-1}]$$
$$= \frac{1}{N+k} H(X_1 X_2 \cdots X_{N-1}) + \frac{k+1}{N+k} H(X_N / X_1 \cdots X_{N-1})$$

当 k 取足够大时($k \to \infty$)，固定 N，而 $H(X_1 X_2 \cdots X_{N-1})$ 和 $H(X_N / X_1 \cdots X_{N-1})$ 为定值，前一项因为 $\frac{1}{N+k} \to 0$ 而可以忽略，后一项因为 $\frac{k+1}{N+k} \to 1$，所以有

$$\lim_{k \to \infty} H_{N+k}(X) \leqslant H(X_N / X_1 \cdots X_{N-1})$$

所以可得

$$\lim_{N \to \infty} H_N(X) \leqslant \lim_{N \to \infty} H(X_N / X_1 \cdots X_{N-1}) \tag{2-56}$$

由结论(2)可知，平均符号熵不小于条件熵。

令 $N \to \infty$，得

$$\lim_{N \to \infty} H_N(X) \geqslant \lim_{N \to \infty} H(X_N / X_1 \cdots X_{N-1})$$

结合式(2-56)和结论(2)可得条件熵 $H(X_N / X_1 \cdots X_{N-1})$ 的值是在 $H_N(X)$ 和 $H_{N+k}(X)$ 之间，令($k \to \infty$)，则 $H_N(X)$ 应等于 $H_{N+k}(X)$，故得

$$H_\infty = \lim_{N \to \infty} H_N(X) = \lim_{N \to \infty} H(X_N / X_1 \cdots X_{N-1})$$

推广性质(3)可得

$$H_0(X) \geqslant H_1(X) \geqslant H_2(X) \geqslant \cdots \geqslant H_\infty(X) \tag{2-57}$$

式中，$H_0(X)$ 为等概率无记忆信源单个符号的熵；$H_1(X)$ 为一般无记忆(不概率率)信源单个符号的熵；$H_2(X)$ 为两个符号组成的序列平均符号熵，依此类推。

极限熵代表了一般离散平稳有记忆信源平均每发一个符号提供的信息量。多符号离散平稳信源实际上就是原始信源在不断地发出符号，符号之间的统计关联关系也并不仅限于长度 N 之内，而是伸向无穷远。所以要研究实际信源，必须求出极限熵 H_∞，才能确切地表达多符号离散平稳有记忆信源平均每发一个符号提供的信息量。然而一般信源，求出极限熵是很困难的，当取 N 不大时就可以得到与极限熵非常接近的条件熵和平均符号熵，因此在实际应用中常取有限 N 下的条件熵和平均符号熵来近似极限熵。

2.4.3 马尔可夫的信源

在很多信源的输出序列中,符号之间的依赖关系是有限的,也就是说,任何时刻信源符号发生的概率只与前边已经发出的若干个符号有关,而与更前面发出的符号无关。

1. 马尔可夫的信源

在随机变量序列中,时刻 $m+1$ 的随机变量 X_{m+1} 只与它前面的已经发生 m 个随机变量 $X_1 X_2 \cdots X_m$ 有关,与更前面的随机变量无关。一般假定这种信源符号序列 X 中每一时刻的随机变量都取值且取遍于单符号信源符号集 $X \in \{x_1, x_2, \cdots, x_n\}$。这种信源仍然是一次发出一个符号,但记忆长度是 m,发出的当前符号只与它前面的 m 个符号有关。与多符号平稳信源不同的是,这种信源发出符号时不仅与符号集有关,还与信源的状态有关。"状态"指与当前输出符号有关的前 m 个随机变量序列 $(X_1 X_2 \cdots X_m)$ 的某一具体消息,用 s_i 表示,把这个具体消息看作是某个状态,即

$$\begin{cases} s_i = \{x_{k_1}, x_{k_2}, \cdots, x_{k_m}\} & k_1, k_2, \cdots, k_m = 1, 2, \cdots, n \\ x_{k_1}, x_{k_2}, \cdots, x_{k_m} \in \{x_1, x_2, \cdots, x_n\} & i = 1, 2, \cdots, n^m \end{cases}$$

当信源在 $m+1$ 时刻出发符号 $x_{k_{m+1}}$ 时,可把 s_j 看成另一种状态,即

$$\begin{cases} s_j = s_{i+1} = \{x_{k_2}, \cdots, x_{k_m}, x_{k_{m+1}}\} & k_2, \cdots, k_m, k_{m+1} = 1, 2, \cdots, n \\ x_{k_2}, \cdots, x_{k_m}, x_{k_{m+1}} \in \{x_1, x_2, \cdots, x_n\} & j = 1, 2, \cdots, n^m \end{cases}$$

所有的状态构成状态空间,每种状态以一定的概率发生,其数学模型为

$$\begin{bmatrix} S \\ P(S) \end{bmatrix} = \begin{bmatrix} s_1 & s_2 & \cdots & s_{n^m} \\ p(s_1) & p(s_2) & \cdots & p(s_{n^m}) \end{bmatrix}, \quad \sum_{i=1}^{n^m} p(s_i) = 1$$

当信源处于状态 s_i 时,再发符号 $x_{k_{m+1}}$,状态发生了改变,变成了 s_j,由于 X_{m+1} 只与前面 m 个随机变量有关,所以状态 s_j 只依赖于状态 s_i,与更前面的状态无关,且这种状态之间的依赖关系一直延伸到无穷。从数学上来讲,由 m 个符号组成的状态构成了一个有限状态的马尔可夫链。总结起来,状态 s_j 与两个因素有关:前一个状态 s_i,当前发出的符号 $x_{k_{m+1}}$。当信源处于 s_i 时,发出符号 $x_{k_{m+1}}$ 的概率记为 $p(x_{k_{m+1}}/s_i)$。$x_{k_{m+1}}$ 发出后,状态由 s_i 变为 s_j。状态的转移也满足一定的概率分布,用 $p(s_j/s_i)$ 表示,称为状态的一步转移概率。这种信源满足马尔可夫信息源的约束条件,因此称为 m 阶马尔可夫信源。

m 阶马尔可夫信源的数学模型可由一组信源符号集和一组条件概率确定,即

$$\begin{bmatrix} X \\ P(X_{m+1}/X_1 \cdots X_m) \end{bmatrix} = \begin{Bmatrix} x_1, x_2, \cdots, x_n \\ p(x_{k_{m+1}}/x_{k_1} x_{k_2} \cdots x_{k_m}) \end{Bmatrix}$$

并满足

$$\sum_{k_{m+1}=1}^{n} p(x_{k_{m+1}}/x_{k_1} x_{k_2} \cdots x_{k_m}) = 1 \quad k_1, k_2, \cdots, k_{m+1} = 1, 2, \cdots, n$$

马尔可夫信源可用马尔可夫链的状态转移图来描述信源。在状态转移图上,每个圆圈代表一种状态,状态之间的有向线代表某一状态向另一状态的转移。有向线一侧的符号和数字分别代表发出的符号和条件概率。

2. m 阶马尔可夫信源的极限熵

由定义并考虑平稳性,有

$$p(x_{k_N}/x_{k_1}x_{k_2}\cdots x_{k_m}x_{k_{m+1}}\cdots x_{k_{N-1}}) = p(x_{k_N}/x_{k_{N-m}}x_{k_{N-m+1}}\cdots x_{k_{N-1}})$$
$$= p(x_{k_{m+1}}/x_{k_1}x_{k_2}\cdots x_{k_m}) \tag{2-58}$$

$$\begin{aligned} H_\infty &= \lim_{N\to\infty} H(X_N/X_1X_2\cdots X_{N-1}) \\ &= \lim_{N\to\infty}\left\{-\sum_{k_1=1}^n\cdots\sum_{k_N=1}^n p(x_{k_1}\cdots x_{k_N})\log_2 p(x_{k_N}/x_{k_1}\cdots x_{k_{N-1}})\right\} \\ &= \lim_{N\to\infty}\left\{-\sum_{k_1=1}^n\cdots\sum_{k_N=1}^n p(x_{k_1}\cdots x_{k_N})\log_2 p(x_{k_{m+1}}/x_{k_1}\cdots x_{k_m})\right\} \\ &= -\sum_{k_1=1}^n\cdots\sum_{k_{m+1}=1}^n p(x_{k_1}\cdots x_{k_{m+1}})\log_2 p(x_{k_{m+1}}/x_{k_1}\cdots x_{k_m}) \\ &= H(X_{m+1}/X_1X_2\cdots X_m) \\ &= H_{m+1} \end{aligned} \tag{2-59}$$

式(2-59)表明 m 阶马尔可夫信源的极限熵 H_∞ 等于 m 阶条件熵,记为 H_{m+1},随机变量 $(x_{k_1}x_{k_2}\cdots x_{k_m})$ 可表示为状态 $s_i(i=1,2,\cdots,n^m)$。信源处于状态 s_i 时,再发下一个符号 $x_{k_{m+1}}$,则信源从状态 s_i 转移到 s_j,即 $(x_{k_2}x_{k_3}\cdots x_{k_{m+1}})$,所以

$$p(x_{k_{m+1}}/x_{k_1}x_{k_2}\cdots x_{k_m}) = p(x_k/s_i) = p(s_j/s_i) \tag{2-60}$$

这样,式(2-59)又可以表示为

$$H_\infty = H_{m+1} = -\sum_{i=1}^{n^m}\sum_{j=1}^{n^m} p(s_i)p(s_j/s_i)\log_2 p(s_j/s_i) \tag{2-61}$$

式中,$p(s_i)(i=1,2,\cdots,n^m)$ 为 m 阶马尔可夫信源稳定后的状态极限概率;$p(s_j/s_i)$ 为一步转移概率。

3. 有限齐次马尔可夫链各态历经定理

定理 对于有限齐次马尔可夫链,若存在一个正整数 $l_0 \geq 1$,对于一切 $i,j=1,2,\cdots,n^m$,都有

$$p_{l_0}(s_j/s_i) > 0$$

则对每一个 j 都存在不依赖于 i 的极限

$$\lim_{l\to\infty} p_l(s_j/s_i) = p(s_j) \quad j=1,2,\cdots,n^m \tag{2-62}$$

称这种马尔可夫链是各态历经的,其极限概率是方程组

$$p(s_j) = \sum_{i=1}^{n^m} p(s_i)p(s_j/s_i) \quad j=1,2,\cdots,n^m \tag{2-63}$$

满足条件

$$p(s_j) > 0, \quad \sum_{i=1}^{n^m} p(s_j) = 1 \tag{2-64}$$

的唯一解。

【例 2-12】 已知三态马尔可夫信源及其状态转移概率,求出稳态概率分布,并求其极限熵。

$$\boldsymbol{P} = \begin{bmatrix} 0.1 & 0 & 0.9 \\ 0.5 & 0 & 0.5 \\ 0 & 0.2 & 0.8 \end{bmatrix}$$

【解】 设状态的平稳分布为 $p(s_1)$、$p(s_2)$、$p(s_3)$，根据式(2-62)和式(2-63)可得

$$0.1\,p(s_1) + 0.5\,p(s_2) = p(s_1)$$
$$0.2\,p(s_3) = p(s_2)$$
$$0.9\,p(s_1) + 0.5\,p(s_2) + 0.8\,p(s_3) = p(s_3)$$

且满足 $p(s_1) + p(s_2) + p(s_3) = 1$。因此可解得

$$p(s_1) = 5/59 \quad p(s_2) = 9/59 \quad p(s_3) = 45/59$$

可以算出极限熵为

$$H_{m+1} = \sum_i \sum_j p(s_i) p(s_j/s_i) \log_2 p(s_j/s_i) = 0.742\,910\,(比特/符号)$$

2.5 连续信源熵和互信息

前面讨论的是离散信源的情况，其统计特性可以用信源的概率分布来描述。而实际应用中常常遇到的连续信源，不仅幅度是连续的，有些在时间上或频率上也连续，其统计特性需要用概率密度函数来描述。用离散变量来逼近连续变量，即认为连续变量是离散变量的极限情况。下面将讨论幅度连续的单个符号信源熵。

2.5.1 连续单个符号信源熵

单变量连续信源数学模型 $\begin{bmatrix} X \\ P(x) \end{bmatrix} = \begin{bmatrix} R \\ P(x) \end{bmatrix}$ 并满足

$$\int_R p(x)\,\mathrm{d}x = 1$$

其中，$p(x)$ 为单变量连续信源的概率密度函数；R 为连续变量 X 的取值范围是实数域。

通过对连续信源在时间上离散化，再对连续变量进行量化分层，并用离散变量来逼近连续变量。量化间隔越小，离散变量与连续变量越接近，当量化间隔趋近于零时，离散变量就等于连续变量。

设概率密度函数 $p(x)$。把连续随机变量 X 的取值分割成 n 个小区间，各小区间等宽，即 $\Delta = (b-a)/n$，则变量落在第 i 个小区间的概率为

$$P(a+(i-1)\Delta \leqslant X \leqslant a+i\Delta) = \int_{a+(i-1)\Delta}^{a+i\Delta} p(x)\,\mathrm{d}x = p(x_i)\Delta \tag{2-65}$$

其中，x 是 $a+(i-1)\Delta \sim a+i\Delta$ 之间的某一值。当 $p(x)$ 是 x 的连续函数时，由中值定理可知，必存在一个 x_i 值使式(2-65)成立。

这样连续变量 X 就可用取值为 $x_i(i=1,2,\cdots,n)$ 的离散变量近似。连续信源被量化成离散信源，这时的离散信源熵是

$$H(X) = -\sum_{i=1}^n p(x_i)\Delta \log_2 p(x_i)\Delta = -\sum_{i=1}^n p(x_i)\Delta \log_2 p(x_i) - \sum_{i=1}^n p(x_i)\Delta \log_2 \Delta$$

$$\tag{2-66}$$

当 $n\to\infty$，$\Delta\to 0$ 时，若极限存在，即得连续信源的熵为

$$\lim_{\substack{n\to\infty\\\Delta\to 0}} H(X) = -\lim_{\substack{n\to\infty\\\Delta\to 0}}\sum_{i=1}^{n} p(x_i)\Delta\log_2 p(x_i) - \lim_{\substack{n\to\infty\\\Delta\to 0}}(\log_2\Delta)\sum_{i=1}^{n} p(x_i)\Delta$$

$$= -\int_a^b p(x)\log_2 p(x)\mathrm{d}x - \lim_{\substack{n\to\infty\\\Delta\to 0}}(\log_2\Delta)\int_a^b p(x)\mathrm{d}x$$

$$= -\int_a^b p(x)\log_2 p(x)\mathrm{d}x - \lim_{\substack{n\to\infty\\\Delta\to 0}}(\log_2\Delta) \tag{2-67}$$

式(2-67)中，第三个等号右边的第一项具有离散信源熵的形式，是定值；第二项为无穷大。因而丢掉第二项，并定义连续信源熵为

$$H_c(X) = -\int_R p(x)\log_2 p(x)\mathrm{d}x \tag{2-68}$$

尽管连续信源熵与离散信源熵具有相同的形式，但是意义并不相同。由于连续取值，连续熵应当为无穷大，因为连续随机变量必须要使用无限多个比特才能够表示。上述连续信源熵的定义去掉了无穷大的分量，在实际中经常遇到熵之间的差，如互信息量，只要两者与所选取的 Δx 相近，无穷大的分量就会相互抵消。所以，连续信源的熵具有相对性，也称为相对熵或者差熵。同样，可以定义两个连续变量 X、Y 的联合熵为

$$H_c(XY) = -\iint_{R^2} p(xy)\log_2 p(xy)\mathrm{d}x\mathrm{d}y \tag{2-69}$$

两个连续变量 X、Y 条件熵为

$$\begin{cases} H_c(X/Y) = -\iint_{R^2} p(xy)\log_2 p(x/y)\mathrm{d}x\mathrm{d}y \\ H_c(Y/X) = -\iint_{R^2} p(xy)\log_2 p(y/x)\mathrm{d}x\mathrm{d}y \end{cases} \tag{2-70}$$

前面讨论的是单个符号连续信源，然而在实际中经常遇到的实际信源无论是幅度上还是时间(或者空间)上都是连续的信号，在此情况下，可以使用随机过程描述这种信源。在实际应用中，可以不直接研究波形信源，而是通过取样、量化将之转化为有限维的离散随机序列，如果随机过程是平稳的，取样量化后得到的随机矢量也是平稳的，这样就可以将平稳随机过程转化为平稳离散信源进行研究。当然，理论上数据采样时应当满足奈奎斯特取样条件，而量化过程会损失部分信息，但是这样处理可以简化讨论，并且可以直接使用平稳离散信源的结论。

2.5.2 几种特殊连续信源熵

下面计算几种特殊连续信源的熵。

1. 均匀分布的连续信源的熵

若均匀分布的连续信源概率密度函数为

$$p(x) = \begin{cases} \dfrac{1}{b-a} & a \leqslant x \leqslant b \\ 0 & x > b, x < a \end{cases}$$

其熵为
$$H_c(X) = -\int_a^b \frac{1}{b-a} \log_2 \frac{1}{b-a} dx = \log_2(b-a) \quad (2-71)$$

当$(b-a)>1$时，$H_c(X)>0$；当$(b-a)=1$时，$H_c(X)=0$；当$(b-a)<1$时，$H_c(X)<0$为负值，即连续熵不具备非负性。

2. 高斯分布的连续信源的熵

均值为m、方差为σ^2的高斯随机变量的概率密度函数为
$$p(x) = \frac{1}{\sqrt{2\pi\sigma^2}} e^{-\frac{(x-m)^2}{2\sigma^2}}$$

其中
$$m = E[X] = \int_{-\infty}^{\infty} x p(x) dx$$
$$\sigma^2 = E[(X-m)^2] = \int_{-\infty}^{\infty} (x-m)^2 p(x) dx$$

其熵为
$$\begin{aligned}
H_c(X) &= -\int_{-\infty}^{\infty} p(x) \log_2 p(x) dx \\
&= -\int_{-\infty}^{\infty} p(x) \log_2 \frac{1}{\sqrt{2\pi\sigma^2}} e^{-\frac{(x-m)^2}{2\sigma^2}} dx \\
&= -\int_{-\infty}^{\infty} p(x)(-\log_2 \sqrt{2\pi\sigma^2}) dx + \int_{-\infty}^{\infty} p(x)(\log_2 e)\left[\frac{(x-m)^2}{2\sigma^2}\right] dx \\
&= \log_2 \sqrt{2\pi\sigma^2} + \frac{1}{2}\log_2 e \\
&= \frac{1}{2} \log_2 2\pi e \sigma^2
\end{aligned} \quad (2-72)$$

其中
$$\int_{-\infty}^{\infty} p(x) dx = 1, \quad \int_{-\infty}^{\infty} \frac{(x-m)^2}{2\sigma^2} p(x) dx = \frac{1}{2}$$

高斯连续信源的熵与数学期望m无关，只与方差σ^2有关。

3. 指数分布的连续信源的熵

若一维随机变量X的取值区间是$[0,\infty)$，其概率密度函数为
$$p(x) = \frac{1}{m} e^{-\frac{x}{m}} \quad x \geq 0$$

其熵为
$$\begin{aligned}
H_c(X) &= -\int_0^{\infty} p(x) \log_2 p(x) dx \\
&= -\int_0^{\infty} p(x) \log_2 \frac{1}{m} e^{-\frac{x}{m}} dx \\
&= \log_2 m \cdot \int p(x) dx + \log_2 e \cdot \int p(x) \frac{x}{m} dx \\
&= \log_2 me
\end{aligned} \quad (2-73)$$

其中

$$\int_{-\infty}^{\infty} p(x)\mathrm{d}x = 1, \quad \int xp(x)\mathrm{d}x = E[X] = m$$

指数分布的连续信源的熵只取决于均值。因为指数分布函数的均值决定函数的总体特性。

2.5.3 连续信源熵的性质

1. 连续信源熵可为负值

均匀分布的连续信源的熵有正有负,也可能为0,均匀分布的连续熵已经证明了这一结论。

2. 可加性

$$H_c(XY) = H_c(X) + H_c(Y/X) \tag{2-74}$$

$$H_c(YX) = H_c(Y) + H_c(X/Y) \tag{2-75}$$

当 X 与 Y 相互独立时,有

$$H_c(XY) = H_c(X) + H_c(Y) \tag{2-76}$$

扩展到 N 个变量,即

$$H_c(X_1 X_2 \cdots X_n) = H_c(X_1) + H_c(X_2/X_1) + H_c(X_3/X_1 X_2) \\ + H_c(X_N/X_1 X_2 \cdots X_{N-1}) \tag{2-77}$$

3. 平均互信息的非负性

平均互信息用 $I_c(X;Y)$ 表示,即

$$I_c(X;Y) = H_c(X) - H_c(X/Y) \tag{2-78}$$

$$I_c(Y;X) = H_c(Y) - H_c(Y/X) \tag{2-79}$$

且有

$$I_c(X;Y) \geqslant 0, \quad I_c(Y;X) \geqslant 0 \tag{2-80}$$

与离散变量情况类似,$I_c(X;Y)$ 具有非负性。

4. 平均互信息的对称性

连续信源的平均互信息也满足对称性,即

$$I_c(X;Y) = I_c(Y;X) \tag{2-81}$$

2.5.4 最大熵和熵功率

1. 最大熵定理

对于离散信源来说,当信源分布为等概率分布时,信源熵取最大值。而连续熵的情况有所不同,如果没有限制条件,就没有最大熵;在不同的约束条件下,信源的最大熵也不同。

通常有 3 种情况是令人感兴趣的:一种是信源的输出值受限的情况;另一种是信源输出的平均功率受限的情况;还有一种是均值受限的情况。下面分别加以讨论。

(1) 限峰值功率的最大熵定理。

峰值功率受限即信源输出信号的瞬时幅度受限,它等价于信源输出信号的幅度被限定在$[a,b]$区域内。在这种情况下,当连续信源输出信号的概率密度分布是均匀分布时,信息具有最大熵,其值为

$$H_c(X)_{\max} = \log_2(b-a)$$

(2) 限平均功率的最大熵定理。

若连续信源输出信号的平均功率P被限定,则输出信号幅度的概率密度函数为高斯分布时,信源具有最大熵,其值为

$$H_c(X)_{\max} = (1/2)\log_2(2\pi eP)$$

(3) 均值受限条件下的最大熵定理。

若连续信源X输出非负信号的均值受限,则输出信号的幅度呈指数分布时的熵为最大值。

上述3种关系都属于最大熵定理,通过以上的讨论可知,连续信源与离散信源不同,它不存在绝对的最大熵。其最大熵与信源的限制条件有关,在不同的限制条件下有不同的最大连续熵值。

2. 熵功率

由前面的讨论可知,在不同的限制条件下连续信源有不同的最大熵,需要讨论没有达到最大熵的连续信源的冗余问题,这里引入熵功率的概念。因为均值为零,平均功率受限的连续信源是实际中最常见的一种信源,重点讨论这种信源的冗余问题。

均值为零,平均功率限定为P的连续信源服从高斯分布时达到最大熵,即

$$H_{c\max}(X) = (1/2)\log_2(\pi eP) = (1/2)\log_2(2\pi e\sigma^2) \tag{2-82}$$

其熵值仅随限定功率P的变化而变化。熵与P有确定的关系,即

$$P = \frac{1}{2\pi e}e^{2H_{c\max}(X)} \tag{2-83}$$

如果另一信源的平均功率也为P,但它不是高斯分布,那它的熵$H_c(X)$一定比高斯信源的熵$H_{c\max}(X)$小。反过来说,如果有一个信源与高斯信源有相同的熵值$H_{c\max}(X)$,则它的平均功率$P \geqslant \overline{P}$,$\overline{P}$为高斯信源的平均功率。

若某连续信源的熵为$H_c(X)$,平均功率为P,则将具有相同熵的高斯信源的平均功率$\overline{P}$定义为熵功率,即

$$\overline{P} = \frac{1}{2\pi e}e^{2H_c(X)} \tag{2-84}$$

所以$\overline{P} \leqslant P$,当该连续信源为高斯信源时等号成立。

由此可见,任何一个信源的熵功率不大于其平均功率;当且仅当信源为高斯分布时,熵功率等于平均功率;连续信源的熵功率就是具有同样相对熵的高斯信源的平均功率。

因为熵功率一般不会等于平均功率,故熵功率的大小可以表示连续信源剩余多少,如果熵功率等于信号的平均功率,就表示没有剩余。熵功率和信号的平均功率相差越大,则说明信号的剩余越大。因此,定义信号的平均功率与熵功率之差$(P-\overline{P})$为连续信源的剩余度。

2.6 冗余度

冗余度也称多余度或剩余度,它表示给定信源在实际发出消息时所包含的多余信息。如果一个消息所包含的符号比表达这个消息所需要的符号多,那么这样的消息就存在多余度。

冗余度来自两个方面。一方面是信源符号间的相关性,由于信源输出符号间的依赖关系使得信源熵减小,这就是信源的相关性。相关程度越大,信源的实际熵越小,趋于极限熵 $H_\infty(X)$;反之相关程度减小,信源实际熵就增大。另一方面是信源符号分布的不均匀性,当等概率分布时信源熵最大。而实际应用中大多是不均匀分布,使得实际熵减小。当信源输出符号间彼此不存在依赖关系且为等概率分布时,信源实际熵趋于最大熵 $H_0(X)$。例如,一个具有 4 个符号的信源,它输出一个由 10 个符号构成的符号序列,最大可能包含 20b 的信息量。假定当信源由于符号间的相关性或不等概率,信源的极限熵减小到1.2比特/符号,输出的符号序列平均所含有的总信息量12b,而如果信源输出符号间没有相关性且符号等概率分布,则输出 12b 的信息量只需要输出 6 个符号即可,这就是说,有相关性和不等概的信源存在冗余,或者说,输出同样的信息量有冗余的信源输出的符号数要比无冗余的信源输出的符号数要多。

为了衡量信源的相关性程度,引入信源冗余度的概念。

信源实际的信息熵 H_∞(极限熵、熵率)与同样符号数的最大熵 H_0 的比值为信源熵的相对率,即

$$\eta = H_\infty / H_0 \qquad (2\text{-}85)$$

信源冗余度为 1 减去信源熵的相对率 η,即

$$\gamma = 1 - \eta = (H_0 - H_\infty)/H_0 \qquad (2\text{-}86)$$

信息的剩余度表示信源可压缩的程度。

从提高传输信息效率的观点出发,总是希望减少或去掉剩余度。但是剩余度也有它的用处,因为剩余度大的消息具有较强的抗干扰能力。当干扰使消息在传输过程中出现错误时,能从它的上下关联中纠正错误。所以,从提高抗干扰能力角度来看,总希望增加或保留信源的剩余度。以后讨论信源编码和信道编码时会知道,信源编码就是通过减少或消除信源的剩余度来提高通信的传输效率;而信道编码则是通过增加信源的剩余度来提高通信的抗干扰能力,即提高通信的可靠性。

2.7 小结

信息论建立在信息可以度量的基础上。本章从信息量的定义出发,阐述了离散无记忆信源的各种信息量的定义及其含义。在此基础上,主要讨论了离散信源各种熵的定义、性质、计算方法、各种熵之间的关系等;同时从信源编码、信道编码和信息处理等方面阐述了各种熵的含义。然后介绍了扩展信源熵的概念、计算方法以及与单符号熵之间的关系,马尔可夫信源熵的计算方法。最后简单介绍了连续信源的熵与互信息量,并且简单给出了相互

之间的关系。

习题

2-1 填空题

(1) 齐次马尔可夫信源中,信源状态由_____唯一确定。

(2) N 阶平稳信源的 N 维分布函数与_____无关。

(3) 连续型随机变量的均值受限,该随机变量服从_____时,熵最大。

(4) 一般马尔可夫信源的信息熵是其_____的极限值。

(5) 无条件熵_____条件熵,条件多的熵_____条件少的熵。

2-2 判断题

(1) 连续型随机变量的峰值受限,服从正态分布时其熵最大。　　　　　(　)

(2) 两个离散的无记忆单个符号信源之间互信息量的值一定是非负值。　(　)

(3) 通信系统中减少信源的冗余度能提高有效性。　　　　　　　　　　(　)

(4) 信源内部的关联性,会提高熵值。　　　　　　　　　　　　　　　　(　)

(5) m 阶马尔可夫信源的极限熵等于 $m+1$ 阶条件熵。　　　　　　　(　)

2-3 同时掷出两个正常的骰子,也就是各面呈现的概率都为 1/6,求:

(1) "3 和 5 同时出现"这事件的自信息。

(2) "两个 1 同时出现"这事件的自信息。

(3) 两个点数中至少有一个是 1 的自信息量。

2-4 居住某地区的女孩子有 25% 是大学生,在女大学生中有 75% 是身高 160cm 以上的,而女孩子中身高 160cm 以上的占总数的一半。假如得知"身高 160cm 以上的某女孩是大学生"的消息,问获得多少信息量?

2-5 消息源以概率 1/2、1/4、1/8、1/16、1/16 发送 5 种消息符号 m_1、m_2、m_3、m_4、m_5。

(1) 若每个消息符号出现是独立的,求每个消息符号的信息量。

(2) 求该符号集的平均信息量。

2-6 设离散无记忆信源 $\begin{bmatrix} X \\ P(X) \end{bmatrix} = \begin{Bmatrix} x_1=0 & x_2=1 & x_3=2 & x_4=3 \\ 3/8 & 1/4 & 1/4 & 1/8 \end{Bmatrix}$,其发出的信息为 (202120130213001203210110321010021032011223210),求:

(1) 此消息的自信息量是多少?

(2) 此消息中平均每符号携带的信息量是多少?

2-7 每帧电视图像可以认为是由 3×10^5 个像素组成的,所有像素均是独立变化,且每像素又取 128 个不同的亮度电平,并设亮度电平是等概出现,问每帧图像含有多少信息量? 若有一个广播员,在约 10 000 个汉字中选出 1000 个汉字来口述此电视图像,试问广播员描述此图像所广播的信息量是多少(假设汉字字汇是等概率分布,并彼此无依赖)? 若要恰当地描述此图像,广播员在口述中至少需要多少汉字?

2-8 设有一个信源,它产生 0、1 序列的信息。它在任意时间而且不论以前发生过什么符号,均按 $P(0)=0.4$、$P(1)=0.6$ 的概率发出符号。

(1) 试问这个信源是否是平稳的?
(2) 试计算 $H(X^2)$、$H(X_3/X_1X_2)$ 及 H_∞。
(3) 试计算 $H(X^4)$。

2-9 两个实验 X 和 Y,$X=\{x_1 \ \ x_2 \ \ x_3\}$,$Y=\{y_1 \ \ y_2 \ \ y_3\}$,联合概率 $r(x_i,y_j)=r_{ij}$ 为

$$\begin{bmatrix} r_{11} & r_{12} & r_{13} \\ r_{21} & r_{22} & r_{23} \\ r_{31} & r_{32} & r_{33} \end{bmatrix} = \begin{bmatrix} 7/24 & 1/24 & 0 \\ 1/24 & 1/4 & 1/24 \\ 0 & 1/24 & 7/24 \end{bmatrix}$$

(1) 如果有人告诉你 X 和 Y 的实验结果,你得到的平均信息量是多少?
(2) 如果有人告诉你 Y 的实验结果,你得到的平均信息量是多少?
(3) 在已知 Y 实验结果的情况下,告诉你 X 的实验结果,你得到的平均信息量是多少?

2-10 设信源 $\begin{bmatrix} X \\ P(X) \end{bmatrix} = \begin{Bmatrix} x_1 & x_2 & x_3 & x_4 & x_5 & x_6 \\ 0.2 & 0.19 & 0.18 & 0.17 & 0.16 & 0.17 \end{Bmatrix}$,求这个信源的熵,并求信源熵的极大值及达到极大值的条件。

2-11 一个马尔可夫信源有 3 个符号 $\{u_1,u_2,u_3\}$,转移概率为 $p(u_1/u_1)=1/2$,$p(u_2/u_1)=1/2$,$p(u_3/u_1)=0$,$p(u_1/u_2)=1/3$,$p(u_2/u_2)=0$,$p(u_3/u_2)=2/3$,$p(u_1/u_3)=1/3$,$p(u_2/u_3)=2/3$,$p(u_3/u_3)=0$,画出状态图并求出各符号稳态概率。

2-12 由符号集 $\{0,1\}$ 组成的二阶马尔可夫链,其转移概率为 $p(0/00)=0.8$,$p(0/11)=0.2$,$p(1/00)=0.2$,$p(1/11)=0.8$,$p(0/01)=0.5$,$p(0/10)=0.5$,$p(0/01)=0.5$ $p(0/01)=0.5$,画出状态图,并计算各状态的稳态概率。

第3章 信道与信道容量

信道(Information Channels)是信息传输的通道。信道的作用是把携有信息的信号从它的输入端传递到输出端,它的最重要特征参数是信息传递能力,即信道容量问题。在高斯信道下,信道的信息通过能力与信道的频带宽度、信道的工作时间、信道的噪声功率密度有关。频带越宽,工作时间越长,信号、噪声功率比越大,信道的通过能力就越强,信道容量越大。本章主要讨论离散信道的统计特性和数学模型,定量地研究信道传输的平均互信息及其重要性质,导出信道容量的概念和几种比较典型的信道的信道容量计算方法。本章重点在于研究一个输入端和一个输出端的信道,即单用户信道,以无记忆、无反馈、固定参数的离散信道为重点内容进行讨论。

3.1 信道的基本概念

3.1.1 信道的定义及分类

1. 信道的定义及数学模型

信道是指信息传输的通道。

在通信中,信道按其物理组成被分成微波信道、光纤信道、电缆信道等。信号在这些信道中传输的过程遵循不同的物理规律,通信技术必须研究信号在这些信道中传输时的特性。信息论不研究信号在信道中传输的物理过程,而是用数学方法研究信息在信道中传输的规律。因而首先需要确定信道的数学模型。

设信道的

输入 $X=(X_1,X_2,\cdots,X_i,\cdots),X_i \in A=\{a_1,a_2,\cdots,a_n\}$

输出 $Y=(Y_1,Y_2,\cdots,Y_j,\cdots),Y_j \in B=\{b_1,b_2,\cdots,b_m\}$

通常采用信道转移概率 $p(Y|X)$ 来描述输入和输出的统计依赖关系,反映信道统计关系。一般信道的模型如图 3.1 所示,它有一个输入以及一个与输入有关的输出,外加一个噪声干扰输入。通常,信道的输入、输出及干扰都是随机量,可用随机过程来描述。信道的特性完全由信道的输入输出统计关系确定。

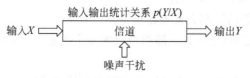

图 3.1 信道等效模型示意图

2．信道的分类

实际的通信系统中，信道的种类很多，所包含的设备也各不相同，因而可以从不同的角度进行分类。

1) 根据信道输入输出信号来划分

信道分为时间离散信道和时间连续信道。

(1) 时间离散信道有两种情形。

① 时间离散、幅值离散信道，简称离散信道（Discrete Channel）或数字信道（Digital Channel）。

② 时间离散、幅值连续信道，简称连续信道（Continuous Channel）。

(2) 时间连续信道也有两种情形。

① 时间连续、幅值离散信道。

② 时间连续、幅值连续信道，简称波形信道（Waveform Channel）或模拟信道（Analog Channel）。

2) 根据信道的记忆特性划分

信道分为无记忆信道和有记忆信道。

(1) 无记忆信道。信道当前的输出只与当前的输入有关。

(2) 有记忆信道。信道当前的输出不但与当前的输入有关，还与当前时刻以前的输入有关。

3) 根据信道的输入输出端关系划分

信道分为无反馈信道和反馈信道。

(1) 无反馈信道。信道的输出端信号不反馈到输入端，即输出信号对输入信号没有影响。

(2) 反馈信道。输出信号通过一定途径反馈到输入端，致使输入端的信号发生变化。

4) 根据信道的物理组成划分

信道可分为很多类，较为常见的有有线信道、无线信道、光纤信道等。

5) 根据信道的用户类型划分

信道可分为两端（单用户）信道和多端（多用户）信道。

(1) 两端（单用户）信道。只有一个输入端和一个输出端的单向信道。

(2) 多端（多用户）信道。有多个输入端和多个输出端的单向或双向信道。

6) 根据信道的参数类型划分

信道可分为恒参信道（时不变信道）和变参信道（时变信道）。

(1) 恒参信道（时不变信道）。信道的统计特性不随时间变化。

(2) 变参信道（时变信道）。信道的统计特性随时间变化。

7) 根据信道中所受噪声种类划分

信道可分为随机差错信道和突发差错信道。

(1) 在随机差错信道中，噪声独立随机地影响每个传输码元，如以高斯白噪声为主体的信道。

(2) 在突发差错信道中，噪声、干扰的影响则是前后相关的，错误成串出现，如实际的衰落信道、码间干扰信道,这些噪声可能是由大的脉冲干扰或闪电等引起。

8) 根据输入输出之间关系的记忆性来划分

信道可分为无记忆信道和有无记忆信道。

(1) 无记忆信道。信道的输出只与信道该时刻的输入有关,而与其他时刻的输入无关。

(2) 有无记忆信道。信道的输出不但与信道现在时刻的输入有关,而且还与以前时刻的输入有关。

3.1.2 信道参数

设信道的输入矢量为 $\boldsymbol{X}=(X_1,X_2,\cdots,X_i,\cdots)$,$X_i \in A=\{a_1,a_2,\cdots,a_n\}$,输出矢量为 $\boldsymbol{Y}=(Y_1,Y_2,\cdots,Y_j,\cdots)$,$Y_j \in B=\{b_1,b_2,\cdots,b_m\}$,通常采用条件概率 $p(\boldsymbol{Y}|\boldsymbol{X})$ 来描述信道输入和输出的统计依赖关系。在分析信道问题时,该条件概率通常被称为转移概率。根据信道是否存在干扰及有无记忆,可将信道分为以下三类。

1. 无干扰(无噪声)信道

信道的输出信号 Y 与输入信号 X 之间有确定关系 $Y=f(\boldsymbol{X})$,已知 $\boldsymbol{X}$ 后就确知 Y,所以转移概率为

$$p(Y/X)=\begin{cases}1, & Y=f(X) \\ 0, & Y \neq f(X)\end{cases}$$

2. 有干扰无记忆信道

信道的输出信号 Y 与输入信号 X 之间没有确定关系,但转移概率满足下列情况:$p(\boldsymbol{Y}/\boldsymbol{X})=p(y_1|x_1)p(y_2|x_2)\cdots p(y_L|x_L)$,即每个输出信号只与当前输入信号之间有转移概率关系,而与其他非该时刻的输入信号、输出信号都无关,也就是无记忆,这种情况使问题得到简化,不需采用矢量形式,只要分析单个符号的转移概率 $p(y_j|x_i)$ 即可。

根据输入输出信号的符号数目是等于2、大于2还是趋于∞,又可进一步区分以下信道模型。

1) 二进制离散信道

当信道模型的输入和输出信号的符号数都是2,即 $X \in A=\{0,1\}$,$Y \in B=\{0,1\}$,转移概率为

$$\begin{cases}p(Y=0/X=1)=p(Y=1)/X=0)=p \\ p(Y=1/X=1)=p(Y=0/X=0)=1-p\end{cases} \tag{3-1}$$

其信道模型如图 3.2 所示。这是一种对称的二进制输入、二进制输出信道,所以叫做二进制对称信道(Binary Symmetric Channel,BSC),由于这种信道的输出比特仅与对应时刻的一个输入比特有关,而与以前的输入无关,因此这种信道是无记忆的。BSC 信道研究二元编解码最简单,也是最常用的信道模型。

2) 离散无记忆信道

当无记忆信道模型的输入和输出信号的符号数大于2但为有限值时,叫做离散无记忆信道(Discrete Memoryless Channel,DMC),其信道模型如图 3.3 所示。

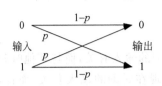
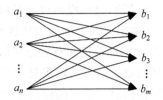

图 3.2 二进制对称信道　　　　图 3.3 离散无记忆信道(DMC)

信道的输入是 n 元符号,即输入符号集由 n 个元素 $X \in A = \{a_1, a_2, \cdots, a_n\}$ 构成,而信道的输出是 m 元符号,即信道输出符号集由 m 个元素 $Y \in B = \{b_1, b_2, \cdots, b_m\}$ 构成,为了表示该 nm 个转移概率,采用转移概率矩阵 $\boldsymbol{P} = [p(b_j/a_i)] = [p_{ij}]$ 表示,即

$$P = \begin{bmatrix} p_{11} & p_{12} & \cdots & p_{1m} \\ p_{21} & p_{22} & \cdots & p_{2m} \\ \cdots & \cdots & \ddots & \cdots \\ p_{n1} & p_{n2} & \cdots & p_{nm} \end{bmatrix} \tag{3-2}$$

显然,输入 a_i 时各可能输出值 b_j 的概率之和必定等于 1,即

$$\sum_{j=1}^{m} p(b_j/a_i) = 1 \quad i = 1, 2, \cdots, n \tag{3-3}$$

因此转移概率矩阵中各行元素之和为 1。因为 BSC 信道是 DMC 信道的特例,故 BSC 信道的转移概率矩阵可表示为

$$P = \begin{bmatrix} 1-p & p \\ p & 1-p \end{bmatrix} \tag{3-4}$$

3) 离散输入连续输出信道

假设信道输入符号选自一个有限的、离散的输入符号集 $X \in \{a_1, a_2, \cdots, a_n\}$,而信道的输出未经量化($m \to \infty$),这时的信道输出可以是实轴上的任意值,即 $Y \in \{-\infty, \infty\}$。这样的信道模型称为离散时间无记忆信道。其特性由离散输入 X、连续输出 Y 以及一组条件概率密度函数 $p_Y(y/X = a_i)(i = 1, 2, \cdots, n)$ 来决定。这类信道中最重要的一种信道是加性高斯白噪声(AWGN)信道,对它而言,有

$$Y = X + G \tag{3-5}$$

式中,G 为一个均值为零、方差为 σ^2 的高斯随机变量。当 $X = a_i$ 给定后,Y 是一个均值为 a_i、方差为 σ^2 的高斯随机变量,即

$$p_Y(y/a_i) = \frac{1}{\sqrt{2\pi}\sigma} e^{-(y-a_i)^2/2\sigma^2} \tag{3-6}$$

4) 波形信道

当信道输入和输出都是随机过程 $\{x(t)\}$ 和 $\{y(t)\}$ 时,该信道称为波形信道。在实际模拟通信系统中,信道都是波形信道。在通信系统模型中,把来自各部分的噪声都集中在一起,认为都是通过信道接入的。

因为实际波形信道的频宽总是受限的,所以在有限观察时间 t_B 内,能满足限频 f_m、限时 t_B 的条件。按照第 2 章有记忆信源内容,可把波形信道的输入 $\{x(t)\}$ 和输出 $\{y(t)\}$ 的平稳随机过程信号离散化成 L 个($L = 2f_m t_B$)时间离散、取值连续的平稳随机序列 $\boldsymbol{X} = \{X_1, X_2, \cdots,$

$X_L\}$ 和 $\boldsymbol{Y}=\{Y_1,Y_2,\cdots,Y_L\}$。这样波形信道就转化为多维连续信道,信道转移概率密度函数为

$$p_Y(y/x) = p_Y(y_1,y_2,\cdots,y_L/x_1,x_2,\cdots,x_L) \tag{3-7}$$

且满足

$$\iint_{RR}\cdots\int_R p_Y(y_1,y_2,\cdots,y_L/x_1,x_2,\cdots,x_L)\mathrm{d}y_1\mathrm{d}y_2\cdots\mathrm{d}y_L = 1$$

式中,R 为实数域。

若多维连续信道的转移概率密度函数满足

$$p_Y(y/x) = \prod_{i=1}^{L} p_Y(y_i/x_i) \tag{3-8}$$

则称此信道为连续无记忆信道,即在任一时刻输出变量只与对应时刻的输入变量有关,与以前时刻的输入输出无关。

一般情况下,式(3-8)不能满足,也就是连续信道任一时刻的输出变量与以前时刻的输入输出都有关,此信道称为连续有记忆信道。

根据噪声对信道中信号的作用不同,可将噪声分为加性噪声和乘性噪声两类,即噪声与输入信号是相乘或相加。加性噪声信道分析较多、较方便。单符号信道可表示为

$$y(t) = x(t) + n(t) \tag{3-9}$$

式中,$n(t)$ 为加性噪声过程的一个样本函数。

在这种信道中,噪声与信号通常相互独立,所以有

$$p_{X,Y}(x,y) = p_{X,n}(x,n) = p_X(x)p_n(n)$$

则

$$p_Y(y/x) = \frac{p_{X,Y}(x,y)}{p_X(x)} = \frac{p_{X,n}(x,n)}{p_X(x)} = p_n(n) \tag{3-10}$$

即信道的转移概率密度函数等于噪声的概率密度函数。进一步考虑条件熵

$$H_c(Y/X) = -\iint_R p_{X,Y}(x,y)\log_2 p_Y(y/x)\mathrm{d}x\mathrm{d}y$$

$$= -\int_R p_X(x)\mathrm{d}x\int_R p_Y(y/x)\log_2 p_Y(y/x)\mathrm{d}y$$

$$= -\int_R p_X(x)\mathrm{d}x\int_R p_n(n)\log_2 p_n(n)\mathrm{d}n$$

$$= -\int_R p_n(n)\log_2 p_n(n)\mathrm{d}n = H_c(n) \tag{3-11}$$

该结论说明了条件熵 $H_c(Y/X)$ 是由于噪声引起的,它等于噪声信源的熵 $H_c(n)$,所以称条件熵为噪声熵。

在加性多维连续信道中,输入矢量 $\boldsymbol{x}$、输出矢量 $\boldsymbol{y}$ 和噪声矢量 $\boldsymbol{n}$ 之间的关系是 $\boldsymbol{y}=\boldsymbol{x}+\boldsymbol{n}$。同理可得

$$p_Y(y/x) = p_n(n), \quad H_c(Y/X) = H_c(n) \tag{3-12}$$

以后主要讨论加性噪声信道,噪声源主要是高斯白噪声。

3. 有干扰有记忆信道

这是最一般情况。例如,实际的数字信道中,当信道特性不理想,存在码间干扰时,输出信号不但与当前的输入信号有关,还与以前的输入信号有关。处理这种情况比较困难,常用的方法有两种:

① 将记忆很强的 L 个符号当矢量符号,各矢量符号之间认为无记忆,但会引入误差,L 越大,误差越小。

② 将转移概率 $p(Y/X)$ 看成马尔可夫链的形式,记忆有限,信道的统计特性可用在已知现时刻输入信号和前时刻信道所处的状态的条件下,如 $p(y_n, s_n/x_n, s_{n-1})$,这种处理方法很复杂,取一阶时稍微简单一些。

在分析问题时选用以上的何种信道模型完全取决于分析者的目的。如果对设计和分析离散信道编、解码器感兴趣,从工程角度出发,最常用的是 DMC 信道模型或其简化形式 BSC 信道模型;若分析性能的理论极限,则多选用离散输入、连续输出信道模型;如果想设计和分析数字调制器和解调器的性能,则可采用波形信道模型。本书后面主要讨论编、解码,因此 DMC 信道模型使用最多。

3.1.3 信道容量的定义

在单符号离散信道中,平均每个符号传送的信息量定义为信道的信息传输率。从统计角度而言,信道的噪声总是有限的,总有部分信息能够准确传输,所以信道的信息传输率为

$$R = I(X;Y) = H(X) - H(X|Y)(\text{比特}/\text{符号})$$

若已知平均传输一个符号所需时间为 $t(s)$,则信道在单位时间内平均传输的信息量定义为信息传输速率;比特/符号÷s/符号=bit/s,即 $R_t = I(X;Y)/t$,单位为 bit/s。

什么是信道容量?

互信息量 $I(X;Y)$ 是输入符号 X 概率分布的凸函数。对于一个给定的信道,总是存在某种概率分布 $p(x)$,使得传输每个符号平均获得的信息量最大,即对于每个固定的信道总是存在一个最大的信息传输速率,这个最大信息传输速率定义为信道容量(Channel Capacity)。

$$C = \max_{p(x)}\{I(X;Y)\} \tag{3-13}$$

先验概率分布应当满足下列条件,即

$$p(x = a_i) \geqslant 0 \quad i = 1, 2, \cdots, r$$

$$\sum_{i=1}^{n} p(a_i) = 1 \tag{3-14}$$

对于给定信道,条件转移概率 $p(b_j/a_i)$ 是一定的,所以信道容量就是在信道的前向概率一定的情况下,寻找某种先验概率分布 $p(x)$,使得平均互信息量最大,这种先验分布概率为最佳分布。

如果信道输入满足最佳分布,信息传输率最大,即达到信息容量 C;如果信道输入的先验分布不是最佳分布,那么信息传输率不能够达到信息容量 C。信道传输的信息量 R 必须小于信道容量 C,否则传输过程中会造成信息损失,出现错误;反之,如果 $R<C$ 成立,可以

通过信道编码方法保证信息能够几乎无失真地传送到接收端。

3.2 离散信道及其容量

3.2.1 无干扰离散信道

这类信道是理想信道。输入、输出符号之间是确定性关系，可以根据输入或者输出划分为互不相交的集合。这类信道在实际通信系统中较少，在数据压缩系统中，可以使用这类模型进行研究。根据信道输入符号 X 与信道输出符号 Y 之间的关系，可以分为以下几种信道。

1. 无噪无损信道

该信道的输入、输出集合符号数量相等，输入 X 与输出 Y 之间是一一对应的，如图 3.4 所示。对于给定 a_i，由于 $p(b_j/a_i)$ 只有一个为 1，其余都为 0，所以 $H(X/Y)=0$，则

$$I(X;Y) = H(X) - H(X|Y) = H(X) = H(Y)$$

根据信道容量的定义，信道容量就是平均互信息量的最大值，根据极大熵定理可知，当输入符号的先验概率为等概率分布时，$H(X)$ 取得最大值 $\log_2 n$，信道容量为

$$C = \max_{p(x)}\{I(X;Y)\} = \max_{p(x)=1}\{H(X)\} = \log_2 n \tag{3-15}$$

所以当输入信源满足等概率分布时，信息传输率最大，达到信道容量。这类信道的前向概率矩阵和后验概率矩阵是相等的，都是 $n \times n$ 单位矩阵，$P(Y/X) = \boldsymbol{I}_{n \times n}$。

2. 无噪有损信道

信道输出符号 Y 集合的数量小于信道输入符号 X 集合的数量，即 $n > m$，形成多对一的映射，如图 3.5 所示。

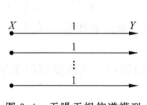
图 3.4 无噪无损信道模型

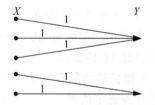
图 3.5 无噪有损信道模型

接收到符号 Y 后，不能确定信道输入 X，即不能完全消除 X 的不确定性，所以 $H(X/Y) > 0$，且 $H(X) > H(Y)$，$I(X;Y) = H(Y)$。信道容量为

$$C = \max_{p(x)}\{I(X;Y)\} = \max_{p(x)=1}\{H(Y)\} = \log_2 m \tag{3-16}$$

这类信道的特点是，信道概率转移矩阵中每行只有一个非零元素，即

$$P(Y|X) = \begin{bmatrix} 1 & 0 \\ 1 & 0 \\ 0 & 1 \\ 0 & 1 \end{bmatrix}$$

3. 有噪无损信道

信道输出符号 Y 集合的数量大于信道符号 X 集合的数量，即 $n<m$，形成一对多的映射关系，如图 3.6 所示。由于一对多的映射关系，不能由输入完全确定信道的输出，$H(X/Y)>0$，$H(X)<H(Y)$，$I(X;Y)=H(X)$。信道的容量为

$$C = \max_{p(x)}\{I(X;Y)\} = \max_{p(x)=1}\{H(X)\} = \log_2 n \tag{3-17}$$

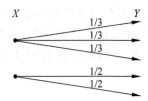

图 3.6 有噪无损信道模型

当信道输入为等概率输入时，$I(X;Y)=H(X)$ 才能取得最大值，所以先验概率的最佳分布就是使得 $p(a_i)=1/n$ 的分布。这类信道的特点是，信道概率转移矩阵中每列只有一个非零元素。

4. 信道的疑义度和信道的散布度

1) 信道的疑义度

观察 $I(X;Y)=H(X)-H(X/Y)$，对于有噪信道，输入 X 的平均信息 $H(X)$ 不可能全部送达到输出，一部分信息在传输过程中损失了，损失的部分就是 $H(X/Y)$。

$H(X/Y)$ 既代表收到输出 Y 后对输入 X 还存在疑义，又代表信道在传输过程中的信息损失，因此，$H(X/Y)$ 又称为信道的疑义度或损失熵。

损失熵为零的信道称为无损信道。

2) 信道的散布度

观察 $I(X;Y)=H(X)-H(X/Y)$，可变换为 $H(Y)=I(X;Y)+H(Y/X)$，式中 $H(Y)$ 代表输出 Y 中含有的全部信息，其中既包含从输入端送来的有用信息 $I(X;Y)$，也包含由噪声引入的无用信息 $H(Y/X)$。

$H(Y/X)$ 叫做信道的散布度或噪声熵，表明信道因噪声干扰所呈现的无序性程度，噪声熵为零的信道称为确定信道。

3.2.2 对称离散信道的信道容量

对称离散无记忆（DMC）信道是最简单的信道之一。

1. 输入对称信道容量

如果信道转移概率矩阵中所有行矢量都是第一行的某种置换，则称信道关于输入是对称的，这种信道称为输入对称离散信道。例如，信道转移矩阵为

$$\boldsymbol{P} = \begin{bmatrix} 0.9 & 0.1 \\ 0.1 & 0.9 \end{bmatrix}$$

又比如信道转移矩阵 $\boldsymbol{P}=\begin{bmatrix}0.6 & 0.3 & 0.1\\ 0.3 & 0.6 & 0.1\end{bmatrix}$，根据定义可以得出信道具有下列性质，即

$$\begin{cases}H(Y/a_1)=H(Y/a_2)=\cdots=H(Y/a_n)=H(Y/a_i)=-\sum_{j=1}^{m}p(b_j/a_i)\log_2(b_j/a_i)\\ H(Y/X)=H(Y/a_i)\end{cases} \quad (3\text{-}18)$$

即条件熵 $H(Y/X)$ 与信道输入的符号无关。

为了表示方便起见，假设转移矩阵首行元素为 $p_1,p_2,\cdots,p_m$，则有

$$H(Y/a_i)=H(p_1,p_2,\cdots,p_m)$$

$$I(X;Y)=H(Y)-H(Y/X)=H(Y)-H(p_1,p_2,\cdots,p_m)$$

因此，输入对称信道的容量为

$$C=\max_{p(a_i)}I(X;Y)=\max_{p(a_i)}H(Y)-H(p_1,p_2,\cdots,p_m) \quad (3\text{-}19)$$

所以输入对称信道的容量就是找到一种分布，使得信道输出的熵最大。

【例 3-1】 信道的转移矩阵为

$$\boldsymbol{P}=\begin{bmatrix}0.6 & 0.3 & 0.1\\ 0.3 & 0.6 & 0.1\end{bmatrix}$$

求该信道的容量。

【解】 设信道输入的概率空间为

$$\begin{bmatrix}X\\ p(x)\end{bmatrix}=\begin{bmatrix}a_1 & a_2\\ p & 1-p\end{bmatrix}$$

信道输出的概率分布为

$p(b_1)=0.6p+0.3(1-p)=0.3+0.3p$

$p(b_2)=0.3p+0.6(1-p)=0.6-0.3p$

$p(b_3)=0.1p+0.1(1-p)=0.1$

$H(Y)=-\{p(b_1)\log_2 p(b_1)+p(b_2)\log_2 p(b_2)+p(b_3)\log_2 p(b_3)\}$

$\quad=-\{(0.3+0.3p)\log_2(0.3+0.3p)+(0.6-0.3p)\log_2(0.6-0.3p)+0.1\log_2 0.1\}$

取得极值的条件为 $\dfrac{\mathrm{d}H(Y)}{\mathrm{d}p}=0$。

解上述方程可以得到取极值的条件为 $P=0.5$，即当信道输入为等概率分布时，$H(Y)$ 取得最大值，所以 $\max\{H(Y)\}=1.369$。

$$H(Y/X)=H(Y/a_1)=-\sum_{j=1}^{m}p(b_j/a_1)\log_2 p(b_j/a_1)$$

$$=-0.6\log_2 0.6-0.3\log_2 0.3-0.1\log_2 0.1$$

$$=1.296(\text{比特}/\text{符号})$$

该信道的容量为

$$C=\max_{p(a_i)}H(Y)-H(Y/X)=0.073$$

此时信道输出的概率分布为

$$p(b_1)=0.45\ p(b_2)=0.45\ p(b_3)=0.1$$

$$p(b_1)\neq\frac{1}{m}=\frac{1}{3}$$

所以，当信道只是输入对称时，信道容量不能简单地认为是

$$C = \max_{p(a_i)} H(Y) - H(Y/X) = \log_2 m - H(Y/X)$$

而应当首先假设信道输入分布，然后解决极值问题。

2. 输出对称信道容量

如果信道转移概率矩阵中所有列矢量都是第一列的某种置换，则称信道是关于输出对称离散信道。例如，信道转移矩阵

$$\boldsymbol{P} = \begin{bmatrix} 1 & 0 \\ 0.5 & 0.5 \\ 0 & 1 \end{bmatrix} \text{ 和 } \boldsymbol{P} = \begin{bmatrix} 0.7 & 0.2 & 0.1 \\ 0.2 & 0.1 & 0.7 \\ 0.1 & 0.7 & 0.2 \end{bmatrix} \text{ 都是输出对称信道。}$$

输出对称信道容量为

$$C = \max_{P(a_i)} I(X,Y) = \max_{P(a_i)} H(Y) - H(Y/X)$$

$$= \log_2 m - \min_{p(a_i)} H(Y/X) \tag{3-20}$$

若信道输出对称，则当信道输入符号等概率分布时，信道输出也是等概率分布的。此时 $\sum p(b_j/a_i)$ 为常数，即

$$P(b_j) = \sum_{i=1}^{n} p(a_i) p(b_j/a_i) = \frac{1}{n} \sum_{i=1}^{n} p(b_j/a_i) = \frac{1}{m}$$

信道输出符号的熵为 $H(Y) = \log_2 m$，得到式(3-20)。

由于信道转移矩阵是已知的，$H(Y/X)$ 可以使用下列公式，即

$$H(Y/X) = -\sum_{i=1}^{n} p(a_i) H(Y/a_i) \tag{3-21}$$

只要能够求出使得式(3-21)取得最小值的信道输入概率分布，即可求出信道容量。

3. 对称信道容量

若转移概率矩阵 $\boldsymbol{P}$ 每一行都是第一行的置转，称矩阵是输入对称。若每一列都是第一列的置转，称矩阵是输出对称。若输入输出都对称，称对称 DMC 信道。

如 $\begin{bmatrix} 1/3 & 1/3 & 1/6 & 1/6 \\ 1/6 & 1/6 & 1/3 & 1/3 \end{bmatrix}$ 和 $\begin{bmatrix} 1/2 & 1/3 & 1/6 \\ 1/6 & 1/2 & 1/3 \\ 1/3 & 1/6 & 1/2 \end{bmatrix}$ 是对称信道。

$[P] = \begin{bmatrix} 1/3 & 1/3 & 1/6 & 1/6 \\ 1/6 & 1/3 & 1/6 & 1/3 \end{bmatrix}$ 和 $\begin{bmatrix} 0.7 & 0.2 & 0.1 \\ 0.2 & 0.1 & 0.7 \end{bmatrix}$ 是不对称信道。

对称信道的容量：由于对称信道是关于输入对称，而输入对称信道的容量为

$$C = \max_{p(a_i)} I(X,Y) = \max_{p(a_i)} H(Y) - H(Y/X) = \max_{p(a_i)} H(Y) - H(Y/a_i) \tag{3-22}$$

且满足 $H(Y/X) = H(Y/a_i)$，$H(Y/X)$ 与信道输入的分布无关，只与条件概率分布有关。

为了讨论问题方便起见，假设信道转移矩阵第一行中，各元素对应的条件概率分别为 $(p_1, p_2, \cdots, p_m)$，有

$$H(Y/X) = H(p_1, p_2, \cdots, p_m)$$

对称信道输出也是对称的,当信道输入是等概率分布时,信道输出也是等概率分布,取得最大值,即
$$\max_{p(a_i)} H(Y) = \log_2 m \tag{3-23}$$
则对称信道容量为
$$C = \max_{p(a_i)} I(X,Y) = \log_2 m - H(p_1, p_2, \cdots, p_m) \tag{3-24}$$

对称信道的信道容量只与信道的转移矩阵中的行矢量和输出符号集合的数量有关。如果希望信息传输率达到信道容量,信道输入应当满足等概率分布。

【例 3-2】 设某信道转移矩阵为
$$\boldsymbol{P} = \begin{bmatrix} \dfrac{1}{3} & \dfrac{1}{3} & \dfrac{1}{6} & \dfrac{1}{6} \\ \dfrac{1}{6} & \dfrac{1}{6} & \dfrac{1}{3} & \dfrac{1}{3} \end{bmatrix}$$
求信道容量。

【解】 由信道转移矩阵可知,矩阵的第二行是第一行的置换,每一列都是第一列的置换,故信道是对称的,所以信道容量为
$$C = \log_2 m - H(p_1, p_2, \cdots, p_m) = \log_2 4 - H\left(\dfrac{1}{3}, \dfrac{1}{3}, \dfrac{1}{6}, \dfrac{1}{6}\right) = 0.082(\text{比特/符号})$$

【例 3-3】 假设信道的输入、输出符号数相等,都等于 r,且信道条件转移矩阵为
$$\boldsymbol{P} = \begin{bmatrix} 1-p & \dfrac{p}{r-1} & \cdots & \dfrac{p}{r-1} \\ \dfrac{p}{r-1} & 1-p & \cdots & \dfrac{p}{r-1} \\ \vdots & \vdots & \ddots & \vdots \\ \dfrac{p}{r-1} & \dfrac{p}{r-1} & \cdots & 1-p \end{bmatrix}$$
求信道容量。

【解】 显然该信道是对称的,信道容量为
$$\begin{aligned} C &= \log_2 r - H\left(1-p, \dfrac{p}{r-1}, \cdots, \dfrac{p}{r-1}\right) \\ &= \log_2 r + (1-p)\log_2(1-p) + (r-1)\dfrac{p}{r-1}\log_2\dfrac{p}{r-1} \\ &= \log_2 r - H(p) - p\log_2(r-1) \end{aligned}$$

上述信道称为强对称信道或者是均匀信道,是对称信道的一个特例。一般信道转移矩阵中,列元素之和并不等于 1,而该信道转移矩阵的各列元素之和都等于 1。如
$$\begin{bmatrix} 1/2 & 1/3 & 1/6 \\ 1/6 & 1/2 & 1/3 \\ 1/3 & 1/6 & 1/2 \end{bmatrix}$$
$$C = \log_2 r - H(p) - p\log_2(r-1)$$
当 $r=2$ 时,信道容量为
$$C = 1 - H(p)$$

4. 准对称信道容量

如果信道转移矩阵按列可以划分为几个互不相交的子集,每个子矩阵满足下列性质:

(1) 每行都是第一行的某种置换。
(2) 每列都是第一列的某种置换。

称该信道为准对称信道。或者说：每一行都是第一行元素的不同排列，每一列并不都是第一列元素的不同排列，但可按照信道矩阵的列将信道矩阵划分成若干个子矩阵，称这类信道为准对称信道。

例如，$\boldsymbol{p} = \begin{bmatrix} 0.8 & 0.1 & 0.1 \\ 0.1 & 0.1 & 0.8 \end{bmatrix}$ 是准对称矩阵，可划分成两个对称矩阵 $\boldsymbol{p}_1 = \begin{bmatrix} 0.8 & 0.1 \\ 0.1 & 0.8 \end{bmatrix}$，$\boldsymbol{p}_2 = \begin{bmatrix} 0.1 \\ 0.1 \end{bmatrix}$。

准对称信道的容量——准对称信道是关于输入对称的，可以使用输入对称信道的方法直接求解。输入对称信道的容量为

$$C = \max_{p(a_i)} H(Y) - H(Y \mid X) = \max_{p(a_i)} H(Y) - H(Y \mid a_i)$$
$$= \max_{p(a_i)} H(Y) - H(p_1, p_2, \cdots, p_m) \tag{3-25}$$

由于信道输入不一定存在一种分布使得信道输出满足，所以准对称信道的信道容量满足下列关系，即

$$C \leqslant \log_2 m - H(Y \mid X) = \log_2 s - H(p_1, p_2, \cdots, p_m) \tag{3-26}$$

可以证明，准对称信道信道输入的最佳分布是等概率分布，信道容量为

$$C = \log_2 n - H(p_1, p_2, \cdots, p_m) - \sum_{k=1}^{r} N_k \log_2 M_k \tag{3-27}$$

式中，$p_1, p_2, \cdots, p_m$ 为准对称信道转移矩阵中的一行元素；r 为划分的子集数量；N_k 为第 k 个子矩阵的行元素之和；M_k 为第 k 个子矩阵的列元素之和。

式(3-27)为准对称信道容量计算公式，而到达信道容量的信道输入最佳概率分布由下列定理确定。

定理 3-1 准对称离散信道的信道容量是在信道输入为等概率分布时达到的。

【例 3-4】 设某信道的转移矩阵为

$$\boldsymbol{P} = \begin{bmatrix} 1-p-q & q & p \\ p & q & 1-p-q \end{bmatrix}$$

求信道容量。

【解】 从该信道转移矩阵可以看出，该信道是一个准对称信道，可以分解为

$$\boldsymbol{P}_1 = \begin{bmatrix} 1-p-q & p \\ p & 1-p-q \end{bmatrix}, \quad \boldsymbol{P}_2 = \begin{bmatrix} q \\ q \end{bmatrix}$$

这是两个互不相交的子集，而每个子集都是对称信道形式，对应参数分别为

$$N_1 = 1-q, \quad N_2 = q; \quad M_1 = 1-q, \quad M_2 = 2q$$

式中，N_1 为第一个子矩阵的行元素之和；N_2 为第二个子矩阵的行元素之和；M_1 为第一个子矩阵的列元素之和；M_2 为第二个子矩阵的列元素之和。

由准对称离散信道的信道容量计算公式，有

$$\begin{aligned} C &= \log_2 n - H(p_1, p_2, \cdots, p_m) - \sum_{k=1}^{r} N_k \log_2 M_k \\ &= \log_2 2 - H(1-p-q, q, p) - (1-q)\log_2(1-q) - q\log_2 2q \\ &= p\log_2 p + (1-p-q)\log_2(1-p-q) + (1-q)\log_2 \frac{2}{1-q} \end{aligned} \tag{3-28}$$

如果 $p=0$，则 $\boldsymbol{P}=\begin{bmatrix} 1-q & q & 0 \\ 0 & q & 1-q \end{bmatrix}$，称该信道为二元纯对称删除信道，如图 3.7 所示。其信道容量为

$$C = (1-q)\log_2(1-q) + (1-q)\log_2\frac{2}{1-q} = 1-q \text{（比特/符号）}$$

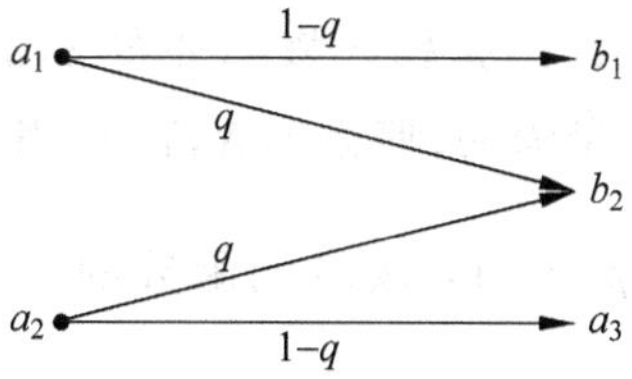

图 3.7 二元纯对称删除信道

【例 3-5】 信道转移矩阵为

$$\boldsymbol{P} = \begin{bmatrix} \frac{1}{3} & \frac{1}{3} & \frac{1}{6} & \frac{1}{6} \\ \frac{1}{6} & \frac{1}{3} & \frac{1}{6} & \frac{1}{3} \end{bmatrix}$$

求信道容量。

【解】 该信道是准对称信道，可以分解为 3 个互不相交的子集，分别为

$$\boldsymbol{P}_1 = \begin{bmatrix} \frac{1}{3} & \frac{1}{6} \\ \frac{1}{6} & \frac{1}{3} \end{bmatrix}, \quad \boldsymbol{P}_2 = \begin{bmatrix} \frac{1}{3} \\ \frac{1}{3} \end{bmatrix}, \quad \boldsymbol{P}_3 = \begin{bmatrix} \frac{1}{6} \\ \frac{1}{6} \end{bmatrix}$$

对应的参数分别为

$$N_1 = \frac{1}{3} + \frac{1}{6} = \frac{1}{2}, \quad N_2 = \frac{1}{3}, \quad N_3 = \frac{1}{6}$$

$$M_1 = \frac{1}{3} + \frac{1}{6} = \frac{1}{2}, \quad M_2 = \frac{1}{3} + \frac{1}{3}, \quad M_3 = \frac{1}{6} + \frac{1}{6} = \frac{1}{3}$$

信道容量为

$$C = \log_2 n - H(p_1, p_2, \cdots, p_m) - \sum_{k=1}^{r} N_k \log_2 M_k$$

$$= \log_2 2 - H\left(\frac{1}{3}, \frac{1}{3}, \frac{1}{6}, \frac{1}{6}\right) - \frac{1}{2}\log_2 \frac{1}{2} - \frac{1}{3}\log_2 \frac{2}{3} - \frac{1}{6}\log_2 \frac{1}{3}$$

$$= 0.041 \text{（比特/符号）}$$

3.2.3 一般离散信道的容量

从信道容量的定义知，信道容量是在信道给定的情况下，即信道转移矩阵一定条件下，从信道所有可能输入概率分布中寻找一种最佳分布，使得信道输入、输出之间的平均互信息量最大，即使得信道的输入概率分布与信道匹配。

对于一般离散信道，首先假设信道的输入概率分布，根据信道容量的定义和输入概率分

布的约束条件,直接求解极值,即可得到最佳分布;然后根据最佳分布计算信道输入、输出之间的平均互信息量,即得到信道容量。如果信道输入、输出符号数量较少,这种方法是可行的。但即使是简单的非对称二元信道,其最佳分布的求解也十分复杂,不借用计算机很难求出最佳分布,所以一般离散信道的信道容量的求解要通过计算机来进行。下面讨论一般离散信道的解法。

众所周知,平均互信息量 $I(X,Y)$ 是输入概率分布 $p(a_i)$ 的凸函数,所以极大值是一定存在的。假设信道输入的符号数量为 m,那么 $I(X,Y)$ 应当是 m 个随机变量$(p_1,p_2,\cdots,p_m)$的函数,而且满足约束条件 $\sum_{i=1}^{m}p_i=1$,该多元函数的条件极值可以利用拉格朗日乘法求出。

(1) 首先引入函数 $\phi=I(X;Y)-\lambda\sum_{i=1}^{m}p(a_i)$,其中,$\lambda$ 为拉格朗日乘子。

(2) 对信道输入概率求导数,并令其为 0。

$$\frac{\partial \phi}{\partial p(a_i)}=\frac{\partial\left[I(X;Y)-\lambda\sum_{k=1}^{m}p(a_k)\right]}{\partial p(a_i)}=0$$

解方程组可以求出概率分布 $p'_1,p'_2,\cdots,p'_m$ 和 λ。

(3) 将最佳分布代入 $I(X;Y)$,即可求出信道容量 C。

按照前述步骤推导可得

$$I(a_i;Y)=\sum_{j=1}^{m}p(b_j\mid a_i)\log_2\frac{p(b_j\mid a_i)}{p(b_j)}=\lambda+\log_2 e \tag{3-29}$$

式中,$I(a_i,Y)$ 为输出端收到 Y 后获得关于 a_i 的信息量,即信源符号 a_i 对输出端平均提供的互信息。

可得

$$I(a_i;Y)=C$$

对于一般离散信道有下述的定理:

定理 3-2 设有一般离散信道,它有 r 个输入符号,s 个输出符号,其平均互信息 $I(X,Y)$ 达到极大值(即等于信道容量)的充要条件是输入概率分布 $p(a_i)$ 满足

$$\begin{cases}I(a_i;Y)=C & \text{对于所有 } p(a_i)\neq 0 \text{ 的 } a_i\\ I(a_i;Y)\leqslant C & \text{对于所有 } p(a_i)=0 \text{ 的 } a_i\end{cases} \tag{3-30}$$

其中,$i=1,2,\cdots,r$;常数 C 就是所求的信息容量。

该定理说明,当信道平均互信息达到信道容量时,输入符号概率集$\{p(a_i)\}$中每一个符号 a_i 对输出端 Y 提供相同的互信息,只是概率为 0 的符号除外。

上述定理只是给出了达到容量时,信道输入符号分布的充要条件,并不能给出信道的最佳概率分布,即没有给出信道容量的计算公式。另外,达到信道容量的最佳分布一般不是唯一的,只要输入分布满足概率的约束条件,并且使得 $I(X,Y)$ 达到最大值即可。所以一般情况下,根据上述定理求解信道容量和信道输入的最佳概率分布还是十分复杂的。对于某些特殊信道,可以使用上述定理求解信道容量。

【例 3-6】 设某信道的转移矩阵为

$$\boldsymbol{P} = \begin{bmatrix} p(b_1 \mid a_1) & p(b_2 \mid a_1) & p(b_3 \mid a_1) \\ p(b_1 \mid a_2) & p(b_2 \mid a_2) & p(b_3 \mid a_2) \\ p(b_1 \mid a_3) & p(b_2 \mid a_3) & p(b_3 \mid a_3) \end{bmatrix} = \begin{bmatrix} 0.9 & 0.1 & 0 \\ \dfrac{1}{3} & \dfrac{1}{3} & \dfrac{1}{3} \\ 0 & 0.1 & 0.9 \end{bmatrix}$$

求该信道容量和信道输入的最佳概率分布。

【解】 该信道不能直接使用对称信道计算其信道容量,若信道输入符号的概率 $p(a_2)=0$,该信道就是一个二元纯对称删除信道。就可以假设 $p(a_1)=p(a_3)=1/2$,然后检查是否满足定理 3-2 的条件,如果满足就可以计算出信道容量。

首先求出 $p(b_j)$,即

$$p(b_1) = \sum_{i=1}^{3} p(a_i) p(b_1 \mid a_i) = 0.45$$

$$p(b_2) = \sum_{i=1}^{3} p(a_i) p(b_2 \mid a_i) = 0.1$$

$$p(b_3) = \sum_{i=1}^{3} p(a_i) p(b_3 \mid a_i) = 0.45$$

计算互信息量为

$$I(a_1;Y) = \sum_{j=1}^{3} p(b_j \mid a_1) \log_2 \frac{p(b_j \mid a_1)}{p(b_j)} = 0.9 \text{(比特/符号)}$$

$$I(a_2;Y) = \sum_{j=1}^{3} p(b_j \mid a_2) \log_2 \frac{p(b_j \mid a_2)}{p(b_j)} = -0.29 \text{(比特/符号)}$$

$$I(a_3;Y) = \sum_{j=1}^{3} p(b_j \mid a_3) \log_2 \frac{p(b_j \mid a_3)}{p(b_j)} = 0.9 \text{(比特/符号)}$$

该输入概率分布满足定理 3-2 的条件,信道容量为 $C=0.9$,对应的信道输入最佳概率分布为 $(0.5, 0, 0.5)$。

3.3 离散序列信道及容量

前面讨论了输入和输出都是单个随机变量的信道及其容量,分析了对称信道、准对称信道、一般离散信道的信道容量和信道最佳概率分布的计算方法。实际中,信道输入、输出常常是离散随机序列。离散序列信道的一般模型如图 3.8 所示。

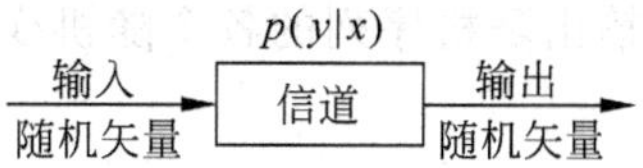

图 3.8 离散序列信道模型

对于无记忆离散序列信道,设序列长度为 N,则信道转移概率可以简化为

$$p(\boldsymbol{Y} \mid \boldsymbol{X}) = p(Y_1, Y_2, \cdots, Y_N \mid X_1, X_2, \cdots, X_N) = \prod_{i=1}^{N} p(Y_i \mid X_i) \qquad (3\text{-}31)$$

如果信道是平稳的,则信道转移概率可以进一步简化为

$$p(Y/X) = p^N(y|x) \qquad (3-32)$$

讨论无记忆离散信道:设信道输入符号取自于符号集$\{a_1,a_2,\cdots,a_r\}$,信道输出符号取自于符号集$\{b_1,b_2,\cdots,b_s\}$,信道转移矩阵为

$$\boldsymbol{P} = \begin{bmatrix} p(b_1|a_1) & p(b_2|a_1) & \cdots & p(b_s|a_1) \\ p(b_1|a_2) & p(b_2|a_2) & \cdots & p(b_s|a_2) \\ \vdots & \vdots & \ddots & \vdots \\ p(b_1|a_r) & p(b_2|a_r) & \cdots & p(b_s|a_r) \end{bmatrix}$$

设序列长度为 N,信道输入序列记作 $\alpha_i = (a_{i1},a_{i2},\cdots,a_{ir})(i=1,2,\cdots,r^N)$,信道输出序列记作 $\beta_j = (b_{j1},b_{j2},\cdots,b_{js})(j=1,2,\cdots,s^N)$,由于信道输入共有 r^N 种可能取值,信道输出有 s^N 种可能取值,所以 N 次扩展信道的转移概率矩阵为 $r^N \times s^N$ 的矩阵,可以表示为

$$\boldsymbol{Q} = \begin{bmatrix} q_{11} & q_{12} & \cdots & q_{1s^N} \\ q_{21} & q_{22} & \cdots & q_{2s^N} \\ \vdots & \vdots & \ddots & \vdots \\ q_{r^N 1} & q_{r^N 2} & \cdots & q_{r^N s^N} \end{bmatrix}$$

对于无记忆信道,上述的转移概率可以简化为

$$q_{nm} = p(\beta_n|\alpha_m) = p(b_{n1}b_{n2}\cdots b_{nN}|a_{m1}a_{m2}\cdots a_{mN}) = \prod_{i=1}^{N} p(b_{ni}|a_{mi}) \qquad (3-33)$$

其中,$m=1,2,\cdots,r^N; n=1,2,\cdots,s^N$。

长度为 N 的离散序列平均互信息量为

$$I(X;Y) = H(X^N) - H(X^N|Y^N) = H(Y^N) - H(Y^N|X^N)$$

定理 3-3 设离散信道的输入序列为 $X = (X_1,X_2,\cdots,X_N)$,信道输出序列为 $Y = (Y_1,Y_2,\cdots,Y_N)$,信道的转移概率为 $p(y|x)$,有

(1) 如果信道是无记忆的,则 $I(\boldsymbol{X};\boldsymbol{Y}) < \sum_{i=1}^{N} I(X_i;Y_i)$。

(2) 如果信道输入序列是无记忆的,几个分量相互独立,则 $I(\boldsymbol{X};\boldsymbol{Y}) > \sum_{i=1}^{N} I(X_i;Y_i)$。

(3) 如果输入序列和信道都是无记忆的,则 $I(\boldsymbol{X};\boldsymbol{Y}) = \sum_{i=1}^{N} I(X_i;Y_i)$。

式中,X_i 和 Y_i 分别为随机序列 X 和 Y 中第 i 个随机变量。

该定理描述了离散信道中随机序列的平均互信息量 $I(X;Y)$ 与信道输入和输出中各个随机变量的平均互信息量之和之间的关系。特别是当信道输入序列和信道都是无记忆时,两者相等。如果构成信道输入、输出随机序列的各个随机变量来自于同一符号集,都服从同一分布,而且信道也是平稳的。

各互信息量满足下列关系,即

$$I(X;Y) = I(X_i,Y_i) \quad i=1,2,\cdots,N$$

于是可以得出结论

$$I(X;Y) = \sum_{i=1}^{N} I(X_i,Y_i) = NI(X,Y) \qquad (3-34)$$

由于信道输入随机序列的各个变量都在同一信道中传输,所以有

$$C_i = C \tag{3-35}$$

其中，$i=1,2,\cdots,N$，具有相同的信道容量。于是，可以得到离散无记忆 N 次扩展信道的容量为

$$C_N = NC \tag{3-36}$$

式(3-36)表明，离散无记忆 N 次扩展信道的信道容量等于构成单个离散信道的信道容量的 N 倍，而信道输入序列的最佳分布是构成序列的每个随机变量都达到各自的最佳概率分布。

对于一般的离散无记忆信道的 N 次扩展信道，如果信道输入随机变量是无记忆的，且信道是非平稳的，则有

$$\begin{aligned} C_N &= \max_{p(x)} I(\boldsymbol{X};\boldsymbol{Y}) = \max_{p(x)} \sum_{i=1}^{N} I(X_i;Y_i) \\ &= \sum_{i=1}^{N} \max_{p(x_i)} I(X_i;Y_i) = \sum_{i=1}^{N} C_i \end{aligned} \tag{3-37}$$

有记忆的离散序列信道的分析比无记忆的离散序列信道的分析要复杂得多，特殊情况下可以通过状态变量来分析，这里不进行讨论。

【例 3-7】 某二元离散无记忆信道的转移矩阵为

$$\boldsymbol{P} = \begin{bmatrix} 1-p & p \\ p & 1-p \end{bmatrix}$$

对信道进行二次扩展，扩展后的信道转移矩阵为

$$\boldsymbol{Q} = \begin{bmatrix} (1-p)^2 & p(1-p) & p(1-p) & p^2 \\ p(1-p) & (1-p)^2 & p^2 & p(1-p) \\ p(1-p) & p^2 & (1-p)^2 & p(1-p) \\ p^2 & p(1-p) & p(1-p) & (1-p)^2 \end{bmatrix}$$

求信道容量 C。

【解】 由扩展信道的转移矩阵知，二次扩展信道是对称信道，当输入序列等概率分布时可以达到信息容量 C_2，将扩展后的每种序列排列认为是一个符号，二次扩展信道就等价于四元信道，四元对称信道的信道容量为

$$\begin{aligned} C_2 &= \log_2 4 - H((1-p)^2, p(1-p), p(1-p), p^2) \\ &= 2 - H((1-p)^2, p(1-p), p(1-p), p^2) \text{（比特/序列）} \end{aligned}$$

在实际中经常有信道的并联和串联，下面简单介绍。

1. 串联信道

两个信道的串联形式如图 3.9 所示。

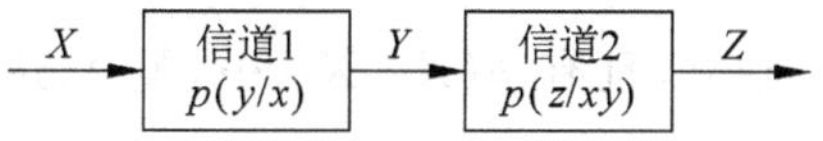

$X \to \boxed{\begin{array}{c}\text{信道}1\\p(y/x)\end{array}} \xrightarrow{Y} \boxed{\begin{array}{c}\text{信道}2\\p(z/xy)\end{array}} \to Z$

图 3.9 两个信道的串联形式

假设信道 1 的转移矩阵为 $\boldsymbol{P}_1$，信道 2 的转移矩阵为 $\boldsymbol{P}_2$，串联信道总的概率转移矩阵为 $\boldsymbol{P}=\boldsymbol{P}_1\boldsymbol{P}_2$。

平均互信息量满足

$$I(X;Z) \leqslant I(X;Y)$$

$$I(X;Z) \leqslant I(Y;Z)$$

总的信道容量不会大于各组成信道的信道容量,即

$$C \leqslant \min\{C_1, C_2\} \tag{3-38}$$

可以将该结论扩展到 m 级串联,得到总的转移矩阵为

$$\boldsymbol{P} = \prod_{i=1}^{m} \boldsymbol{P}_i$$

根据总的转移矩阵即可求出串联信道的容量为

$$C = \max_{p(x)} I(X;Z) \tag{3-39}$$

式中,X 和 Z 分别为串联信道的输入和输出符号。而且满足

$$C \leqslant \min\{C_1, C_2, \cdots, C_m\} \tag{3-40}$$

2. 并联信道

将 m 个相互独立的信道并联,如图 3.10 所示。

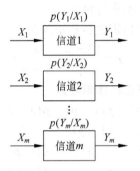

图 3.10 m 个相互独立的信道并联

每个信道输出 Y_i 只与本信道输入 X_i 有关($i=1,2,\cdots,m$),假设各个信道的转移概率分别为 $p(Y_i/X_i)$,那么序列的转移概率为

$$p(Y_1, Y_2, \cdots, Y_m | X_1, X_2, \cdots, X_m) = \prod_{i=1}^{m} p(Y_i | X_i) \tag{3-41}$$

如果每个信道都是无记忆的,总的信道也是无记忆的,则满足

$$I(X;Y) \leqslant \sum_{i=1}^{m} I(X_i; Y_i) \tag{3-42}$$

独立并联信道的容量为

$$C = \max I(X;Y) \leqslant \sum_{i=1}^{m} C_i \tag{3-43}$$

当输入随机变量 X_i 相互独立,且有 $p(X_1, X_2, \cdots, X_m)$,达到最佳分布时容量最大(为各自信道容量之和)。

3.4 连续信道及其容量

对于连续信源,互信息量具有与离散信源相同的形式,即互信息量为信源的熵与条件熵之差,而连续信道的容量同样定义为互信息量的最大值,在形式上,连续信道的信道容量与

离散信道的信道容量是相同的。离散信道的输入输出符号都是离散的,所以用概率转移矩阵加以描述;而连续信道的输入输出符号都是连续变量,所以使用条件概率密度函数描述信道输入、输出变量之间的关系。

3.4.1 连续单符号加性信道

连续单符号加性信道是最简单的单符号信道,信道的输入和输出都是连续随机变量,如图 3.11 所示。

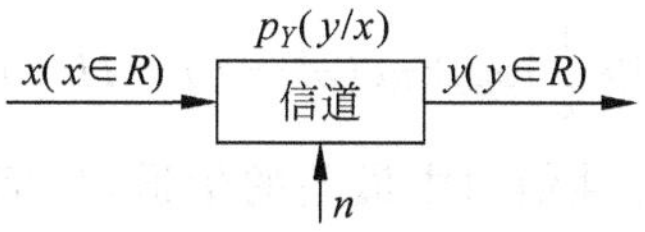

图 3.11 连续单符号信道

首先假设信道引入的噪声是均值为 0、方差为 σ^2 的高斯白噪声,概率密度函数为 $p_n(n) = N(0, \sigma^2)$,该噪声的连续熵为

$$H_c(n) = \frac{1}{2}\log_2 2\pi e\sigma^2 \tag{3-44}$$

根据熵之间的关系可知,单符号连续信道的平均互信息量可以表示为

$$I(X;Y) = H_c(X) - H_c(X \mid Y)$$
$$I(X;Y) = H_c(Y) - H_c(Y \mid X)$$

信道容量定义为

$$C = \max_{p(x)} I(X;Y) = \max_{p(x)} \{H_c(Y) - H_c(Y \mid X)\} \tag{3-45}$$

对于加性噪声信道而言,条件熵 $H_c(Y|X)$ 为

$$H_c(Y \mid X) = H_c(n) \tag{3-46}$$

(证明略)

综合起来,连续单符号加性噪声信道的信道容量为

$$C = \max_{p(x)} I(X;Y) = \max_{p(x)} H_c(Y) - H_c(n) \tag{3-47}$$

如果噪声为高斯白噪声,则有

$$C = \max_{p(x)} H_c(Y) - H_c(n) = \max_{p(x)} H_c(Y) - \frac{1}{2}\log_2 2\pi e\sigma^2 \tag{3-48}$$

根据限平均功率最大熵定理,只有当信道输出 Y 为高斯分布时,$H_c(Y)$ 取得最大值,其概率密度函数 $p_y(y) = N(0, P)$,其中,P 表示 Y 的平均功率限制值。信道输入 X 与信道的噪声之间相互独立,且 $y = x + n$,所以其功率可以相加,即 $P = S + \sigma^2$,S 为信道输入 X 的平均功率值。

因为 $p_y(y) = N(0, P)$,$p_n(n) = N(0, \sigma^2)$,$y = x + n$,所以 $p_x(y) = N(0, S)$,即当信道输入 X 是均值为 0、方差为 S 的高斯分布随机变量时,信息速率达到最大值

$$C = \frac{1}{2}\log_2 2\pi eP - \frac{1}{2}\log_2 2\pi e\sigma^2 = \frac{1}{2}\log_2 2\pi e\frac{P}{\sigma^2} = \frac{1}{2}\log_2 2\pi e\left(1 + \frac{S}{\sigma^2}\right) \tag{3-49}$$

式中,S/σ^2 为信噪比,用 SNR 表示。

要注意的是,这里研究的信道只存在加性噪声,而对输入功率没有损耗。但在实际通信

系统中，几乎都存在大小不等的功率损耗，故输入功率 S 应是经过信道衰减后的功率。例如，信道损耗为 $|H(e^{j\omega})|^2$，输入功率 S 在式(3-49)中应修改为 $S|H(e^{j\omega})|^2$。

实际中，信道的噪声不一定服从高斯分布，根据上文讨论可知，只要噪声是加性的，就可以进行计算，下面不加证明地给出均值为 0、方差为 σ^2 的加性非高斯噪声信道容量的上下界，即

$$\frac{1}{2}\log_2 2\pi e\left(1+\frac{S}{\sigma^2}\right) \leqslant C \leqslant \frac{1}{2}\log_2 2\pi e P - H_c(n) \tag{3-50}$$

式(3-50)的意义在于：对于给定的加性噪声信道，如果信道的输入能够使得信道输出为高斯分布，则信道容量到达上限 $\frac{1}{2}\log_2 2\pi e(\sigma^2+S) - H_c(n)$，而一般情况下，信道容量是小于该上限的。高斯信道是所有加性信道中最差的信道，任何其他类型加性噪声信道的容量都大于其信道容量。

所以实际中，在平均功率受限的条件下，经常假设噪声服从高斯分布，除了高斯噪声的分析比较方便外，还因为高斯信道的信道容量是最小的，对信道的干扰最大。

3.4.2 多维无记忆加性连续信道

设信道输入的随机序列为 $\boldsymbol{x}=(x_1,x_2,\cdots,x_N)$，信道输出的随机序列为 $\boldsymbol{y}=(y_1,y_2,\cdots,y_N)$，由于高斯噪声具有代表性，这里只讨论高斯信道。设 $\boldsymbol{n}=(n_1,n_2,\cdots,n_N)$ 是均值为零的高斯噪声序列，由于信道无记忆，则有

$$p(y\mid x) = \prod_{i=1}^{N} p(y_i\mid x_i) \tag{3-51}$$

又因是加性信道，所以得

$$p(n) = p(y\mid x) = \prod_{i=1}^{N} p(y_i\mid x_i) = \prod_{i=1}^{N} p(n_i) \tag{3-52}$$

即噪声序列中各分量是统计独立的。噪声 n 是高斯噪声，又各分量统计独立，所以各分量是均值为零、方差为 $\sigma_i^2 = p_{n_i}$ 的高斯变量。这样，多维无记忆高斯加性信道可等价成 N 个独立的并联高斯加性信道。

由于

$$I(X;Y) \leqslant \sum_{i=1}^{N} I(X_i;Y_i) \leqslant \frac{1}{2}\sum_{i=1}^{N}\log_2\left(1+\frac{P_{s_i}}{P_{n_i}}\right)$$

则有

$$C = \max_{p(x)} I(X;Y) = \frac{1}{2}\sum_{i=1}^{N}\log_2\left(1+\frac{P_{s_i}}{P_{n_i}}\right) \text{bit}/N \text{ 维自由度} \tag{3-53}$$

式(3-53)既是多维无记忆高斯加性连续信道的信道容量，也是 N 个独立并联高斯加性信道的信道容量。

讨论：

(1) 如果各个时刻 $(i=1,2,\cdots,N)$ 上的噪声都是均值为零、方差为 p_n 的高斯噪声，则信道容量为

$$C = \frac{N}{2}\log_2\left(1+\frac{P_s}{P_N}\right)\text{bit}/N \text{ 维自由度} \tag{3-54}$$

当且仅当输入信号 X 的各分量统计独立,并且都是均值为零、方差为 P_s 的高斯变量时,信息传输概率达到最大值。

(2) 如果各个时刻($i=1,2,\cdots,N$)上的噪声都是均值为零、方差为 P_{n_i} 的高斯噪声,但输入信号的总平均功率受限,则该约束条件为

$$E\Big[\sum_{i=1}^{N} X_i^2\Big] = P \tag{3-55}$$

那么,此时各时刻的信号平均功率 P_{s_i} 应如何分配? 其信道容量应等于多少?

由于

$$I(X;Y) = I(X_1,X_2,\cdots,X_N;Y_1,Y_2,\cdots,Y_N) \leqslant \frac{1}{2}\sum_{i=1}^{N}\log_2\Big(1+\frac{P_{s_i}}{P_{n_i}}\Big)$$

其中,$P_{s_i} = E[X_i^2]$,所以约束条件为 $\sum_{i=1}^{N} P_{s_i} = P$。只有当式中各分量是均值为零、方差为 P_{s_i} 的统计独立的高斯变量时,上式的等式才成立。

极限问题 $C = \max\limits_{\substack{p(x)\\ \sum_{i=1}^{N} P_{s_i} = P}} I(X;Y)$,就是计算在约束条件 $\sum_{i=1}^{N} P_{s_i} = P$ 的情况下,使 $I(X;Y)$ 达到最大。这是一个标准的求极大值的问题,可以用拉格朗日乘法来计算。

构造辅助函数为

$$F(P_{s_1},P_{s_2},\cdots,P_{s_N}) = \sum_{i=1}^{N}\frac{1}{2}\log_2\Big(1+\frac{P_{s_i}}{P_{n_i}}\Big) + \lambda\sum_{i=1}^{N} P_{s_i}$$

对变量求偏导数,并令其为 0,即

$$\frac{\partial F(P_{s_1},P_{s_2},\cdots,P_{s_N})}{\partial P_{s_i}} = 0 \quad i=1,2,\cdots,N$$

整理后可以得到下列方程,即

$$\frac{1}{2}\frac{1}{P_{s_i}+P_{n_i}} + \lambda = 0 \quad i=1,2,\cdots,N$$

$$P_{s_i} + P_{n_i} = -\frac{1}{2\lambda} = \gamma(\text{常数}) \quad i=1,2,\cdots,N$$

$$P_{s_i} = \gamma - P_{n_i}$$

上式计算得到的 P_{s_i} 可能会出现负数,这表明独立并联信道中,某一信道的噪声平均功率大于该信道分配得到的信号平均功率,所以该信道就无法利用,只有令 P_{n_i},即选取 $P_{s_i} = (\gamma - P_{n_i})^+$,其中 $(x)^+$ 符号表示正数,即

$$(x)^+ = \begin{cases} x & x \geqslant 0 \\ 0 & x < 0 \end{cases}$$

而常数 γ 的选择由约束条件求得

$$\sum_{i=1}^{N}(\gamma - P_{n_i})^+ = P$$

于是,可得信道容量

$$C = \sum_{i=1}^{N}\frac{1}{2}\log_2\Big(1+\frac{(\gamma-P_{n_i})^+}{P_{n_i}}\Big) \tag{3-56}$$

上述结论说明,在 N 个独立信道并联构成的高斯加性通道中,当各分信道的噪声平均功率不相等(或多维无记忆高斯加性信道,各时刻噪声分量的平均功率不相等)时,为达到最大的信息传输率,要对输入信号的总能量进行适当的分配,其分配按式(3-57)进行,即

$$\sum_{i=1}^{N}(\gamma - P_{n_i})^+ = P \tag{3-57}$$

即当常数 $\gamma < P_{n_i}$ 时,此信道(或此时刻信号分量)不分配能量,不传输任何信息;当 $\gamma > P_{n_i}$ 时,在这些信道(或此时刻信号分量)中分配能量,并使满足 P_{s_i} 加上 P_{n_i} 等于常数 γ。这样得到的信道容量最大,即噪声大的信道少传甚至不传送信息,而在噪声小的信道多传输些信息,从而有利于信息传输。

3.4.3 加性高斯白噪声波形信道

上面讨论的连续信道中,信道的输入、输出变量的幅度取值是连续变化的,而在时间上是离散的。而实际中的物理信道都是波形信道,信道的输入和输出在幅度上都是连续变化的。对于这样的信道,应当使用随机过程对其进行研究,首先对加性高斯白噪声波形信道进行介绍。

假设信道的输入、输出都是平稳随机过程,在限频 F、限时 T 条件下将波形信道转换为多维连续信道进行分析。设在时间 T 内,将信道输入、输出随机过程在时间上离散为维数为 N 的随机序列 $X=(X_1, X_2, \cdots, X_N)$ 和 $Y=(Y_1, Y_2, \cdots, Y_N)$,从而可以得到波形信道的平均互信息为

$$\begin{aligned}
I[x(t); y(t)] &= \lim_{N \to \infty} I(X;Y) \\
&= \lim_{N \to \infty}[H_c(X) - H_c(X \mid Y)] \\
&= \lim_{N \to \infty}[H_c(Y) - H_c(Y \mid X)]
\end{aligned}$$

对于波形信道而言,一般讨论单位时间内信息传输率 R_t,R_t 定义为

$$R_t = \lim_{T \to \infty} \frac{1}{T} I(X;Y) \text{(b/s)}$$

信道容量 C_t 定义为

$$C_t = \max_{p(x)} \left[\lim_{T \to \infty} \frac{1}{T} I(X;Y) \right] \tag{3-58}$$

通常情况下,假设波形信道中的噪声是均值为 0、双边功率谱密度为 $n_0/2$ 的高斯白噪声随机过程。同样可以将波形信道中的噪声在时间上离散化,在时间 T 内使用 N 维随机序列表示,由于信道带宽总是受限的,设带宽为 W,在时间 T 内,随机序列长度取为

$$N = 2WT$$

这样就将波形信道变换为多维无记忆高斯加性信道,所以得出下列结论,即

$$C = \max_{p(x)} I(X;Y) = \frac{1}{2} \sum_{i=1}^{N} \log_2 \left(1 + \frac{P_{s_i}}{P_{n_i}}\right) \tag{3-59}$$

式中,P_{n_i} 为每个噪声分量的功率 $P_{n_i} = n_0/2$,即双边功率谱密度;P_{s_i} 为每个信号样本值的平均功率,当信号受限于功率 P_s 时,满足

$$P_{s_i} = \frac{P_s}{2W} \tag{3-60}$$

式中，W 为信号带宽，于是得到信道容量为

$$C = \frac{1}{2}\sum_{i=1}^{N}\log_2\left(1+\frac{P_{s_i}}{P_{n_i}}\right) = \frac{N}{2}\log_2\left(1+N\frac{P_s/2W}{n_0/2}\right)$$

$$= WT\log_2\left(1+\frac{P_s}{n_0 W}\right) \tag{3-61}$$

所以波形信道的信道容量为

$$C_t = \lim_{T\to\infty}\frac{C}{T} = W\log_2\left(1+\frac{P_s}{n_0 W}\right) \tag{3-62}$$

式中，P_s 为信号的平均功率；$n_0 W$ 为高斯白噪声在带宽为 W 内的平均功率。

信道的容量是带宽和信噪功率比的函数。这就是著名的香农公式。当信道输入是平均功率受限的高斯白噪声信号时，信息传输率才能达到该信道容量。

然而，实际中信道一般为非高斯噪声波形信道，由于噪声熵小于高斯噪声的噪声熵，所以信道容量以高斯加性信道的信道容量为下限。

根据香农公式，可以得出下列结论：

（1）当带宽 W 一定时，信噪比与 SNR 信道容量 C_t 成对数关系。若 SNR 增大，C_t 就增大，但增大到一定程度后就趋于缓慢。这说明增加输入信号功率有助于容量的增大，但该方法是有限的。另外降低噪声功率也是有用的，当 n_0 趋向于 0 时，C_t 趋向于无穷大，即无噪声信道的容量为无穷大。

（2）当输入信号功率 P_s 一定时，增加信道带宽，容量可以增加，但到一定阶段后增加变得缓慢。因为当噪声为加性高斯白噪声时，随着 W 的增加，噪声功率 $n_0 W$ 也随之增加，当 W 趋向于 0 时，C_t 趋向于 C_∞，利用关系式 $\ln(1+x)\approx x$（x 很小时）可求出 C_∞ 值，即当带宽不受限制时，传送 1bit 信息，信噪比最低只需 -1.6dB，这就是香农限，是加性高斯噪声信道信息传输率的极限值，是一切编码方式所能达到的理论极限。能获得可靠的通信，实际值往往都比这个值大得多。

（3）C_t 一定时，带宽 W 增大，信噪比 SNR 可降低，即两者是可以互换的。若有较大的传输宽带，则在保持信号功率不变的情况下，可允许较大的噪声，即系统的抗噪声能力提高。无线通信中扩频系统就是利用了这个原理，将所需传送的信号扩频，使之远远大于原始信号宽带，以增强抗干扰的能力。

最后，给出连续信道编码定理。

定理 3-4 对于限带高斯白噪声加性信道，噪声功率为 P_n，带宽为 W，信号平均功率受限于 P_s，有

（1）当信道传输率 $R\leqslant C=W\log_2(1+P_s/P_n)$ 时，总是可以找到一种信道编码在信道中以信息传输率 R 传输信息，而传输错误概率为任意小。

（2）当 $R>C$ 时，不存在一种信道编码使得以 R 传输信息，而错误概率为任意小。

3.5 信源与信道的匹配

实际通信中，经常使用离散信道分析信息传输问题。对于给定离散信道，其容量是存在的，而且是一个确定量，只有信源输入满足最佳分布时，信息的传输才能够达到信道容量，即

只有特殊分布的信源才能够使信息传输速率最大。

一般信源与信道连接时,信息传输速率 R 等于信源与信宿之间的平均互信息量 $R = I(X,Y)$。信源的分布并不总是满足信道输入的最佳概率分布,所以信息传输速率总是小于信道容量的。当信息传输速率达到信道容量时,称为信源与信道达到匹配;否则信道有冗余。

定义:设信道的信息传输速率为 $R = I(X,Y)$,信道容量为 C,信道的剩余度定义为

$$\text{信道冗余度} = C - I(X,Y) \tag{3-63}$$

相对剩余度定义为

$$\frac{C - I(X;Y)}{C} = 1 - \frac{I(X;Y)}{C} \tag{3-64}$$

一般情况下,信源输出符号之间总是存在较强的相关性,而且信源的分布与信道难以匹配。当离散信道是对称的或者接近对称时,为了实现有效的信息传输,要求信源输出符号分布尽可能接近信道要求的等概率分布,为此可以采用信源编码技术去除信源符号之间的相关性,并且经过适当的变换后,信源编码输出符号分布尽可能接近等概率分布,就可使信道传输速率 R 达到或者接近信道容量,实现信源与信道的匹配。

如果信道的传输速率 R 小于信道容量 C,可以对信源输出进行适当的信道编码,实现无误差的信息传输;如果信道的信息传输速率 R 大于信道容量 C,则实现无差错信息传输是不可能的。

3.6 小结

信道是通信系统的重要组成部分,本章从不同角度对信道进行分类。

信道及信道容量是香农信息论的基本概念之一,也是通信理论与工程所研究的基本问题之一。本章所关注的只是几种信道的简单模型及其容量的计算,特别是离散无记忆对称信道及组合信道的处理和容量计算。目的在于建立关于信道的研究方法及关于信道的基本概念。

信道容量 C:设某信道的平均互信息量为 $I(X;Y)$,信道输入符号的先验概率为 $p(x)$,该信道的信道容量 C 定义为

$$C = \max_{p(x)} \{I(X;Y)\} \text{(比特/符号)}$$

输入对称离散信道:如果信道转移概率矩阵中所有行矢量都是第一行的某种置换,则称信道关于输入是对称的,这种信道称为输入对称离散信道。

输出对称离散信道:如果信道转移概率矩阵中所有列矢量都是第一列的某种置换,则称信道关于输出是对称的,这种信道称为输出离散信道。

准对称信道:如果信道转移矩阵按列可以划分为几个互不相交的子集,每个子矩阵满足下列性质:①每行都是第一行的某种置换;②每列都是第一列的某种置换,即称该信道为准对称信道。

信息容量:设有一般离散信道,它有 r 个输入符号,S 个输出符号,其平均互信息达到极大值(即等于信道容量)的充要条件是输入概率分布 $p(a_i)$ 满足(其中 $i = 1, 2, \cdots, r$) $I(a_i; Y) = C$ 对 $p(a_i) \neq 0$ 所有 a_i;$I(a_i; Y) < C$ 对 $p(a_i) = 0$ 所有 a_i。常数 C 就是所求的信息

容量。

设离散信道的输入序列为 $X=(X_1,X_2,\cdots,X_N)$，信道输出序列为 $Y=(Y_1,Y_2,\cdots,Y_N)$，信道的转移概率为 $p(y|x)$，有：①如果信道是无记忆的，则 $I(X;Y)<\sum_{i=1}^{N}I(X_i;Y_i)$；②如果信道输入序列是无记忆的，各个分量相互独立，则 $I(X;Y)>\sum_{i=1}^{N}I(X_i;Y_i)$；③如果输入序列和信道都是无记忆的，则 $I(X;Y)=\sum_{i=1}^{N}I(X_i;Y_i)$。其中，$X_i$ 和 Y_i 分别表示随机序列 X 和 Y 中第 i 个随机变量。

对于限带高斯白噪声加性信道，噪声功率为 P_n，带宽为 W，信号平均功率受限于 P_s，有：①当信道传输率 $R \leqslant C = W\log_2(1+P_s/P_n)$ 时，总是可以找到一种信道编码在信道中以信息传输率 R 传输信息，而传输错误概率为任意小；②当 $R>C$ 时，不存在一种信道编码使得以 R 传输信息，而错误概率为任意小。

当信息传输速率达到信道容量时，称为信源与信道达到匹配；否则信道有冗余。

信道的剩余度：设信道的信息传输速率为 $R=I(X;Y)$，信道容量为 C，信道的剩余度定义为：信道剩余度 $=C-I(X;Y)$；而相对剩余度定义为：$\dfrac{C-I(X;Y)}{C}=1-\dfrac{I(X;Y)}{C}$。

习题

3-1 填空题

(1) 有记忆信道的当前输出不仅与_____输入有关，还与_____输入有关。

(2) 如果信道给定，那么 $I(P_X,P_{Y/X})$ 输入概率 P_X 的_____凸函数；如果信源给定，那么 $I(P_X,P_{Y/X})$ 是转移概率 $P_{Y/X}$ 的_____凸函数。

(3) $H(Y/X)$ 叫做信道的_____或_____，表明信道因噪声干扰所呈现的无序性程度，噪声熵为零的信道称为确定信道。

(4) 衡量一个信息传递系统的好坏，有两个主要指标：其一，_____；其二，_____。

(5) 使得给定信道_____的输入分布，称为最佳输入（概率）分布，记为 P_X^*。

3-2 判断题

(1) 信道容量 C 不仅与信息转移概率有关，也与信道的输入分布有关。（　　）

(2) 噪声熵为 0 的信道称为确定信道。（　　）

(3) 离散对称信道输入等概率分布时，输出未必也等概率分布。（　　）

(4) 一般 DMC 达到信道容量的充要条件为各信源符号的偏互信息均等于信道容量。
（　　）

(5) 信道是 DMC 的充要条件是输入输出序列之间的转移概率等于各个时刻单个符号对转移概率之连乘。（　　）

3-3 选择题

(1) 若信道和信源均无记忆，以下结论不成立的是（　　）。

A. $I(\overline{X};\overline{Y}) = \sum_{k=1}^{N}(X_k;Y_k)$ B. $I(\overline{X};\overline{Y})=NI(X;Y)$

C. $I(\overline{X};\overline{Y}) < \sum_{k=1}^{N}(X_k;Y_k)$ D. $C^N=NC$

(2) 关于两个独立信道 Q_1、Q_2 串联(图 3.12),下列说法不正确的是(   )。

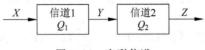

图 3.12　串联信道

A. 串联信道的信道容量与组成串联信道的各分信道的信道容量存在精确的定量关系

B. 数据处理过程中,随着数据的不断处理,从处理后的数据中所得的原始信息不会增加

C. 串联信道的转移概率矩阵是各单元信道的转移概率矩阵之积

D. XYZ 组成一个马尔可夫链

(3) 信源的输出与信道的输入匹配的目的不包括(   )。

A. 符号匹配   B. 概率匹配
C. 功率匹配   D. 降低信道剩余度

(4) 下列关于连续信道的说法中,不正确的是(   )。

A. 连续信道是时间离散、幅值连续的信道

B. 连续信道的统计特性由转移概率分布函数描述

C. 加性噪声信道的转移概率密度函数等于噪声的概率密度函数

D. 对于无记忆加性噪声信道,若输入信号服从高斯分布,且噪声的平均功率受限,则服从高斯分布的噪声使信道平均互信息量达到最小

(5) 已知香农公式 $C=B\log_2\left(1+\frac{P_s}{n_0 B}\right)$,不能得出的结论是(   )。

A. 在信噪比不变的前提下,增大频带,可增大信道容量

B. 频带不变时,增大信噪比,即可增大信道容量 C

C. 在 P_s 增大很多之后,继续增大信号功率来实现信道容量的增大是一个有效途径

D. 用扩频方法来增大信道容量,其作用是有限的

3-4　设二进制对称信道的概率转移矩阵为 $\begin{bmatrix} 2/3 & 1/3 \\ 1/3 & 2/3 \end{bmatrix}$。

(1) 若 $p(x_0)=3/4$,$p(x_1)=1/4$,求 $H(X)$、$H(X/Y)$、$H(Y/X)$ 和 $I(X;Y)$。

(2) 求该信道的信道容量及其达到信道容量时的概率分布。

3-5　某信源发送端有两个符号:$x_i(i=1,2)$、$p(x_i)=a$,每秒发出一个符号。接收端有 3 种符号 $y_j(j=1,2,3)$,转移概率矩阵为 $P=\begin{bmatrix} 1/2 & 1/2 & 0 \\ 1/2 & 1/4 & 1/4 \end{bmatrix}$。

(1) 计算接收端的平均不确定度。

(2) 计算由于噪声产生的不确定度 $H(Y/X)$。

(3) 计算信道容量。

3-6 在干扰离散信道上传输符号 1 和 0,在传输过程中每 100 个符号发生一个错传的符号,已知 $p(0)=1/2,p(1)=1/2$,信道每秒钟内允许传输 1000 个符号,求此信道的信道容量。

3-7 发送端有 3 种等概率符号 (x_1,x_2,x_3),$p(x_i)=1/3$,接收端收到 3 种符号 (y_1,y_2,y_3),信道转移概率矩阵为

$$\boldsymbol{P} = \begin{bmatrix} 0.5 & 0.3 & 0.2 \\ 0.4 & 0.3 & 0.3 \\ 0.1 & 0.9 & 0 \end{bmatrix}$$

(1) 求接收端收到一个符号后得到的信息量 $H(Y)$。
(2) 计算噪声熵 $H(Y/X)$。
(3) 计算当接收端收到一个符号 y_2 的错误概率。
(4) 计算从接收端看的平均错误概率。
(5) 计算从发送端看的平均错误概率。
(6) 从转移矩阵中你能看出该信道的好坏吗?
(7) 计算发送端的 $H(X)$ 和 $H(X/Y)$。

3-8 一个平均功率受限制的连续信道,其通频带为 1MHz,信道上存在白色高斯噪声。
(1) 已知信道上的信号与噪声的平均功率比值为 10,求该信道的信道容量。
(2) 信道上的信号与噪声的平均功率比值降至 5,要达到相同的信道容量,信道通频带应为多大?
(3) 若信道通频带减小为 0.5MHz 时,要保持相同的信道容量,信道上的信号与噪声的平均功率比值应为多大?

3-9 若有一信源,每秒钟发出 2.55 个信源符号。将此信源的输出符号送入某个二元信道中进行传输(假设信道是无噪无损的),而信道每秒钟只传递两个二元符号。
(1) 试问信源不通过编码能否与信道连接?
(2) 若通过适当编码能否在此信道中进行无失真传输?

3-10 一家快餐店提供汉堡包和牛排,当顾客进店以后只需向厨房喊一声"B"或"Z"就表示他点的是汉堡包或牛排,不过通常 8% 的概率厨师都可能会听错。一般进店的顾客 90% 会点汉堡包,10% 会点牛排。问:
(1) 这个信道的信道容量是多少?
(2) 每次顾客点菜时提供的信息是什么?
(3) 这个信道可不可以正确地传递顾客点菜的信息?

第 4 章 信息率失真函数

在前面几章的讨论中,其基本出发点都是如何保证信息的无失真传输。但在许多实际应用中,人们并不要求完全无失真地恢复消息,而是只要满足一定的条件,近似地恢复信源发出的消息就可以了。然而,什么是允许的失真?如何对失真进行描述?信源输出信息率被压缩的最大程度是多少?信息率失真理论回答了这些问题,其中香农的限失真编码定理定量地描述了失真,研究了信息率与失真的关系,论述了在限失真范围内的信源编码问题,已成为量化、数据转换、频带压缩和数据压缩等现代通信技术的理论基础。本章主要讨论在信源允许一定失真情况下所需的最少信息率,从分析失真函数、平均失真出发,求出信息率失真函数 $R(D)$。

4.1 基本概念

在工程应用中,信号具有一定的失真是完全可以容忍的。但当失真大于某一限度以后,信息质量将被严重损伤,甚至丧失其实用价值。要规定失真限度,必须先有一个定量的失真测度,为此可引入失真函数。本节主要讲述失真函数、平均失真、信息率失真函数 $R(D)$ 等基本概念,并对信息率失真函数 $R(D)$ 和信道容量 C 作了简单比较。

4.1.1 失真函数

如果某一信源 X,输出样值为 $x_i, x_i \in \{a_1, \cdots, a_n\}$,经过有失真的信源编码器输出 Y,样值为 $y_j, y_j \in \{b_1, \cdots, b_m\}$。如果 $x_i = y_j$,则认为没有失真;如果 $x_i \neq y_j$,那么就产生了失真。失真的大小用一个量来表示,即失真函数 $d(x_i, y_j)$ 来衡量用 y_j 代替 x_i 所引起的失真程度。它是一个非负的函数,通常 d 值较小代表较小的失真。一般失真函数定义为

$$d(x_i, y_j) = \begin{cases} 0, & x_i = y_j \\ \alpha, & \alpha > 0, x_i \neq y_j \end{cases} \tag{4-1}$$

将所有的 $d(x_i, y_j)$ 排列起来,用矩阵表示为

$$\boldsymbol{d} = \begin{bmatrix} d(a_1, b_1) & d(a_1, b_2) & \cdots & d(a_1, b_m) \\ d(a_2, b_1) & d(a_2, b_1) & \cdots & d(a_2, b_m) \\ \vdots & \vdots & \ddots & \vdots \\ d(a_n, b_1) & d(a_n, b_2) & \cdots & d(a_n, b_m) \end{bmatrix} \tag{4-2}$$

称 $\boldsymbol{d}$ 为失真矩阵,它是 $n \times m$ 矩阵。

【例 4-1】 设信源符号 $X \in \{0,1\}$，编码器输出符号 $Y \in \{0,1,2\}$，规定失真函数为
$$d(0,0) = d(1,1) = 0$$
$$d(0,1) = d(1,0) = 1$$
$$d(0,2) = d(1,2) = 0.5$$

则由式(4-2)得失真矩阵为
$$\boldsymbol{d} = \begin{bmatrix} 0 & 1 & 0.5 \\ 1 & 0 & 0.5 \end{bmatrix}$$

若失真矩阵 $\boldsymbol{d}$ 中每一行都是同一集合 A 中各元素的不同排列，并且每一列也都是同一集合 B 中各元素的不同排列，则称 $\boldsymbol{d}$ 具有对称性。以这种具有对称性的失真矩阵来度量失真的信源称为失真对称信源，简称对称信源。

如果对于离散信源有 $n=m$。信源变量 $X \in \{x_1, x_2, \cdots, x_n\}$，输出 $Y \in \{y_1, y_2, \cdots, y_n\}$。定义单个符号的失真度为
$$d(x_i, y_j) = \begin{cases} 0 & \text{当 } x_i = y_j \\ 1 & \text{当 } x_i \neq y_j \end{cases}$$

此时接收符号与发送符号相同时，失真度为 0；发送符号为 x_i，接收符号为 y_j 且 $i \neq j$ 时，失真度为常数。此处取为 1。这种失真称为汉明失真。汉明失真矩阵 $\boldsymbol{d}$ 是 n 阶方阵，并且对角线上的元素为 0，即

$$\boldsymbol{d} = \begin{bmatrix} 0 & 1 & 1 & \cdots & 1 \\ 1 & 0 & 1 & \cdots & 1 \\ \vdots & \vdots & \vdots & \ddots & \vdots \\ 1 & 1 & 1 & \cdots & 0 \end{bmatrix}$$

汉明失真矩阵 $\boldsymbol{d}$ 具有对称性，所以用汉明失真矩阵来度量的信源 X 称为离散对称信源。对于二元对称信源 $n=m=2$，信源 $X=Y=\{0,1\}$，在汉明失真下，失真矩阵为

$$\boldsymbol{d} = \begin{bmatrix} 0 & 1 \\ 1 & 0 \end{bmatrix}$$

它表明发送符号与接收符号不同时则认为有失真，并且失真的量是等同的。

失真函数 $d(x_i, y_j)$ 的数值是依据实际应用情况，用 y_j 代替 x_i 所导致的失真大小是人为决定的。一般来说，根据实际信源的失真，可以定义不同的失真和误差的度量。也可以根据其他标准，如引起的损失、风险、主观感觉上的差别大小等来定义失真函数。例如，在例 4-1 中，用 $y=2$ 代替 $x=0$ 和 $x=1$ 所导致的失真程度相同，用 0.5 表示；而用 $y=0$ 代替 $x=1$ 所导致的失真程度要大，用 1 表示。失真函数 $d(x_i, y_j)$ 的函数形式可以根据需要任意选取，如平方代价函数、绝对代价函数、均匀代价函数等。最常用的失真函数为

均方失真 $\qquad\qquad d(x_i, y_j) = (x_i - y_j)^2$

绝对失真 $\qquad\qquad d(x_i, y_j) = |x_i - y_j|$

相对失真 $\qquad\qquad d(x_i, y_j) = |x_i - y_j| / |x_i|$

误码失真 $\qquad\qquad d(x_i, y_j) = \delta(x_i, y_j) = \begin{cases} 0, & x_i = y_j \\ 1, & \text{其他} \end{cases}$

前 3 种失真函数适用于连续信源，后一种失真函数适用于离散信源。均方失真和绝对

失真只与 $x_i - y_j$ 有关,而不是分别与 x_i 及 y_j 有关,在数字处理上比较方便;相对失真与主观特性比较匹配,因为主观感觉往往与客观量的对数成正比,但在数学处理中就要困难得多。其实选择一个合适的、安全与主观特性匹配的失真函数是非常困难的,更不用说还要易于数学处理。当然不同的信源应有较好的失真函数,所以在实际问题中还可提出许多其他形式的失真函数。

【例 4-2】 对称信源($n=m$),信源符号 $X \in \{x_1, x_2, \cdots, x_n\}$,编码器输出符号 $Y \in \{y_1, y_2, \cdots, y_n\}$,规定失真函数为 $d(x_i, y_j) = (x_i - y_j)^2$。如果信源符号代表信源符号输出信号的幅度值,那么,此处就是以方差表示的失真度。它意味着幅度差值大的信源要比幅度差值小的信源所引起的失真更严重,严重程度用幅度差值的平方来表示。

当 $n=3$ 时,$X \in \{0,1,2\}$,$Y \in \{0,1,2\}$,则失真矩阵为 $d = \begin{bmatrix} 0 & 1 & 4 \\ 1 & 0 & 1 \\ 4 & 1 & 0 \end{bmatrix}$。

失真函数的定义可以推广到序列编码情况,如果假定离散信源输出符号序列 $X = (x_1, x_2, \cdots, x_l, \cdots, x_L)$,其中 L 长符号序列样值 $x_i = (x_{i_1}, x_{i_2}, \cdots, x_{i_l}, \cdots, x_{i_L})$,经信源编码后,输出符号序列 $Y = (Y_1, Y_2, \cdots, Y_l, \cdots, Y_L)$,其中 L 长符号序列样值,$y_j = (y_{j_1}, y_{j_2}, \cdots, y_{j_l}, \cdots, y_{j_L})$,则失真函数定义为

$$d_L(x_i, y_j) = \frac{1}{L} \sum_{l=1}^{L} d(x_{i_l}, y_{j_l}) \tag{4-3}$$

式中,$d(x_{i_l}, y_{j_l})$ 为当信源输出 x_i 中的第 l 个符号 x_{i_l},经编码后输出 y_j 中的第 l 个符号 y_{j_l} 时的失真函数。

4.1.2 平均失真

由于 x_i 和 y_j 都是随机变量,所以失真函数 $d(x_i, y_j)$ 也是随机变量。要分析整个信源的失真大小,就需要用其数学期望或统计平均值表示,将失真函数的数学期望称为平均失真,记为

$$\overline{D} = \sum_{i=1}^{n} \sum_{j=1}^{m} p(a_i, b_j) d(a_i, b_j) = \sum_{i=1}^{n} \sum_{j=1}^{m} p(a_i) p(b_j | a_i) d(a_i, b_j) \tag{4-4}$$

式中,$p(a_i, b_j)$($i=1,2,\cdots,n; j=1,2,\cdots,m$)为联合分布;$p(a_i)$ 为信源符号概率分布;$p(b_j|a_i)$($i=1,2,\cdots,n; j=1,2,\cdots,m$)为符号转移概率分布;$d(a_i, b_j)$($i=1,2,\cdots,n; j=1,2,\cdots,m$)为离散随机变量的失真函数。平均失真 $\overline{D}$ 是对给定信源分布 $p(a_i)$ 经过某一种转移概率分布 $p(b_j|a_i)$ 的有失真信源编码器后产生失真的总体量度。图 4.1 所示为转移概率分布为 $p(y_j|x_i)$ 的信源编码器。

$$x_i \longrightarrow \boxed{\text{信源编码器}} \xrightarrow{p(y_j|x_i)} y_j$$

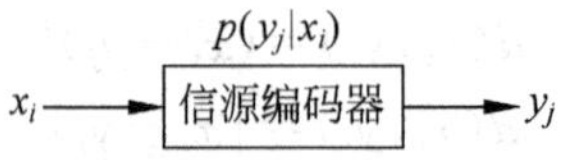

图 4.1 转移概率为 $p(y_j|x_i)$ 的信源编码器

对于连续随机变量,同样可以定义平均失真为

$$\overline{D} = \int_{-\infty}^{\infty} \int_{-\infty}^{\infty} p_{X,Y}(x, y) d(x, y) \mathrm{d}x \mathrm{d}y \tag{4-5}$$

式中，$p_{X,Y}(x,y)$ 为连续随机变量的联合概率密度；$d(x,y)$ 为连续随机变量的失真函数。

对于 L 长序列编码情况，平均失真为

$$\overline{D_L} = \frac{1}{L}\sum_{l=1}^{L} E[d(x_{i_l}, y_{j_l})] = \frac{1}{L}\sum_{l=1}^{L} \overline{D_l} \qquad (4-6)$$

式中，$\overline{D_l}$ 是第 l 个符号的平均失真。

4.1.3 信息率失真函数 $R(D)$

1. $R(D)$ 的概念

前面讨论了失真函数的概念及失真的测度问题。在模拟信号的数字化过程中，失真不仅必然存在，而且是可以控制的。控制过程体现了数据率与失真的关系，即要使失真小，就要增加数据速率；反之，若允许有较大的失真，则可以较大地降低数据率。信息率失真函数就是反映信息速率与失真的函数关系，简称率失真函数或 $R(D)$ 函数，这里 R 代表速率（Rate），D 表示失真（Distortion）。$R(D)$ 函数理论是限失真编码（又称为数据压缩技术）的理论基础。该理论在香农于 1959 年发表《保真度准则下离散信源的编码理论》论文之后才得到高速发展。尤其是在 20 世纪 80 年代以后，在快速发展的微电子技术与计算机技术的支持下，数据压缩的实践技术才得以实现并获得高速发展。在声音、图像与多媒体信源编码中得到广泛应用并获得巨大成功，为当今数码时代的到来提供了技术基础。此处仅介绍信息率失真函数的概念。

信源 X 经过有失真的信源编码器输出 Y，将这样的编码器看作存在干扰的假想信道，Y 当作接收端的符号，如图 4.2 所示。这样就可用分析信道传输的方法来研究限失真信源编码问题。

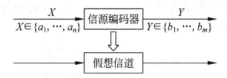

图 4.2 将信源编码器看作假想信道

信源编码器的目的是使编码后所需的信息传输率 R 尽量小，然而 R 越小，引起的平均失真 $\overline{D}$ 就越大。给出一个失真的限制值 D，在满足平均失真的条件下，选择一种满足

$$\overline{D} \leqslant D \qquad (4-7)$$

编码方法使信息率 R 尽可能小。信息率 R 就是所需输出的有关信源 X 的信息量。将此问题对应到信道，即为接收端 Y 需要获得的有关 X 的信息量，也就是互信息 $I(X;Y)$。这样，选择信源编码方法的问题就变成了选择假想信道的问题，符号转移概率 $p(y_i|x_i)$ 对应信道转移概率。

根据式(4-4)，平均失真由信源分布 $p(x_i)$、假想信道的转移概率 $p(y_j|x_i)$ 和失真函数 $d(x_i,y_j)$ 决定。若 $p(x_i)$ 和 $d(x_i,y_j)$ 已定，则可给出满足 $\overline{D} < D$ 条件的所有转移概率分布 p_{ij}，就构成了一个信道集合 P_D，则

$$P_D = \{p(b_j|a_i): \overline{D} \leqslant D (i=1,2,\cdots,n; j=1,2,\cdots,m)\} \qquad (4-8)$$

称为 D 允许试验信道。

由于互信息取决于信源分布和信道转移概率分布,根据 2.2 节所述,当 $p(x_i)$ 一定时,互信息 I 是关于 $p(y_j|x_i)$ 的 U 形凸函数,存在极小值。因而在上述允许信道 P_D 中,可以寻找一种信道 p_{ij},使给定的信源 $p(x_i)$ 经过此信道传输后,互信息 $I(X;Y)$ 达到最小。该最小的互信息就称为信息率失真函数 $R(D)$,即

$$R(D) = \min_{P_D} I(X;Y) \tag{4-9}$$

对于离散无记忆信源,$R(D)$ 函数可写成

$$R(D) = \min_{P_{ij} \in P_D} \sum_{i=1}^{n} \sum_{j=1}^{m} p(a_i) p(b_j \mid a_i) \log_2 \frac{p(b_j \mid a_i)}{p(b_j)} \tag{4-10}$$

式中,$p(a_i)(i=1,2,\cdots,n)$ 为信源符号的概率分布;$p(b_j|a_i)(i=1,2,\cdots,n;j=1,2,\cdots,m)$ 为转移概率分布;$p(b_j)(j=1,2,\cdots,m)$ 为接收端收到符号的概率分布。

由互信息的关系式,即

$$I(X;Y) = H(Y) - H(Y \mid X) = H(X) - H(X \mid Y)$$

可理解为互信息是信源发出的信息量 $H(X)$ 与在噪声干扰条件下消失的信息量 $H(X|Y)$ 之差。应当注意,这里讨论的有关信源的问题,一般不考虑噪声的影响。信息在存储和传输时需要去掉冗余,或者从某些需要出发认为可将一些次要成分去掉,也就是说,对信源的原始信息在允许的失真限度内可进行压缩。由于这种压缩损失了一定的信息,造成一定的失真,把这种失真等效成由噪声而造成的信息损失,看成一个等效噪声信道(又称为试验信道),因此信息率失真函数的物理意义是:对于给定信源,在平均失真不超过失真限度 D 的条件下,信息率容许压缩的最小值为 $R(D)$。下面通过对一个信源处理的例子,进一步研究信息率失真函数的物理意义。

【例 4-3】 设信源的符号表示为 $A = \{a_1, a_2, \cdots, a_{2n}\}$,概率分布为 $p(a_i) = 1/2n (i=1,2,\cdots,2n)$,失真函数规定为

$$d(a_i, a_j) = \begin{cases} 1 & i \neq j \\ 0 & i = j \end{cases}$$

即符号不发生差错时失真为 0;一旦出错,失真为 1。试研究在一定编码条件下信息压缩的程度。

由信源概率分布可求出信源熵为

$$H\left(\frac{1}{2n}, \cdots, \frac{1}{2n}\right) = \log_2 2n \text{ 比特 / 符号}$$

如果对信源进行不失真编码,平均每个符号至少需要 $\log_2 2n$ 个二进制码元。现在假定允许有一定的失真,假定失真限度为 $D = 1/2$。也就是说,当收到 100 个符号时允许其中有 50 个符号以下的差错。这时信源的信息率能减少到多少呢?每个符号平均码长能压缩到什么程度呢?设想采用下面的编码方案,即

$$a_1 \to a_1, a_2 \to a_2, \cdots, a_n \to a_n,$$
$$a_{n+1} \to a_n, a_{n+2} \to a_n, \cdots, a_{2n} \to a_n$$

用信道模型图表示如图 4.3 所示。

按照上述关于失真函数的规定,平均失真应为

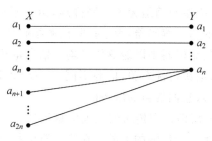

图 4.3 等效试验信道

$$\overline{D} \leqslant D = \frac{1}{2}$$

上述编码相当于图 4.3 所示试验信道。由该信道模型不难看出,它是一个确定信道,所以有

$$p_{ij}=1 \text{ 或 } 0, H(Y|X)=0$$

由互信息公式可得

$$I(X;Y) = H(Y) - H(Y|X) = H(Y)$$

信道输出概率分布为

$$p_1 = p_2 = \cdots = p_{n-1} = \frac{1}{2n}$$

由于从 a_n 起,以后所有符号都编成 a_n,所以概率分布为

$$p_n = \frac{1+n}{2n}$$

输出熵 $H(Y)$ 为

$$H(Y) = H\Big(\underbrace{\frac{1}{2n} \cdots \frac{1}{2n}}_{n-1 \text{个}} \cdot \frac{1+n}{2n}\Big) = \log_2 2n - \frac{n+1}{2n}\log_2(n+1)$$

由以上结果可知,经压缩编码以后,信源需要传输的信息率由原来的 $\log_2 2n$,压缩到 $\log_2 2n - ((n+1)/2n)\log_2(n+1)$。也就是说,信息率压缩了 $((n+1)/2n)\log_2(n+1)$。这是采用了上述压缩编码方法的结果,所付出的代价是容忍了 $1/2$ 的平均失真。如果选取对压缩更为有利的编码方案,则压缩的效果可能更好。但一旦达到最小互信息这个极限值,就是 $R(D)$ 的数值(此处 $D=1/2$),或超过这个极限值,那么失真就要超过失真限度。如果需要压缩的信息率更大,则可容忍的平均失真就要更大。

2. 信息率失真函数与信道容量的比较

下面将信息率失真函数 $R(D)$ 与信道容量 C 作简单比较。

信道容量定义为 $C = \max\limits_{p(a_i)} I(X;Y)$,它表示信道的最大传输能力,反映信道本身的特性,应该与信源无关。但由于平均互信息量与信源的特性有关,为了排除信源特性对信道容量的影响,采用的做法是在所有的信源中以能够使平均互信息量达到最大的信源为参考,从而使信道容量仅仅与信道特性有关,信道不同,信息容量也不同。

信息率失真函数 $R(D) = \min\limits_{P_D} I(X;Y)$,它是保真度条件下信源信息率可被压缩的最低限度,反映信源本身的特性,应该与信道无关。同样地,由于平均互信息量与信道的特性有关,在这里信道即为有失真的信源编码器,为了排除信源编码器的特性对信息率失真函数的影响,采用的做法是在所有的编码器中以能够使平均互信息量达到最小的编码器为参考,从而使信息率失真函数仅仅与信源特性有关,信源不同,$R(D)$也不同。对信道容量和信息率失真函数作这种处理是为引入它们的目的服务的。

引入 C,是为了解决在所用信道中传送的最大信息量到底有多大的问题,它给出了信道可能传输的最大信息量,是无差错传输的上限。在第 6 章中将会看到,为了得到错误概率任意小的传输,应该采用信道编码。引入 C 的概念后,说明其信息传输速率无限接近于 C 而又使具有任意小错误传输概率的信道编码是存在的,可见引入 C 能够为信道编码服务,或者说为了提高通信的可靠性服务。简而言之,它是信道编码问题。

引入 $R(D)$,是为了解决在允许失真度 D 条件下,信源编码到底能压缩到什么程度的问题,它给出了保真度条件下信源信息率可被压缩的最低限度,可见引入它能够为信源的压缩编码服务。或者说在允许失真度 D 条件下,尽可能用最少的码符号来传送信源信息,使信源的消息尽快地传送出去,以提高通信的有效性。简而言之,它是信源编码问题。

4.2 信息率失真函数的性质

允许的失真度为 D,则 $R(D)$ 是对应于 D 的一个确定的信息传输率。对于不同的允许失真 D,其 $R(D)$ 是不同的,因而它是允许失真度 D 的函数。本节主要讨论 $R(D)$ 函数的一些基本性质。

1. $R(D)$ 函数的定义域和值域

1) D_{min} 和 $R(D_{min})$

由于 D 是非负实数 $d(x,y)$ 的数学期望,因此 D 也是非负的实数。非负实数的下界是零,即 $D_{min}=0$。至于失真度 D 是否能达到零,这与单个符号的失真函数有关,只有当失真矩阵中每行至少有一个零元素时,信源的平均失真度才能达到零值。这时对应于无失真情况,相当于无损信道,此时信道传输的信息量等于信源熵,即

$$R(D_{min}) = R(0) = H(X) \tag{4-11}$$

但是,式(4-11)成立是有条件的,它与失真矩阵形式有关,只有当失真矩阵中每行至少有一个零,并且每一列最多只有一个零时等式才成立;否则,$R(0)$可以小于 $H(X)$,它表示这时信源符号集中有些符号可以被压缩、合并,而不带来任何失真。

对连续信源来说,由于其信源熵只有相对意义,而真正的熵为 ∞,当 $D_{min}=0$ 时相当于严格无噪信道,通过无噪声信道的熵是不变的,所以有

$$R(D_{min})=R(0)=H_c(x)=\infty$$

因为实际信道总是有干扰的,其容量有限,要无失真地传送这种连续信息是不可能的。当允许有一定失真时,$R(D)$ 将为有限值,这时传送才是可能的。

2) D_{max} 和 $R(D_{max})$

由于平均互信息量 $I(X;Y)$ 是非负函数,其最小值等于零。而 $R(D)$ 是在约束条件下的

$I(X;Y)$ 的最小值,所以 $R(D)$ 也是一个非负函数,它的下限值是零。当 $R(D)=0$,意味着不需要传输任何信息。显然,D 越大直至无限大都能满足这样的情况,这里选择所有满足 $R(D)=0$ 中的 D 的最小值,定义为 $R(D)$ 定义域的上限 $D_{\max}$,即 $D_{\max}=\min\limits_{R(D)=0} D$。因此,可以得到 $R(D)$ 的定义域为 $D\in[0,D_{\max}]$。

$R(D)=0$ 就是 $I(X;Y)=0$,这时试验信道输入与输出是相互独立的,所以条件概率 $p(y_j|x_i)$ 与 x_i 无关,即

$$p_{ij} = p(y_j \mid x_i) = p(y_j) = p_j$$

这时平均失真为

$$D = \sum_{i=1}^{n}\sum_{j=1}^{m} p_i p_j d_{ij} \tag{4-12}$$

其中,$d_{ij}=d(a_i,b_j)$。现在需要求出满足 $\sum\limits_{j=1}^{m} p_j = 1$ 条件的 D 中的最小值,即

$$D_{\max} = \min \sum_{j=1}^{m} p_j \sum_{i=1}^{n} p_i d_{ij}$$

从上式观察可得,在 $j=1,\cdots,m$ 中,可找到 $\sum\limits_{i} p_i d_{ij}$ 值最小的 j,当 j 对应的 $p_j=1$,而其余 p_j 为零时,上式右边达到最小,这时上式可简化为

$$D_{\max} = \min_{j=1,2,\cdots,m} \sum_{i=1}^{n} p_j d_{ij} \tag{4-13}$$

【例 4-4】 设输入输出符号表示为 $X=Y\in\{0,1\}$,输入概率分布 $p(x)=\{1/3,2/3\}$,失真矩阵为

$$\boldsymbol{d} = \begin{bmatrix} d(a_1,b_1) & d(a_1,b_2) \\ d(a_2,b_1) & d(a_2,b_2) \end{bmatrix} = \begin{bmatrix} 0 & 1 \\ 1 & 0 \end{bmatrix}$$

当 $D_{\min}=0$ 时,$R(D_{\min})=H(X)=H(1/3,2/3)=0.91$ 比特/符号,这时信源编码器无失真,$a_1\to b_1, a_2\to b_2$,所以该编码器的转移概率为 $\boldsymbol{P}=\begin{bmatrix} 1 & 0 \\ 0 & 1 \end{bmatrix}$。

当 $R(D_{\max})=0$ 时,由式(4-13)得

$$D_{\max} = \min_{j=1,2} \sum_{i=1}^{2} p_i d_{ij} = \min_{j=1,2}\{p_1 d_{11}+p_2 d_{21}, p_1 d_{12}+p_2 d_{22}\}$$
$$= \min_{j=1,2}\left\{\frac{1}{3}\times 0 + \frac{2}{3}\times 1, \frac{1}{3}\times 1 + \frac{2}{3}\times 0\right\} = \min_{j=1,2}\left\{\frac{2}{3},\frac{1}{3}\right\} = \frac{1}{3}$$

此时输出符号概率 $p(b_1)=0, p(b_2)=1, a_1\to b_2, a_2\to b_2$,所以这时的编码器的转移概率为 $\boldsymbol{P}=\begin{bmatrix} 0 & 1 \\ 0 & 1 \end{bmatrix}$。

【例 4-5】 若输入输出符号表与输入概率分布同例 4-4,且失真矩阵为 $\boldsymbol{d}=\begin{bmatrix} \frac{1}{2} & 1 \\ 2 & 1 \end{bmatrix}$。

当 $a_1\to b_1, a_2\to b_2$ 时,该编码器的转移概率为 $\boldsymbol{P}=\begin{bmatrix} 1 & 0 \\ 0 & 1 \end{bmatrix}$,但

$$D_{\min} = \sum_{i,j} p(a_i) p(b_j \mid a_i) d(a_i, b_j) = \frac{1}{3} \times \frac{1}{2} + \frac{2}{3} \times 1 = \frac{5}{6}$$

因为从失真矩阵看,不管 a_i 转移到哪一种 b_j,都产生失真,所以使 $D_{\min}$ 达不到 0。这种情况只是一种特例,实际应用中一般不会这样。

2. R(D)函数的下凸性和连续性

下凸函数是凸函数的一种,也叫凸 U 函数或形象地称为"cup"函数,即函数曲线形状像杯子。$R(D)$ 的定义域规定了 D 的上限值和下限值,如果能够确定 $R(D)$ 随 D 变化的趋势,对于理解和估算 $R(D)$ 都会更容易。先证明 $R(D)$ 在定义域内是下凸函数。

令

$$\begin{cases} D^{\alpha} = \alpha D' + (1-\alpha) D'', & 0 \leqslant \alpha \leqslant 1 \\ R(D') = \min_{p_{ij} \in P_{D'}} I(p_{ij}) = I(p'_{ij}) \end{cases}$$

式中,p'_{ij} 为使 $I(p_{ij})$ 达到极小值的 p_{ij},且保证 $D \leqslant D'$。

同理,$R(D'') = I(p''_{ij})$,令

$$p^{\alpha}_{ij} = \alpha p'_{ij} + (1-\alpha) p''_{ij}$$

先证明 p^{α}_{ij} 是 P^{α}_D 的元。已知

$$D(p^{\alpha}_{ij}) = \sum_i \sum_j p_i p^{\alpha}_{ij} d_{ij} = \sum_i \sum_j p_i [\alpha p'_{ij} + (1-\alpha) p''_{ij}] d_{ij}$$

$$= \alpha \sum_i \sum_j p_i p'_{ij} d_{ij} + (1-\alpha) \sum_i \sum_j p_i p''_{ij} d_{ij} \leqslant \alpha D' + (1-\alpha) D'' = D^{\alpha}$$

这时因为 p'_{ij} 和 p''_{ij} 分别是 P'_D 和 P''_D 中的元,所以造成的失真必小于 D' 和 D''。

利用 $I(p_{ij})$ 的下凸性,可得

$$R(D^{\alpha}) = \min_{p_{ij} \in P_{D^{\alpha}}} I(p_{ij}) \leqslant I(p^{\alpha}_{ij}) = I[\alpha p'_{ij} + (1-\alpha) p''_{ij}] \leqslant \alpha I(p'_{ij}) + (1-\alpha) I(p''_{ij})$$

$$= \alpha R(D') + (1-\alpha) R(D'')$$

这就证明了 $R(D)$ 的下凸性。

现在来证明 $R(D)$ 在定义域 $0 \sim D_{\max}$ 之间的连续性。

设 $D' = D + \delta$,当 $\delta \to 0$ 时,$P_{D'} \to P_D$,由于 $I(p_{ij})$ 是 p_{ij} 的连续函数,即当 $\delta p_{ij} \to 0$,有 $I(p_{ij} + \delta p_{ij}) \to I(p_{ij})$,则

$$R(D') = \min_{p_{ij} \in P_{D'}} I(p_{ij}) \to \min_{p_{ij} \in P_D} I(p_{ij}) = R(D)$$

这就证明了连续性。

3. $R(D)$ 在区间 $[0, D_{\max}]$ 上是严格递减函数

可以证明 $R(D)$ 函数在定义域 $[0, D_{\max}]$ 上是严格递减的。严格递减的意思是当 D 增加时,$R(D)$ 函数值必减少而不能保持不变。其几何特征是:$R(D)$ 函数曲线只有随 D 增加而下降,没有上升段也没有水平段,但可以有下降直线段。$R(D)$ 的单调递减性可以作以下理解:容许的失真度越大,所要求的信息率越小;反之亦然。这一点可以由定义来证明。

令 $D > D'$,则 $P_D \supset P_{D'}$。

这一结果可以从式(4-8)P_D 的定义式中得到。于是

$$R(D) = \min_{p_{ij} \in P_D} I(p_{ij}) \leqslant \min_{p_{ij} \in P_{D'}} I(p_{ij}) = R(D')$$

上式中的不等式是因为 P_D 包含了 $P_{D'}$，在一个较大范围内求得的极小值必然不会大于其中一个小范围的极小值，所以 $R(D)$ 是非递增的函数。现在再证明上式中的等号不成立。用反证法。

设有 $0 < D' < D'' < D_{\max}$，令

$$R(D') = I(p'_{ij}) \quad p'_{ij} \in P_{D'}$$
$$R(D_{\max}) = I(p''_{ij}) = 0 \quad p''_{ij} \in P_{D_{\max}}$$

对于足够小的 $\alpha, (\alpha > 0)$，必有

$$D' < (1-\alpha)D' + \alpha D_{\max} = D^{\alpha} < D''$$

令

$$p^{\alpha}_{ij} = (1-\alpha)p'_{ij} + \alpha p''_{ij}$$

则

$$D(P^{\alpha}_{ij}) = (1-\alpha)d(p'_{ij}) + \alpha d(p''_{ij}) = (1-\alpha)d(p'_{ij}) + \alpha D_{\max} = D^{\alpha}$$

所以

$$p^{\alpha}_{ij} \in P_{D^{\alpha}}, R(D^{\alpha}) = \min_{p_{ij} \in P_{D^{\alpha}}} I(p_{ij}) \leqslant I(p^{\alpha}_{ij})$$
$$\leqslant (1-\alpha)I(p'_{ij}) + \alpha I(p''_{ij})$$
$$= (1-\alpha)I(p'_{ij}) < R(D')$$

上式最后一个不等式为小于号而非小于等于（这是严格递减的关键），可见 $R(D^{\alpha}) \neq R(D')$。因此 $R(D)$ 是严格单调递减的。

4. $R(D)$ 函数曲线

由前面对 $R(D)$ 函数性质的有关讨论，可以得出以下结论：

① $R(D)$ 是非负的实数，即 $R(D) \geqslant 0$。其定义域为 $0 \sim D_{\max}$，其值为 $0 \sim H(X)$。当 $D > D_{\max}$ 时，$R(D) \equiv 0$。

② $R(D)$ 是关于 D 的下凸函数，因而也是关于 D 的连续函数。

③ $R(D)$ 是关于 D 的严格递减函数。

上述讨论表明，D 与 $R(D)$ 函数之间是一一对应关系，$R(D)$ 函数的最大值位于 $D=0$ 处，对于离散信源，其值为 $H(X)$；对于连续信源，其值会趋于 ∞。由此可画出一般离散信源和连续信源 $R(D)$ 曲线的形状，如图 4.4 所示。

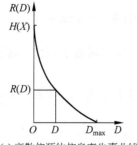 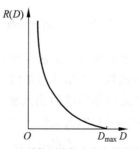

(a) 离散信源的信息率失真曲线　　(b) 连续信源的信息率失真曲线

图 4.4　信息率失真曲线

由上可知,当规定了允许失真 D,又找到了适当的失真函数 d_{ij} 时,可以找到该失真条件下的最小信息率 $R(D)$,这个最小信息率是一个极限数值。用不同方法进行数据压缩时(前提是都不能超过失真限度 D),其压缩的程度如何,$R(D)$ 函数就是一把尺子。由它可知是否还有压缩潜力,潜力有多大。因此对它的研究很有实际意义。

4.3 离散信源的信息率失真函数

$R(D)$ 函数的计算,在已知信源概率 p_i 和失真函数 d_{ij} 的情况下,就应当可以求得该信源的 $R(D)$ 函数。它是在约束条件下,即保真度准则下,求极小值的问题。但要得到它的显式表达式一般比较困难,通常用参量表达式。即使如此,除简单的情况外,实际计算还是困难的,只能用迭代逐级逼近的方法。目前,一般可采用收敛的迭代算法在电子计算机上求解 $R(D)$ 函数。本节和 4.4 节将对某些特殊情况下 $R(D)$ 的表示式做简单的讨论。

对于离散信源而言,当 $d(x,y)=\delta(x,y)$,$p(x=0)=p$,$p(x=1)=1-p$ 时,$R(D)$ 的表示式为 $R(D)=H(p)-H(D)$。

这一 $R(D)$ 可画成图 4.5 所示的曲线(3)。它和另外两条连续信源的 $R(D)$ 曲线都有一最大失真值 $D_{\max}$,对应 $R(D)=0$。当允许的平均失真 D 大于最大值时,$R(D)$ 当然也是零,也就是不用传送信息已能达到要求。上述情况的 $D_{\max}$ 为 p(此时 $p<1/2$;当 $p>1/2$ 时,则为 $1-p$),其实这是很好解释的。不管信源符号是什么值,都可用 $y=0$ 来编码,此时平均失真就是 p。Y 只有一个值,当然不需要传送,也不含有信息。当 $D<D_{\max}$ 时,$R(D)$ 就已不是零,随着 D 的减小,$R(D)$ 单调增加;$D=0$ 时,$R(0)=H(p)$,即无损编码时所需的信息率不能小于信源的符号熵。

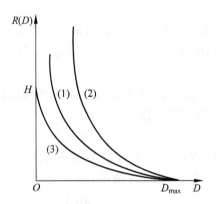

图 4.5 离散信源与连续信源的 $R(D)$ 曲线

下面简单介绍用参量表达式方法求解信息率失真函数 $R(D)$。具体推导过程从略,这里结合二元对称信源的例子给出计算步骤。

【例 4-6】 设二元对称信源的输入输出符号表示为 $X=Y\in\{0,1\}$,输入概率分布为 $p(x)=(p,1-p)$,$0<p\leqslant 1/2$,失真矩阵为
$$\boldsymbol{d}=\begin{bmatrix} d(a_1,b_1) & d(a_1,b_2) \\ d(a_2,b_1) & d(a_2,b_2) \end{bmatrix}=\begin{bmatrix} 0 & 1 \\ 1 & 0 \end{bmatrix}$$

求信息率失真函数 $R(D)$。

【解】 简记 $\lambda_i = \lambda(x_i), p_i = p(x_i), \omega_j = p(y_j), \alpha = e^s (i, j = 1, 2)$，则

(1) 按下式解方程：

$$\sum_i \lambda(x_i) p(x_i) \exp[sd(x, y)] = 1 \quad j = 1, 2, \cdots, m$$

写成矩阵形式为

$$\begin{bmatrix} p_1\lambda_1 & p_2\lambda_2 \end{bmatrix} \begin{bmatrix} 1 & \alpha \\ \alpha & 1 \end{bmatrix} = \begin{bmatrix} 1 & 1 \end{bmatrix}$$

由此解得

$$p_1\lambda_1 = p_2\lambda_2 = \frac{1}{1+\alpha}, \quad \lambda_1 = \frac{1}{p(1+\alpha)}, \quad \lambda_2 = \frac{1}{(1-p)(1+\alpha)}$$

(2) 按下式解方程：

$$\sum_j p(y_j) \exp[sd(x_i, y_j)] = \frac{1}{\lambda(x_i)} \quad i = 1, 2, \cdots, n$$

写成矩阵形式为

$$\begin{bmatrix} 1 & \alpha \\ \alpha & 1 \end{bmatrix} \begin{bmatrix} \omega_1 \\ \omega_2 \end{bmatrix} = \begin{bmatrix} \dfrac{1}{\lambda_1} \\ \dfrac{1}{\lambda_2} \end{bmatrix}$$

解得

$$\begin{cases} \omega_1 = \dfrac{1}{1-\alpha^2}\left(\dfrac{1}{\lambda_1} - \dfrac{\alpha}{\lambda_2}\right) = \dfrac{1}{1-\alpha}[p - \alpha(1-p)] \\ \omega_2 = \dfrac{1}{1-\alpha^2}\left(\dfrac{1}{\lambda_2} - \dfrac{\alpha}{\lambda_1}\right) = \dfrac{1}{1-\alpha}(1-p-\alpha p) \end{cases}$$

(3) 按下式解转移概率分布：

$$p_{ij} = \lambda(x_i) p(y_j) \exp[sd(x_i, y_j)] \quad i = 1, 2, \cdots, n; \quad j = 1, 2, \cdots, m$$

写成矩阵形式为

$$\mathbf{P} = \frac{1}{1-\alpha^2} \begin{bmatrix} \dfrac{p - \alpha(1-p)}{p} & \dfrac{1-p-\alpha p}{p}\alpha \\ \dfrac{p - \alpha(1-p)}{1-p}\alpha & \dfrac{1-p-\alpha p}{1-p} \end{bmatrix}$$

(4) 求 s：

$$D = \sum_{ij} p_i p_{ij} d_{ij} = p_1 p_{11} d_{11} + p_1 p_{12} d_{12} + p_2 p_{21} d_{21} + p_2 p_{22} d_{22}$$

$$= \frac{1}{1-\alpha^2}[\alpha(1-p-\alpha p + \alpha(p-\alpha(1-p)))] = \frac{\alpha}{1+\alpha}$$

$$D = \frac{\alpha}{1+\alpha}, \quad \alpha = \frac{D}{1-D}$$

$$s = \log_2 \alpha = \log_2 D - \log_2(1-D)$$

(5) 计算 $R(D)$。将上面各式代入，则有

$$R(D) = sD + \sum_i p_i \log_2 \lambda_i$$

$$= D\log_2 \frac{D}{1-D} + p\log_2 \frac{1}{p(1+\alpha)} + (1-p)\log_2 \frac{1}{(1-p)(1+\alpha)}$$

$$= D\log_2 \frac{D}{1-D} + H(p) - \log_2(1+\alpha)$$

$$= D\log_2 \frac{D}{1-D} - \log_2 \frac{1}{1-D} + H(p)$$

$$= D\log_2 D + (1-D)\log_2(1-D) + H(p)$$

结果得到图 4.6 所示的曲线。其表达式为

$$R(D) = \begin{cases} H(p) - H(D), & 0 \leqslant D \leqslant p \leqslant \frac{1}{2} \\ 0, & D \geqslant p \end{cases}$$

上述计算过程实质上,第(1)、(2)步是解简单的线性方程组,第(3)、(4)、(5)步则是代入整理。

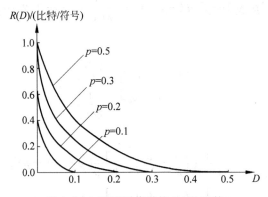

图 4.6 p 取不同值时的 $R(D)$ 函数

图 4.6 描述了当 p 取不同值时的 $R(D)$ 曲线。由图可以看出,对于同样 D 值的情况下,信源的符号分布越均匀,$R(D)$ 就越大,即信源越难以压缩;反过来,信源的符号分布越不均匀,即信源冗余度越大,$R(D)$ 就越小,信源压缩的可能性越大。

4.4 连续信源的信息率失真函数

设连续信源 X,取值于实数域 R,概率密度为 $p(x)$。又设另一连续变量 Y,也取值于 R。同样在 X 和 Y 之间确定某一非负的二元实函数 $d(x,y)$ 为失真函数。假设有一个试验信道,信道的传输概率密度为 $p(y|x)$,则得平均失真度为

$$\overline{D} = E[d(x,y)] = \iint_{-\infty}^{+\infty} p(x)p(y \mid x)d(x,y)\mathrm{d}x\mathrm{d}y \tag{4-14}$$

而通过试验信道,获得的平均互信息为

$$I(X;Y) = H(Y) - H(Y \mid X)$$

同样,确定一允许失真度 D,凡满足 $\overline{D} \leqslant D$ 的所有试验信道的集合为 P_D:$\{p(y|x):\overline{D} \leqslant D\}$,则连续信源的信息率失真函数为

$$R(D) = \inf_{p(y/x) \in P_D} \{I(X;Y)\} \tag{4-15}$$

式中，Inf 是指下确界，相当于离散信源中求极小值。严格地说，连续集合中可能不存在极小值，但下确界是存在的。

同理，可得 N 维连续随机序列的平均失真度为

$$\overline{D}(N) = E[d(x,y)] = \iint_R p(x)p(y|x)d(x,y)\mathrm{d}x\mathrm{d}y = \sum_{l=1}^{N} \overline{D}_l \tag{4-16}$$

式中，$\overline{D}_l$ 为第 l 个连续变量的平均失真度。

如果各变量取于同一连续信源，即得

$$\overline{D}(N) = N\overline{D} \tag{4-17}$$

式中，$\overline{D}$ 满足式(4-14)。

同样，可以推广得 N 维连续型随机序列的信息率失真函数为

$$R_N(D) = \inf_{p(y|x),\overline{D}(N)\leqslant ND} \{I(X;Y)\}$$

连续信源的信息率失真函数 $R(D)$ 仍满足 4.2 节中所讨论的性质。同样有

$$D_{\min} = \int_{-\infty}^{\infty} p(x) \inf_y d(x,y)\mathrm{d}x \tag{4-18}$$

和

$$D_{\max} = \inf_y \int_{-\infty}^{\infty} p(x)d(x,y)\mathrm{d}x \tag{4-19}$$

连续信源的 $R(D)$ 也是在 $D_{\min}\leqslant D\leqslant D_{\max}$ 内严格递减的，它的一般典型曲线如图 4.4(b)所示。在连续信源中，$R(D)$ 函数的计算仍是求极值的问题，同样可用拉格朗日乘子法进行。

连续信源的 $R(D)$ 计算技巧类似于离散信源，除简单的情况外，实际计算有困难，只能用迭代逐级逼近的方法求近似值。

在某些特殊情况下 $R(D)$ 的表示式为

(1) 当 $d(x,y)=(x-y)^2$，$p(x)=\dfrac{1}{\sigma\sqrt{2\pi}}\mathrm{e}^{-\frac{x^2}{2\sigma^2}}$ 时，有

$$R(D) = \log_2 \frac{\sigma}{\sqrt{D}}$$

(2) 当 $d(x,y)=|x-y|$，$p(x)=\dfrac{\lambda}{2}\mathrm{e}^{-\lambda|x|}$ 时，有

$$R(D) = \log_2 \frac{1}{\lambda D}$$

这些 $R(D)$ 可画成图 4.5 所示的(1)和(2)两条曲线。它们都有一最大失真值 $D_{\max}$，对应 $R(D)=0$。当允许的平均失真 D 大于最大值时，$R(D)$ 当然也是零，也就是不用传送信息已能达到要求。上述两种情况的 $D_{\max}$ 分别为 σ^2、$1/\lambda$，其实这是很好解释的。例如，在均方失真和正态分布的第一种情况下，不管信源符号是什么值，都可用 $y=0$ 来编码，此时平均失真就是 σ^2。Y 只有一个值，当然不需要传送，也不含有信息。另一种情况也有类似的结果。当 $D<D_{\max}$ 时，$R(D)$ 就已不是零，随着 D 的减小，$R(D)$ 单调增加；当 $D=0$ 时，两种情况下的 $R(D)$ 趋于无限，这就是说，信息量无限大的连续信源符号，已无法进行无损编码，除非信息率 R 趋向无限大。很显然，离散信源与连续信源就不同，在 4.3 节中，当 $d(x,y)=\delta(x,y)$，$p(x=0)=p$，$p(x=1)=1-p$ 的情况下，$D=0$ 时，$R(0)=H(p)$，即无损编码时，所需的

信息率不能小于信源的符号熵。

4.5 小结

本章在介绍失真函数、平均失真和信息率失真函数等基本概念的基础上,对信息率失真函数的性质和计算也做了相应的讨论。无论是 $R(D)$ 函数的定义与性质的论证,还是对具体信源的 $R(D)$ 函数的计算,都具有较高深的数学工具与相当复杂的推演过程。$R(D)$ 函数的计算难度,不仅由于实际信源的分布密度函数不同所引起,还由于使用不同的失真测度所产生。信息率失真函数是研究限失真信源编码定理的基础。

失真函数:$d(x_i,y_j)=\begin{cases}0, & x_i=y_j\\ \alpha, & \alpha>0 \quad x_i\neq y_j\end{cases}$,失真函数 $d(x_i,y_j)$,用来衡量用 y_j 代替 x_i 所引起的失真程度。它是一个非负的函数,通常 d 值较小代表较小的失真。

平均失真:$\overline{D}=\sum_{i=1}^{n}\sum_{j=1}^{m}p(a_i,b_j)d(a_i,b_j)$,平均失真 $\overline{D}$ 是对给定信源分布 $p(a_i)$ 经过某一种转移概率分布 $p(b_j|a_i)$ 的有失真信源编码器后产生失真的总体量度。

离散信源的信息率失真函数 $R(D)$:从根本上说,$R(D)$ 函数表示能满足保真度要求的,编码输出为编码前信源所应该提供的最小信息量。给定信源 $p(x_i)$,在小于平均失真 D 中寻找一种信源编码 p_{ij},使互信息 $I(X;Y)$ 达到最小,即能满足保真度要求的最低信息速率。

$$R(D)=\min_{P_D}I(X;Y), \quad P_D=\{p(b_j|a_i):\overline{D}\leqslant D(i=1,2,\cdots,n;j=1,2,\cdots,m)\}$$

$R(D)$ 函数的定义域和值域:

$$\begin{cases}D_{\min}=0, & R(D_{\min})=R(0)=H(X)\\ D_{\max}=\min_{R(D)=0}D, & R(D_{\max})=0\end{cases}$$

对连续信源来说,由于其信源熵只有相对意义,而真正的熵为 ∞,当 $D_{\min}=0$ 时 $R(D_{\min})=R(0)=H_c(x)=\infty$。当允许有一定失真时,$R(D)$ 将为有限值,这时传送才是可能的。

连续信源的信息率失真函数 $R(D)$:确定一允许失真度 D,凡满足 $\overline{D}\leqslant D$ 的所有试验信道的集合为 $P_D:\{p(y|x):\overline{D}\leqslant D\}$,则连续信源的信息率失真函数 $R(D)=\underset{p(y/x)\in P_D}{\text{Inf}}\{I(X;Y)\}$。

$R(D)$ 函数的性质:连续性、下凸性、严格递减性。$R(D)$ 函数的性质可由 $R(D)$ 函数曲线来表征,这是一条在 $[0,D_{\max}]$ 内,基于对数函数严格递减的下凸曲线。

$R(D)$ 的计算除简单的情况外,实际计算有困难,只能用迭代逐级逼近的方法求近似值。

$R(D)$ 与信道容量 C 的关系:信道容量是为了解决在所用信道中传送的最大信息量,是信道编码问题。信息率失真函数 $R(D)$ 是为了解决在允许失真度 D 条件下,信源编码到底能压缩到什么程度的问题,它给出了保真度条件下信源信息率可被压缩的最低限度。它是信源编码问题。

习题

4-1 填空题

(1) 失真的大小,用一个量来表示,即函数 $d(x_i, y_j)$,用来衡量以 y_j 代替 x_i 所引起的失真程度。该函数称为_____。

(2) 要分析整个信源的失真大小,就需要用其数学期望或统计平均值表示,将失真函数 $d(x_i, y_j)$ 的数学期望称为_____,记为 $\overline{D}$。

(3) 在允许信道 P_D 中,可以寻找一种信道 p_{ij},使给定的信源 $p(x_i)$ 经过此信道传输后,互信息 $I(X;Y)$ 达到最小。该最小的互信息就称为_____。

(4) 失真度 D 是否能达到零与单个符号的失真函数有关,只有当失真矩阵中每行至少有一个零元素时,信源的平均失真度才能达到零值。这时对应于无失真情况,此时信道传输的信息量等于_____。

(5) 确定一允许失真度 D,凡满足 $\overline{D} \leqslant D$ 的所有试验信道的集合为 $P_D: \{p(y|x): \overline{D} \leqslant D\}$,则 $R(D) = \underset{p(y/x) \in P_D}{\text{Inf}} \{I(X;Y)\}$ 表示_____的信息率失真函数。

4-2 选择题

(1) 失真函数的数学期望,也是表征整个信源失真大小总体量度的一个参数是( )。
   A. 均方失真   B. 平均失真   C. 相对失真   D. 误码失真

(2) 失真函数表达式 $d(x_i, y_j) = |x_i - y_j|/|x_i|$,它表示的是常用失真函数中的( )。
   A. 均方失真   B. 绝对失真   C. 相对失真   D. 误码失真

(3) 以下各项中表达误码失真且适用于离散信源的一项是( )。
   A. $d(x_i, y_j) = (x_i - y_j)^2$ B. $d(x_i, y_j) = |x_i - y_j|$
   C. $d(x_i, y_j) = |x_i - y_j|/|x_i|$ D. $d(x_i, y_j) = \delta(x_i, y_j) = \begin{cases} 0 & x_i = y_j \\ 1 & 其他 \end{cases}$

(4) 关于信息率失真函数 $R(D)$,以下结论错误的是( )。
   A. $R(D)$ 是非负的实数
   B. $R(D)$ 是关于 D 的严格递减函数
   C. 其定义域为 $0 \sim D_{max}$
   D. $R(D)$ 是关于 D 的上凸函数,因而也是关于 D 的连续函数

(5) 关于信息率失真函数 $R(D)$ 和信道容量 C 的说法,不正确的一项是( )。
   A. 信道容量定义为 $C = \underset{p(a_i)}{\max} I(X;Y)$
   B. 信道容量表示信道的最大传输能力,反映信道本身的特性,应该与信源无关
   C. 信息率失真函数 $R(D) = \underset{P_D}{\min} I(X;Y)$
   D. 信息率失真函数 $R(D)$ 是保真度条件下信源信息率可被压缩的最低限度,它主要反映信道的特性

4-3 设有一个二元等概率信源 $X \in \{0, 1\}, p_0 = p_1 = 1/2$,通过一个二进制对称信道(BSC)。其失真函数 d_{ij} 与信道转移概率 p_{ij} 分别定义为

$$d_{ij} = \begin{cases} 1, & i \neq j \\ 0, & i = j \end{cases}, \quad p_{ij} = \begin{cases} \varepsilon, & i \neq j \\ 1-\varepsilon, & i = j \end{cases}$$

试求失真矩阵 d 和平均失真 $\bar{D}$。

4-4 设输入输出符号表示为 $X=Y\in\{0,1\}$，输入概率分布 $p(x)=\{1/3, 2/3\}$，失真矩阵为

$$d = \begin{bmatrix} d(a_1,b_1) & d(a_1,b_2) \\ d(a_2,b_1) & d(a_2,b_2) \end{bmatrix} = \begin{bmatrix} 2 & \dfrac{1}{2} \\ 1 & 2 \end{bmatrix}, 试问 D_{\max} 为多少?$$

4-5 某信源含有 3 个消息，概率分布为 $q_1=0.2, q_2=0.3, q_3=0.5$，失真矩阵为 $d = \begin{bmatrix} 4 & 2 & 1 \\ 0 & 3 & 2 \\ 2 & 0 & 1 \end{bmatrix}$，求 $D_{\min}$ 和 $D_{\max}$。

4-6 设输入符号表示为 $X\in\{0,1\}$，输出符号表示为 $Y\in\{0,1\}$。输入信号的概率分布为 $P=(1/2,1/2)$，失真函数为 $d(0,0)=d(1,1)=0, d(0,1)=1, d(1,0)=2$。试求 $D_{\min}$、$D_{\max}$、$R(D_{\min})$、$R(D_{\max})$ 以及相应的编码器转移概率矩阵。

4-7 设输入符号与输出符号 X 和 Y 均取值于 $\{0,1,2,3\}$，且输入信号的分布为 $P(X=i)=1/4(i=0,1,2,3)$，设失真矩阵为

$$d = \begin{bmatrix} 0 & 1 & 1 & 1 \\ 1 & 0 & 1 & 1 \\ 1 & 1 & 0 & 1 \\ 1 & 1 & 1 & 0 \end{bmatrix}$$

求 $D_{\min}$、$D_{\max}$、$R(D_{\min})$、$R(D_{\max})$ 以及相应的编码器转移概率矩阵。

4-8 设输入信号的概率分布为 $P=(1/2,1/2)$，失真矩阵为 $d = \begin{bmatrix} 0 & 1 & 1/4 \\ 1 & 0 & 1/4 \end{bmatrix}$。试求 $D_{\min}$、$D_{\max}$、$R(D_{\min})$、$R(D_{\max})$ 以及相应的编码器转移概率矩阵。

4-9 符号集 $U=\{u_0,u_1\}$ 的二元信源，信源发生概率为：$p(u_0)=p, p(u_1)=1-p, 0<p\leq 1/2$。Z 信道如图 4.7 所示，接收符号集 $V=\{v_0,v_1\}$，转移概率为：$q(v_0|u_0)=1, q(v_1|u_1)=1-q$。发出符号与接收符号的失真：$d(u_0,v_0)=d(u_1,v_1)=0, d(u_1,v_0)=d(u_0,v_1)=1$。

(1) 计算平均失真 $\bar{D}$。

(2) 信息率失真函数 $R(D)$ 的最大值是什么？当 q 为什么值时可达到该最大值？此时平均失真 D 是多大？

(3) 信息率失真函数 $R(D)$ 的最小值是什么？当 q 为什么值时可达到该最小值？此时平均失真 D 是多大？

(4) 画出 $R(D)-D$ 的曲线。

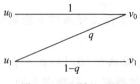

图 4.7 习题 4-9 图

4-10 已知信源的符号 $X \in \{0,1\}$，它们以等概率出现，信宿的符号 $Y \in \{0,1,2\}$，失真函数如图 4.8 所示，其中连线旁的值为失真函数，无连接表示失真函数为无限大，即 $d(0,1) = d(1,0) = \infty$（同时有 $p(y_1|x_0) = p(y_0|x_1) = 0$），求 $R(D)$。

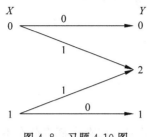

图 4.8 习题 4-10 图

4-11 三元信源的概率分布为 $p(0) = 0.4, p(1) = 0.4, p(2) = 0.2$，失真函数 d_{ij}，当 $i = j$ 时，$d_{ij} = 0$；当 $i \neq j$ 时，$d_{ij} = 1 (i,j = 0,1,2)$，求信息率失真函数 $R(D)$。

4-12 利用 $R(D)$ 的性质，画出一般 $R(D)$ 的曲线并说明其物理意义。试问为什么 $R(D)$ 是非负且非增的？

4-13 设连续信源 X 服从平方柯西分布 $p_X(x) = \dfrac{2}{\pi} \dfrac{1}{(1+x^2)^2}$，定义失真度为 $d(x,y) = |x - y|$，求信源的信息率失真函数 $R(D)$。

第 5 章 信源编码

信源存在冗余度原因是信源符号之间存在概率分布不均匀和相关性。信源编码的主要任务就是减少冗余,提高编码效率。具体地讲,就是根据信源序列的统计特性,把信源输出的序列编码为最短码字的过程。信源编码的基本途径有两个:一是使序列中的各个符号尽可能地互相独立,即解除相关性;二是使编码中各个符号出现的概率尽可能地相等,即概率均匀化。

信源编码的理论基础是信息论中的两个编码定理:无失真编码定理和限失真编码定理。无失真编码可精确复制信源输出的消息,只适用于离散信源,是可逆编码的基础,可逆是指当信源符号转换成代码后,可由代码无失真地恢复原信源符号。对于连续信源,编成代码后就无法无失真地恢复原来的连续值,因为后者的取值有无限多个,只能在失真受限制的情况下进行限失真编码。

本章重点讨论离散信源编码,首先从无失真编码定理出发,重点讨论以香农码、费诺码和哈夫曼码为代表的最佳无失真信源编码;然后介绍无失真编码中的常用编码游程编码和算术编码。最后介绍限失真编码定理和一些常用的限失真信源编码方法。

5.1 信源编码的基本概念

5.1.1 分组码的定义

将信源消息分成若干组,L 个符号构成一组,即符号序列 $\boldsymbol{x}_i$,$\boldsymbol{x}_i = (x_{i_1}, x_{i_2}, \cdots, x_{i_l}, \cdots, x_{i_L})$,$x_{i_l} \in A = \{a_1, a_2, \cdots, a_i, \cdots, a_n\}$,每个符号序列 $\boldsymbol{x}_i$ 依照固定码表映射成一个码字 $\boldsymbol{y}_i$,$\boldsymbol{y}_i = (y_{i_1}, y_{i_2}, \cdots, y_{i_l}, \cdots, y_{i_{K_L}})$,$y_{i_l} \in B = \{b_1, b_2, \cdots, b_i, \cdots, b_m\}$,这样的码称为分组码,有时也叫块码,分组编码示意如图 5.1 所示。只有分组码才有对应的码表,而非分组码中则不存在码表。

图 5.1 信源编码器示意

如图 5.1 所示，如果信源输出符号序列长度 $L=1$，信源符号集 $A \in \{a_1, a_2, \cdots, a_i, \cdots, a_n\}$，信源概率空间为 $\begin{bmatrix} X \\ P \end{bmatrix} = \begin{bmatrix} a_1 & a_2 & \cdots & a_n \\ p(a_1) & p(a_2) & \cdots & p(a_n) \end{bmatrix}$，需要将这样的信源符号传输，常用的一种信道就是二元信道，它的信道基本符号集为 $\{0,1\}$。若将信源 X 通过这样的二元信道传输，就必须把信源符号 a_i 变换成由 0、1 符号组成的码符号序列，这个过程就是信源编码。可用不同的码符号序列，如表 5.1 所示。

表 5.1 变长码和定长码

信源符号 a_i	$P(a_i)$	码 1	码 2
a_1	$P(a_1)$	00	0
a_2	$P(a_2)$	01	01
a_3	$P(a_3)$	10	001
a_4	$P(a_4)$	11	111

一般情况下，码可分为两类：一类是固定长度的码，码中所有码字的长度都相同，如表 5.1 中的码 1 就是定长码；另一类是可变长度的码，码中的码字长短不一，如表 5.1 中码 2 就是变长码。

5.1.2 分组码的属性

采用分组编码方法，需要分组码具有某些属性，以保证在接收端能够迅速、准确地将码译出。下面先讨论分组码的一些直观属性。

1. 奇异码和非奇异码

若信源符号和码字是一一对应的，则该码为非奇异码；反之称为奇异码。如表 5.2 中的码 1 是奇异码，码 2 是非奇异码。

表 5.2 分组码的不同属性

信源符号 a_i	$P(a_i)$	码 1	码 2	码 3	码 4
a_1	1/2	0	0	1	1
a_2	1/4	11	10	10	01
a_3	1/8	00	00	100	001
a_4	1/8	11	01	1000	0001

2. 唯一可译码

任意有限长的码符号序列，只能被唯一地分割成一个个的码字，便称为唯一可译码。如 $\{0,10,11\}$ 是一种唯一可译码。因为任意一串有限长的码符号序列，如 100111000，只能被唯一地分割成 10、0、11、10、0、0。任何其他的分法都会产生一些非定义的码字。显然，奇异码不是唯一可译码，而非奇异码中有唯一可译码和非唯一可译码。表 5.2 中的码 2 不是唯一可译码，如 10000100 是由码 2 中 10、0、0、01、00 产生的码流，译码时可用多种分割方法，如 10、0、00、10、0，此时就产生了歧义。

3. 即时码和非即时码

唯一可译码中又分为即时码和非即时码。如果接收端收到一个完整的码字后，不能立即译码，还需等下一个码字开始接收后才能判断是否可以译码，这样的码叫做非即时码；反之称为即时码。表 5.2 中码 3 是非即时码，码 4 是即时码。码 4 中只要收到符号 1 就表示该码字已完整，可以立即译码。即时码又称为非延长码，任意一个码字都不是其他码字的前缀部分，有时叫做异前缀码。在延长码中，有的码是唯一可译的，主要取决于码的总体结构。

综上所述，可将码作图 5.2 所示的分类。

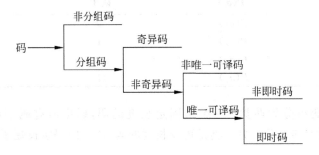

图 5.2 码的分类

5.1.3 码树

对于给定码字的全体集合，通常可用码树来描述。对于 m 进制的码树，构成码字的码元个数有 m 个，即 m 进制码元，如图 5.3 所示。图 5.3(a)是二元码树；图 5.3(b)是三元码树。

A 点为树根，分成 m 个树枝，成为 m 进制码树。树枝的尽头是节点，中间节点生出树枝，终端节点安排码字。码树中自根部经过一个分枝到达 m 个节点称为一级节点。二级节点的个数为 m^2 个，一般 r 级节点有 m^r 个。图 5.3(a)所示的码树是 3 级，有 8 个可能的终端节点。

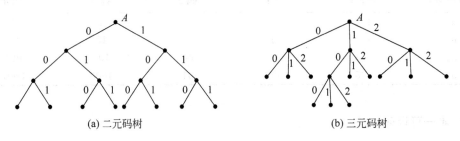

图 5.3 码树图

若将从每个节点发出的 m 个分枝分别标以 $0, 1, \cdots, m-1$，则每个 r 级节点要用 r 个 m 元数字表示。如果指定某个 r 级节点为终端节点并表示一个信源符号，则该节点就不再延伸，相应的码字即为从树根到此端点的分枝标号序列，其长度为 r。这样构成的码满足即时码的条件，因为从树根到每一个终端节点所走的路径均不相同，故一定满足对异前缀的限制。如果有 q 个信源符号,那么在码树上就要选择 q 个终端节点。由这种方法构造出来的码称为树码,若树码的各个分枝都延伸到最后一级端点,此时共有 m^r 个码字,这样的码树称为满树,如图 5.3(a)所示;否则称为非满树,如图 5.3(b)所示,这时的码字就不是定长的了。

总结上述码树与码字对应关系,可得图 5.4 所示的关系图。

树根 ⟷ 码字的起点
树枝数 ⟷ 码字的进制数
节点 ⟷ 码字或码字的一部分
终端节点 ⟷ 码字
节数 ⟷ 码长
非满树 ⟷ 变长码
满树 ⟷ 定长码

图 5.4 码树与码字对应关系

5.1.4 克劳夫特不等式

用树的概念可导出唯一可译码存在的充分和必要条件,即各码字的长度 K_i 应符合克劳夫特不等式(Kraft's Inequality),即

$$\sum_{i=1}^{n} m^{-K_i} \leqslant 1 \tag{5-1}$$

式中,m 为进制数;n 为信源符号数。

克劳夫特不等式是唯一可译码存在的充要条件,其必要性表现在如果码是唯一可译码,则必定满足该不定式,如表 5.1 中的码 1;充分性表现在如果满足不等式,则这种码长的唯一可译码一定存在,但并不表示所有满足不等式的码一定是唯一可译码。所以说,该不等式是唯一可译码存在的充要条件,并不是唯一可译码的充要条件。

【例 5-1】 用二进制对符号集 $\{a_1, a_2, a_3, a_4\}$ 进行编码,对应的码长分别是 $K_1=1, K_2=2, K_3=2, K_4=3$,应用式(5-1)判断,有

$$\sum_{i=1}^{4} 2^{-K_i} = 2^{-1} + 2^{-2} + 2^{-2} + 2^{-3} = \frac{9}{8} > 1$$

因此不存在满足这种 K_i 的唯一可译码。可以用树码进行检验,要形成上述码字,必须在中间节点放置码字。若符号 a_1 用"0"码,符号 a_2 用"10"码,符号 a_3 用"11"码,则符号 a_4 只能是符号 a_2 或 a_3 所编码的延长码。

如果将各码字长度改成 $K_1=1, K_2=2, K_3=3, K_4=3$,则此时

$$\sum_{i=1}^{4} 2^{-K_i} = 2^{-1} + 2^{-2} + 2^{-3} + 2^{-3} = 1$$

这种 K_i 的唯一可译码是存在的,如 $\{0, 10, 110, 111\}$。但是必须注意,克劳夫特不等式只是用来说明唯一可译码是否存在,并不能作为唯一可译码的判据。例如,码字 $\{0, 10, 010, 111\}$ 虽然满足克劳夫特不等式,但它不是唯一可译码。

5.2 无失真信源编码定理

若信源输出符号序列的长度 $L \geqslant 1$,即

$$\boldsymbol{X} = (X_1, X_2, \cdots, X_l, \cdots, X_L) \quad X_l \in \{a_1, a_2, \cdots, a_i, \cdots, a_n\}$$

变换成由 K_L 个符号组成的码字(码序列),即

$$\boldsymbol{Y} = (Y_1, Y_2, \cdots, Y_k, \cdots, Y_{K_L}), \quad Y_k \in \{b_1, b_2, \cdots, b_i, \cdots, b_m\}$$

无失真变换的要求是能够无失真或者无差错地从 $\boldsymbol{Y}$ 中恢复出 $\boldsymbol{X}$,也就是能正确地进行反变换或译码,同时希望传送 $\boldsymbol{Y}$ 时所需要的信息率最小。

由于 Y_k 可取 m 种可能的值,即平均每个符号输出的最大信息量为 $\log_2 m$,K_L 长码字的最大信息量为 $K_L \log_2 m$。用该码字表示 L 长的信源序列,则送出一个信源符号所需要的信息率平均为 $\overline{K} = \frac{K_L}{L} \log_2 m = \frac{1}{L} \log_2 M$,式中 $M = m^{K_L}$ 是所能编成的码字个数。信息率最小就是要找到一种编码方法,使 $\frac{K_L}{L} \log_2 m$ 最小。然而上述最小信息率为多少时,才能做到无失真译码?若小于这个信息率是否还能无失真地译码?这就是无失真编码定理所要研究的内容。在无失真信源编码定理中相应的有定长编码定理和变长编码定理,下面分别加以讨论。

5.2.1 定长编码定理

在定长编码中,码长 K 是定值,且 $K = K_L$,编码的目的是寻找最小的 K 值。要实现无失真的信源编码,不但要求信源符号序列与码字是一一对应的,而且还要求由码字组成的码符号序列的逆变换也是唯一的,也就是说,任意一个有限长的码符号序列只能被唯一地译成所对应的信源符号序列,也就是唯一可译码。

1. 定长编码定理

定长编码定理:由 L 个符号组成的,每个符号的熵为 $H_L(\boldsymbol{X})$ 无记忆平稳信源符号序列 $(X_1, X_2, \cdots, X_l, \cdots, X_L)$,可用 K_L 个符号 $(Y_1, Y_2, \cdots, Y_k, \cdots, Y_{K_L})$(每个符号有 m 种可能值)进行定长编码。对于任意 $\varepsilon > 0, \delta > 0$,只要

$$\frac{K_L}{L} \log_2 m \geqslant H_L(\boldsymbol{X}) + \varepsilon \tag{5-2}$$

则当 L 足够大时,必可使译码差错小于 δ;反之,当

$$\frac{K_L}{L} \log_2 m \leqslant H_L(\boldsymbol{X}) - 2\varepsilon \tag{5-3}$$

时,译码差错一定是有限值,而当 L 足够大时,译码几乎必定出错。

说明:通过上述编码定理,可以对无记忆平稳信源平均符号熵 $H_L(\boldsymbol{X})$ 有较好的理解。当编码器允许的输出信息率,也就是当每个信源符号必须输出的码长,即

$$\overline{K} = \frac{K_L}{L} \log_2 m \tag{5-4}$$

时,只要 $\overline{K} > H_L(X)$,这种编码器一定可以做到几乎无失真,也就是收端的译码差错概率接近于零,条件是所取的符号数 L 足够大。——极限定理。

将上述定理的条件改写成

$$K_L \log_2 m > L H_L(X) = H(X) \tag{5-5}$$

式(5-5)大于号左边为 K_L 长码字所能携带的最大信息量,右边为 L 长信源序列携带的信息量。于是上述定理表明,只要码字所能携带的信息量大于信源序列输出的信息量,则可以使输出几乎无失真,当然条件是 L 足够大。

反之,当 $\overline{K} < H_L(X)$ 时,不可能构成无失真编码,也就是不可能做一种编码器,能使收端译码时差错概率趋于零。而 $\overline{K} = H_L(X)$ 时,为临界状态,可能无失真,也可能有失真。

【例 5-2】 某信源有 8 种符号,$L=1$,当其为等概率分布时,信源序列熵达到最大值,$H_1(X) = 3$ 比特/符号,即该信源符号肯定可以用 3bit 的信息率进行无失真地编码。这就是说,如果采用二进制符号作为码字输出符号,$Y_k \in \{0,1\}$,则用 3bit 信息率就可以表示一个符号,即 $\overline{K} = 3$ 比特/符号 $= H_1(X)$。当信源输出的符号概率不相等时,若 $p(a_i) = \{0.4, 0.18, 0.1, 0.1, 0.07, 0.06, 0.05, 0.04\}$,则 $H_1(X) = 2.55$ 比特/符号,小于 3 比特/符号,按常理,8 种符号一定要用 3 位二进制码元组成的码字才能区分开来,而用 $\overline{K} = H_L(X) = 2.55$ 比特/符号来表示,只有 $2^{2.55} = 5.856$ 种可能码字,还有部分符号没有对应的码字,信源一旦出现这些符号,信源编码器就只能用其他的码字代替,因而引起差错。差错发生的可能性就取决于这些符号出现的概率。当 L 足够大时,有些符号序列发生的概率变得很小,使得差错概率达到足够小。

设 $\boldsymbol{x}_i = (x_{i1}, x_{i2}, \cdots, x_{il}, \cdots, x_{iL})$ 是信源符号序列的样本矢量,$x_{il} \in \{a_1, a_2, \cdots, a_i, \cdots, a_n\}$,则共有 n^L 种样本。把它分成两个互补的集合 A_ε 和 A_ε^C,集合 A_ε 中的元素(样本矢量)有与之对应的不同的码字,而 A_ε^C 中的元素没有对应的输出码字,因而译码时会发生错误,如果允许有一定的差错 δ,则编码时只需对 A_ε 中的 M_ε 个样本赋予相应的不同码字,即输出的码字个数 m^K 只要大于 M_ε 就可以了。在这种编码方式下,差错概率 P_e 即为 A_ε^C 中元素发生的概率 $p(A_\varepsilon^C)$,此时要求 $p(A_\varepsilon^C) \leqslant \delta$,因而 A_ε^C 中的样本应该是小概率事件,当 L 增大时,虽然样本数也随着增加,但小概率事件的概率将更小,有望使 $p(A_\varepsilon^C)$ 更小。根据切比雪夫不等式可推导出

$$P_e \leqslant \frac{\sigma^2(X)}{L \varepsilon^2} \tag{5-6}$$

式中,$\sigma^2(X) = E\{[I(x_i) - H(X)]^2\}$ 为信源序列的自信息方差,ε 为一正数。当 $\sigma^2(X)$ 和 ε^2 均为定值时,只要 L 足够大,P_e 可以小于任一正数 δ。也就是当信源序列长度 L 满足

$$L \geqslant \frac{\sigma^2(X)}{\varepsilon^2 \delta} \tag{5-7}$$

时,就能达到差错率要求。

说得具体一些,就是给定 ε 和 δ 后,用式(5-7)规定了 L 的大小。计算所有可能的信源序列样本矢量的概率 $p(x_i)$,按概率大小排序,选用概率较大的 x_i 作为 A_ε 中的元素,直到 $p(A_\varepsilon) \geqslant 1 - \delta$,使 $p(A_\varepsilon^C) \leqslant \delta$。这些 A_ε 中的元素分别用不同的码字来代表,就完成了编码过程。如果取足够小的 δ,就可以几乎无差错地译码,而所需的信息率就不会超过 $H_L(X) + \varepsilon$。

在连续信源的情况下,由于信源的信息熵趋于无穷,显然是不能用离散符号序列 Y 来

完成无失真编码的,而只能进行限失真编码。

2. 编码效率

定义

$$\eta = \frac{H_L(\boldsymbol{X})}{\overline{K}}$$

为编码效率,即信源的平均符号熵为 $H_L(\boldsymbol{X})$,是采用了平均符号码长为 $\overline{K}$ 来编码后所得的效率。编码效率总是小于1的,可以用它来衡量各种编码方法的优劣,且最佳编码效率为

$$\eta = \frac{H_L(\boldsymbol{X})}{H_L(\boldsymbol{X}) + \varepsilon} \quad \varepsilon > 0 \tag{5-8}$$

为了衡量各种编码方法与最佳编码的差距,定义码的剩余度为

$$r = 1 - \eta = 1 - \frac{H_L(\boldsymbol{X})}{\overline{K}}$$

定长编码定理在理论上阐明了编码效率接近1的理想编码器的存在性,使输出符号的信息率与信源熵之比接近于1,即

$$\frac{H_L(\boldsymbol{X})}{\frac{K_L}{L}\log_2 m} \to 1 \tag{5-9}$$

但是在实际中实现,必须取无限长($L \to \infty$)的信源符号进行统一编码。这样做实际上是不可能的。

【例 5-3】 接例 5-2,当信源输出的符号概率不相等时,$p(a_i) = \{0.4, 0.18, 0.1, 0.1, 0.07, 0.06, 0.05, 0.04\}$,则 $H_1(\boldsymbol{X}) = 2.55$ 比特/符号,对信源符号进行定长二元编码,要求编码效率为 90%,若取 $L=1$,则可算出

$$\overline{K} = 2.55 \div 90\% = 2.83 \text{ 比特/符号}, \quad 2^{2.83} = 7.11 \text{ 种}$$

即每个符号用 2.83bit 进行定长二元编码,共有 7.11 种可能性,按 7 种可能性来算,信源符号中就有一个符号没有对应的码字,取概率最小的,差错概率为 0.04,显然太大。

现采用最佳编码方法

$$\eta = \frac{H_L(\boldsymbol{X})}{H_L(\boldsymbol{X}) + \varepsilon} = 0.9$$

可以得到 $\varepsilon = 0.28$,信源序列的自信息方差为

$$\sigma^2(X) = D[I(x_i)] = \sum_{i=1}^{8} p_i (\log_2 p_i)^2 - [H(X)]^2 = 7.82 \text{(bit)}$$

若要求译码错误概率 $\delta \leq 10^{-6}$,则

$$L \geq \frac{\sigma^2(X)}{\varepsilon^2 \delta} = \frac{7.82}{0.28^2 \times 10^{-6}} = 9.8 \times 10^7 \approx 10^8$$

由此可见,在对编码效率和译码错误概率要求并不十分苛刻的情况下,就需要 $L = 10^8$(1亿)个信源符号一起进行编码,这对存储或处理技术的要求太高,目前是无法实现的。

如果用 3bit 的信息率对上述信源的 8 个符号进行定长二元编码,$L=1$,则 $\overline{K} = H(X) + \varepsilon = 3$,可以求得 $\varepsilon = 0.45$。此时译码无差错,即 $\delta = 0$,在这种情况下,$L \geq \frac{\sigma^2(X)}{\varepsilon^2 \delta}$ 就不适用了,

但此时的编码效率只能为 $\eta = \dfrac{2.55}{3} = 85\%$。因此一般情况来说，当 L 有限长时，高传输效率的定长码往往要引入一定的失真和错误，它不像变长码那样可以实现无失真编码。

5.2.2 变长编码定理

在变长编码中，码长 K 是变化的，可根据信源各个符号的统计特性，对概率大的符号用短码，如例 5-2 中概率为 0.4 的可用 1bit 或 2bit，而概率小的可用较长的码，这样大量信源符号编码后，平均每个信源符号所需的输出符号数就可以下降，从而提高编码效率，下面分别给出单个符号（$L=1$）和符号序列的变长编码定理。

单个符号变长编码定理 若离散无记忆信源的符号熵为 $H(X)$，每个信源符号用 m 进制码元进行变长编码，一定存在一种无失真编码方法，其码字平均长度 $\overline{K_L}$ 满足下列不等式，即

$$\frac{H(X)}{\log_2 m} \leqslant \overline{K_L} < \frac{H(X)}{\log_2 m} + 1 \tag{5-10}$$

离散平稳无记忆序列变长编码定理 对于平均符号熵为 $H_L(\boldsymbol{X})$ 的离散平稳无记忆信源，必定存在一种无失真编码方法，使平均信息率 $\overline{K}$ 满足不等式，即

$$H_L(\boldsymbol{X}) \leqslant \overline{K} < H_L(\boldsymbol{X}) + \varepsilon \tag{5-11}$$

式中，ε 为任意小的正数。

说明：可由式(5-10)推导出式(5-11)，设用 m 进制码元作变长编码，序列长度为 L 的信源符号，可由式(5-10)得出平均码字长度 $\overline{K_L}$ 满足下列不等式，即

$$\frac{LH_L(\boldsymbol{X})}{\log_2 m} \leqslant \overline{K_L} < \frac{LH_L(\boldsymbol{X})}{\log_2 m} + 1$$

已知平均输出信息率为

$$\overline{K} = \frac{\overline{K_L}}{L} \log_2 m$$

则

$$H_L(\boldsymbol{X}) \leqslant \overline{K} < H_L(\boldsymbol{X}) + \frac{\log_2 m}{L}$$

当 L 足够大时，可使 $\dfrac{\log_2 m}{L} < \varepsilon$，这就得到了式(5-11)。

用变长编码来达到相当高的编码效率，一般所要求的符号长度 L 可以比定长编码小得多，由式(5-11)可得编码效率的下界为

$$\eta = \frac{H_L(\boldsymbol{X})}{\overline{K}} > \frac{H_L(\boldsymbol{X})}{H_L(\boldsymbol{X}) + \dfrac{\log_2 m}{L}} \tag{5-12}$$

【例 5-4】 仍接例 5-2，$H(X) = 2.55$ 比特/符号，若要求 $\eta > 90\%$，则

$$\frac{2.55}{2.55 + \dfrac{1}{L}} > 90\%, \quad L = \frac{1}{0.28} \approx 4$$

符号长度 L 可以比定长编码小得多。

【例 5-5】 设离散无记忆信源的概率空间为

$$\begin{bmatrix} X \\ P \end{bmatrix} = \begin{bmatrix} a_1 & a_2 \\ \dfrac{3}{4} & \dfrac{1}{4} \end{bmatrix}$$

其信源熵为

$$H(X) = H\left(\dfrac{1}{4}\right) = 0.811 \text{(比特/符号)}$$

若用二元定长编码(0,1)来构造一个二进制即时码：$a_1 \to 0, a_2 \to 1$。这时平均符号码长 $\overline{K} = 1$ 个二元码符号/信源符号。

编码效率为

$$\eta = \dfrac{H(X)}{\overline{K}} = 0.811$$

输出的信息效率为

$$R = 0.811 \text{(比特/二元码符号)}$$

再对长度为 2 的信源序列进行变长编码，即时码如表 5.3 所示（编码方法后面介绍）。

表 5.3 L=2 时信源序列的变长编码

信源序列	序列概率	即时码
$a_1 a_1$	9/16	0
$a_1 a_2$	3/16	10
$a_2 a_1$	3/16	110
$a_2 a_2$	1/16	111

这个码字的平均长度为

$$\overline{K_2} = \dfrac{9}{16} \times 1 + \dfrac{3}{16} \times 2 + \dfrac{3}{16} \times 3 + \dfrac{1}{16} \times 3 = \dfrac{27}{16} \text{(二元码符号/信源序列)}$$

平均符号码长为

$$\overline{K} = \dfrac{\overline{K_2}}{2} = \dfrac{27}{32} \text{(二元码符号/信源符号)}$$

其编码效率为

$$\eta_2 = \dfrac{32 \times 0.811}{27} = 0.961$$

输出的信息效率为

$$R_2 = 0.961 \text{(比特/二元码符号)}$$

可见编码复杂了一些，但信息传输效率有了提高。用同样的方法可以进一步将信源序列的长度增加，$L=3$ 或 $L=4$，对这些信源序列 X 进行编码，并求其编码效率为

$$\eta_3 = 0.985, \quad \eta_4 = 0.991$$

这时信息传输效率分别为

$$R_3 = 0.985 \text{(比特/二元码符号)}, \quad R_4 = 0.991 \text{(比特/二元码符号)}$$

如果对这一信源采用定长二元码编码，要求编码效率达到 96% 时，允许译码错误概率 $\delta \leq 10^{-5}$，自信息方差为

$$\sigma^2(X) = \sum_{i=1}^{2} p_i (\log_2 p_i)^2 - [H(X)]^2 = 0.4715(\text{bit})$$

所需要的信源序列长度为

$$L \geqslant \frac{0.4715}{(0.811)^2} \times \frac{(0.96)^2}{0.04^2 \times 10^{-5}} = 4.13 \times 10^7$$

很明显,定长编码需要的信源序列长,这使得码表很大,且总存在译码差错。而变长码要求编码效率为96%时,只需 $L=2$。因此用变长编码时,L 不需要很大就可达到相当高的编码效率,而且可实现无失真编码。随着信源序列长度的增加,编码的效率越来越接近1,编码后的信息传输率 R 也越来越接近无噪无损二元对称信道的信道容量 $C=1$ 比特/二元码符号,达到信源与信道的匹配,使信道得到充分利用。

至此所讨论的编码定理,针对的是离散平稳无记忆信源,也就是说,仅考虑了信源符号分布的不均匀性,并没有考虑符号之间的相关性。因相关性比较复杂,很难用定理描述。但在一些具体的编码方法中都考虑了相关性,如预测编码、变换编码等,将在5.5节中讨论。

5.3 无失真信源编码方法

在无失真信源编码方法中主要讨论最佳变长编码,其次简单讨论两种常用的无失真信源编码方法——游程编码和算术编码。

5.3.1 最佳变长编码

凡是能承载一定的信息量,且码字的平均长度最短,可分离的变长码的码字集合称为最佳变长码。为此必须将概率大的信息符号编以短的码字,概率小的信息符号编以长的码字,使得平均码字长度最短。能获得最佳码的编码方法主要有香农(Shannon)、费诺(Fano)、哈夫曼(Huffman)编码。

1. 香农编码

香农编码方法由编码定理而来,香农第一定理指出,选择每个码字的长度 K_i 满足下式,即

$$-\log_2 p_i \leqslant K_i < -\log_2 p_i + 1 \quad \forall i$$

就可得到最佳变长码。具体编码方法如下:

(1) 将信源消息符号按其出现的概率大小依次排列为

$$p_1 \geqslant p_2 \geqslant \cdots \geqslant p_n$$

(2) 确定满足下列不等式的整数码长 K_i 为

$$-\log_2 p_i \leqslant K_i < -\log_2 p_i + 1$$

(3) 为了编成唯一可译码,计算第 i 个消息的累加概率,即

$$P_i = \sum_{k=1}^{i-1} p(a_k)$$

(4) 将累加概率 P_i 变换成二进制数。

(5) 取 P_i 二进制数的小数点后 K_i 位,即为该消息符号的二进制码字。

【例 5-6】 设信源共有 7 个信源符号，其概率分布如表 5.4 所示，试对该信源进行香农编码。其编码过程如表 5.4 所示。

表 5.4　香农码编码过程

信源符号	概率 $p(a_i)$	$-\log_2 p_i$	码长	累加概率 p_i	p_i 对应的二进制数	码字
a_1	0.20	2.34	3	0	0.000	000
a_2	0.19	2.41	3	0.2	0.0011…	001
a_3	0.18	2.48	3	0.39	0.0110…	011
a_4	0.17	2.56	3	0.57	0.1001…	100
a_5	0.15	2.74	3	0.74	0.1011…	101
a_6	0.10	3.34	4	0.89	0.1110…	1110
a_7	0.01	6.66	7	0.99	0.1111110…	1111110

该信源共有 5 个 3 位的码字，各码字之间至少有一位数字不相同，故是唯一可译码。同时可以看出，这 7 个码字都不是延长码，它们都属于即时码。

这里 $L=1, m=2$，所以信源符号的平均码长为

$$\overline{K} = \sum_{i=1}^{7} p(a_i) K_i = 3.14 (码长/符号)$$

平均信息传输速率为

$$R = \frac{H(X)}{\overline{K}} = \frac{2.61}{3.14} = 0.83 (比特/码元)$$

编码效率为

$$\eta = 0.83$$

【例 5-7】 设信源有 3 个信源符号，其概率分布为 (0.5, 0.4, 0.1)，按香农编码方法对该信源进行编码所得的码长应为 (1, 2, 4)，对应的码字为 (0, 10, 1110)，该码的编码效率为 0.8。

实际上，如果观察本例信源的概率分布，可以构造出一个码长更短的码 (0, 10, 11)，显然它也是唯一可译码，其编码效率为 0.91。

所以，香农编码法多余度稍大，实用性不强，但它是依据编码定理而来，因此具有重要的理论意义。

2. 费诺编码

费诺编码属于概率匹配编码，但它一般也不是最佳的编码方法，只有当信源的概率分布呈现 $p(a_i) = m^{-K_i}$ 形式的条件下，才能达到最佳码的性能。具体编码方法如下：

(1) 将信源消息符号按其出现的概率大小依次排列为

$$p_1 \geqslant p_2 \geqslant \cdots \geqslant p_n$$

(2) 将依次排列的信源符号按概率值分为两大组，使每组的概率之和近于相同，并对各组赋予一个二进制码元 "0" 和 "1"。

(3) 将每一大组的信源符号进一步分成两组，使划分后的两个组的概率之和近于相同，并对各组赋予一个二进制符号 "0" 和 "1"。

(4) 如此重复，直至每个组只剩下一个信源符号为止。

(5)信源符号所对应的码字即为费诺码。

【例 5-8】 接例 5-6 的信源,对其进行费诺编码。其编码过程如表 5.5 所示。

表 5.5 费诺码编码过程

信源符号	概率 $p(a_i)$	第一次分组	第二次分组	第三次分组	第四次分组	码字	码长
a_1	0.20	0	0			00	2
a_2	0.19	0	1	0		010	3
a_3	0.18	0	1	1		011	3
a_4	0.17	1	0			10	2
a_5	0.15	1	1	0		110	3
a_6	0.10	1	1	1	0	1110	4
a_7	0.01	1	1	1	1	1111	4

该费诺码的平均码长为

$$\overline{K} = \sum_{i=1}^{7} p(a_i)K_i = 2.74(\text{码元}/\text{符号})$$

信息传输速率为

$$R = \frac{H(X)}{\overline{K}} = \frac{2.61}{2.74} = 0.953(\text{比特}/\text{码元})$$

编码效率为

$$\eta = 0.953$$

显然,费诺码要比上述香农码的平均码长小,消息传输速率大,编码效率高。

【例 5-9】 将下列消息(表 5.6)按二元费诺码方法进行编码。其编码过程如表 5.6 所示。

表 5.6 费诺码编码过程

信源符号	概率 $p(a_i)$	第一次分组	第二次分组	第三次分组	第四次分组	码字	码长
a_1	0.25	0	0			00	2
a_2	0.25	0	1			01	2
a_3	0.125	1	0	0		100	3
a_4	0.125	1	0	1		101	3
a_5	0.0625	1	1	0	0	1100	4
a_6	0.0625	1	1	0	1	1101	4
a_7	0.0625	1	1	1	0	1110	4
a_8	0.0625	1	1	1	1	1111	4

此信源的熵为

$$H(X) = 2.75(\text{比特}/\text{符号})$$

该费诺码的平均码长为

$$\overline{K} = \sum_{i=1}^{8} p(a_i)K_i = 2.75(\text{码元}/\text{符号})$$

信息传输速率为

$$R=\frac{H(X)}{\overline{K}}=\frac{2.75}{2.75}=1(\text{比特/码元})$$

编码效率为

$$\eta=1$$

该码之所以能达到最佳,是因为信源的符号概率分布正好满足式 $p(a_i)=m^{-K_i}$;否则,在一般情况下是无法达到编码效率等于 1 的。

按费诺码的编码方法,可知费诺码具有以下性质:

(1) 费诺码的编码方法实际上是一种构造码树的方法,所以费诺码是即时码。

(2) 费诺码考虑了信源的统计特性,使概率大的信源符号能对应码长较短的码字,从而有效地提高了编码效率。

(3) 费诺码不一定是最佳码。因为费诺码编码方法不一定能使短码得到充分利用。当信源符号较多时,若有一些符号概率分布很接近,分两大组的组合方法就会很多。可能某种分大组的结果,会使后面小组的"概率和"相差较远,从而使平均码长增加。

前面讨论的费诺码是二元费诺码,对于 m 元费诺码,与二元费诺码编码方法相同,只是每次分组时应将符号分成概率分布接近的 m 个组。

3. 哈夫曼编码

1952 年,哈夫曼提出了一种构造最佳码的方法,这是一种最佳的逐个符号的编码方法,一般就称为哈夫曼码。

对于二元哈夫曼码而言,其编码步骤如下:

(1) 将信源消息符号按其出现的概率大小依次排列为

$$p_1 \geqslant p_2 \geqslant \cdots \geqslant p_n$$

(2) 取两个概率最小的符号分别配以 0 和 1 两个码元,并将这两个概率相加作为一个新字母的概率,与未分配二进制符号的字母重新排队。

(3) 对重排后的两个概率最小符号重复步骤(2)的过程。

(4) 不断继续上述过程,直到最后两个符号配以 0 和 1 为止。

(5) 从最后一级开始,向前返回得到各个信源符号所对应的码元序列,即相应的码字。

【例 5-10】 接例 5-6 的信源,对其进行哈夫曼编码。其编码过程如图 5.5 所示。

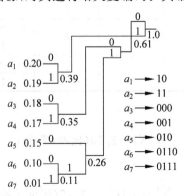

图 5.5 哈夫曼编码过程

该码的平均码长为
$$\overline{K} = \sum_{i=1}^{7} p(a_i) K_i = 2.72 (码元/符号)$$
信息传输速率为
$$R = \frac{H(X)}{\overline{K}} = \frac{2.61}{2.72} = 0.96 (比特/码元)$$
编码效率为
$$\eta = 0.96$$
由此可见,哈夫曼码的平均码长最小,消息传输速率最大,编码效率最高。

说明:哈夫曼编码方法得到的码并非唯一。造成非唯一的原因如下:

(1) 每次对信源缩减时,赋予信源最后两个概率最小的符号,用 0 和 1 是可以任意的,所以可以得到不同的哈夫曼码,但不会影响码字的长度。

(2) 对信源进行缩减时,两个概率最小的符号合并后的概率与其他信源符号的概率相同时,这两者在缩减信源中进行概率排序,其位置放置次序是可以任意的,故会得到不同的哈夫曼码。此时将影响码字的长度,一般将合并的概率放在上面,充分利用短码,这样可获得较小的码方差。

【例 5-11】 对离散无记忆信源
$$\begin{bmatrix} X \\ P \end{bmatrix} = \begin{bmatrix} a_1 & a_2 & a_3 & a_4 & a_5 \\ 0.4 & 0.2 & 0.2 & 0.1 & 0.1 \end{bmatrix}$$
进行哈夫曼编码。

可有两种编码方法,编码过程如图 5.6(a)和图 5.6(b)所示。

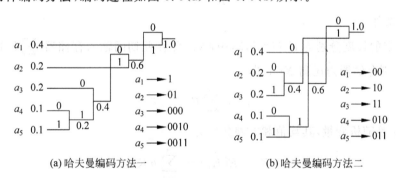

(a) 哈夫曼编码方法一　　　　　　　(b) 哈夫曼编码方法二

图 5.6　哈夫曼编码过程

两种编码方法给出的哈夫曼码的平均码长相等,即
$$\overline{K} = \sum_{i=1}^{5} p(a_i) K_i = 2.2 (码元/符号)$$
编码效率也相等,即
$$\eta = \frac{H(X)}{\overline{K}} = 0.965 (比特/码元)$$
但是两种码的质量不完全相同,可用码方差来表示,即
$$\sigma^2 = E[(K_i - \overline{K})^2]$$
方法一的码方差为
$$\sigma_1^2 = 1.36$$

方法二的码方差为 $\sigma_2^2 = 0.16$

由此可见，第二种方法的码方差要比第一种方法得到的码方差小很多。故第二种哈夫曼码的质量好。

按哈夫曼码的编码方法，可知哈夫曼码具有以下性质：

(1) 它是一种分组码，各个信源符号都被映射成一组固定次序的码符号。

(2) 它是一种唯一可译的码，任何码符号序列只能以一种方式译码。

(3) 它是一种即时码，由于代表信源符号的节点都是终端节点，因此其编码不可能是其他终端节点对应的编码的前缀，哈夫曼编码所得的码字一定是即时码。

下面讨论码方差小的码质量好的原因。和定长码相比，对于信源的某一个符号而论，有时可能还会比定长码长。所以变长码编码简单化的代价是要有大量的存储设备来缓冲码字长度的差异，这也是码方差小的码质量好的原因。设 1s 送一个信源符号，输出的码字有的只有一个二进制符号，有的却有 5 个二进制符号，若希望平均每秒输出 $\overline{K}=2.61$ 个二进制符号以压缩信息率(与 3 个符号的定长码相比)，就必须先把编成的码字存储起来，再按 $\overline{K}$ 的信息率输出，才能从长远来计算，使输出和输入保持平衡。当存储量不够大时，可能有时取空，有时溢出。例如，信源连续发出短码时，就会出现取空，就是说还没有存入就要输出。连续发出长码时，就会出现溢出，就是说存入太多，以至存满了还未取出就要再存入。所以应估计所需的存储器容量，才能使上述现象发生的概率小至可以容忍。

设 T 秒内有 N 个信源符号输出，信源输出符号速率 $S=\dfrac{N}{T}$，若符号的平均码长为 $\overline{K}$，则信道传输速率为

$$R = S\overline{K} \tag{5-13}$$

时可以满足条件。

N 个码字的长度分别为 $K_i (i=1,2,\cdots,N)$，即在此期间输入存储器 $\sum K_i$ bit，输出至信道 RT bit，则存储器内还剩 X bit，即

$$X = \sum_{i=1}^{N} K_i - RT \tag{5-14}$$

已知 K_i 是随机变量，其均值和方差分别为

$$\overline{K} = E[K_i] = \sum_{i=1}^{m} p_i K_i \tag{5-15}$$

$$\sigma^2 = E[K_i^2] - \overline{K}^2 \tag{5-16}$$

式中，m 为信源符号集的元素个数。当 N 足够大时，X 是许多同分布的随机变量之和。由概率论可知，它将近似于正态变量，其均值和方差分别为

$$E[X] = N\overline{K} - RT, \quad \sigma_x^2 = N\sigma^2$$

令

$$Y = \dfrac{X - E[X]}{\sigma_x} \tag{5-17}$$

它是标准正态变量，可得下列概率，即

$$P(Y > A) = P(Y < -A) = \varphi(-A) \tag{5-18}$$

式中，$\varphi(-A)$ 为概率积分函数，可查概率积分函数表得其数值。

如果式(5-13)成立,则 $E[X]=0$。设起始时存储器处于半满状态,而存储器容量为 $2A\sigma_x$,可由式(5-18)求得溢出概率和取空概率;因 $Y>A$,即 $X>A\sigma_x$,则存储器溢出。而 $Y<-A$,即 $X<-A\sigma_x$,相当于存储器取空。这就是说,如果要求这些概率都小于 $\varphi(-A)$,存储器容量应大于 $2A\sigma_x$。例如,要求溢出概率和取空概率都小于 0.0001,查概率积分函数表得 A 应为 3.08,则存储器容量应为

$$C > 6.16\sqrt{N\sigma} \tag{5-19}$$

当式(5-19)不成立时,存储器容量还要增加,在起始时存储器也不应处于半满状态。例如,若 $R>S\overline{K}$,平均来说,输出大于输入,易被取空,起始状态可超过半满;反之,若 $R<S\overline{K}$,易于溢出,可不到半满。

由式(5-19)可见,时间 T 越长,N 越大,要求存储器的容量也越大。当容量设定后,随着时间的增长,存储器溢出和取空的概率都将增大;当 T 很大时,几乎一定会溢出或取空,造成损失;即使式(5-13)成立,也是如此。因此,对于无限长的信息,很难采用变长码而不出现差错。一般来说,变长码只适用于有限长的信息传输;即送出一段信息后,信源就停止输出,如传真机送出一张纸上的信息后就停止。对于长信息,在实际使用时可把长信息分段发送;也可通过检测存储器的状态调节信源输出,即发现存储器将要溢出时就停止信源输出;发现存储器将要被取空就在信道上插入空闲标志,或加快信源输出。

变长码可以无失真地译码,这是理想情况。如果这种变长码由信道传送,一个码子前面有某一个码子错了,就可能误认为是另一个码子而点断,结果后面一系列的码字也会译错,这常称为错误的扩散。当然也可以采用某些措施,使码元错了一段以后,能恢复正常的码字分离和译码,这一般要求在传输过程中差错很少,或者加纠错用的监督码位,但是这样一来又增加了信息率。

此外,当信源有记忆时,用单个符号编制变长码不可能使编码效率接近于 1,因为信息率只能接近一维熵 H_1,而 H_∞ 一定小于 H_1。此时仍需要多个符号一起编码,才能进一步提高编码效率。但导致码表长、存储器多。

对二元哈夫曼码的编码方法同样可以推广到 m 元哈夫曼码的编码中。不同的只是每次把概率最小的 m 个符号合并成一个新的信源符号,并分别用 $0,1,\cdots,m-1$ 等码元表示。

为了使短码得到充分利用,使平均码长为最短,必须使最后一步的缩减信源有 m 个信源符号。因此对于 m 元编码,信源符号个数 q 必须满足

$$q = n(m-1) + m \tag{5-20}$$

式中,n 为缩减的次数;$m-1$ 为每次缩减所减少的信源符号个数。

对于二元码,信源符号个数 q 必定满足

$$q = n + m$$

因此 q 可等于任意正整数。而对于 m 元码时,就不一定能找到一个 n 使式 $q=n(m-1)+m$ 成立。在 q 不满足上式时,可假设一些信源符号,并令它们对应的概率为 0。使式 $q=n(m-1)+m$ 成立,这样处理后得到的 m 元哈夫曼码可充分利用短码。

5.3.2 游程编码

5.3.1 节所介绍的编码方法,主要适用于多元信源和无记忆信源。当信源是有记忆时,

特别是二元相关信源，就必须对其 N 次扩展信源进行编码才能提高编码效率。这时，扩展信源的符号数据以幂次增加，码表中码字很多，使编译码设备变得很复杂，而且扩展信源的符号之间的相关性也未利用。尤其当信源是二元相关信源时，往往输出的信源符号序列中会连续出现多个"0"或"1"符号，这些编码方法的编码效率就不会提高很多。为此，科学家们努力地寻找一种更为有效的编码方法。游程编码就是这样一种针对相关信源的有效编码方法，尤其适用于二元相关信源。游程编码已在图文传真、图像传输等实际通信工程技术中得到应用。有时实际工程技术中常常将游程编码和其他一些编码方法混合使用，能获得更好的压缩效果。

游程(Run Length, RL)指的是信源输出的字符序列中各种字符连续地重复出现而形成的字符串的长度，又称游程长度或游长。游程编码(RLC)就是将这种字符序列映射成游程长度和对应符号序列的位置的标志序列。如果知道了游程长度和对应序列符号的位置的标志序列，就可以完全恢复出原来的符号序列。

游程编码特别适用于对相关信源的编码。对二元相关信源，其输出序列往往会出现多个连续的 0 或连续的 1。在信源输出的二元序列中，连续出现的 0 符号称为"0 游程"，连续出现的 1 符号称为"1 游程"，对应连续同一符号的个数分别称为 0 游程长度 $L(0)$ 和 1 游程长度 $L(1)$，因为游程长度是随机的，其取值可以是 1、2、3 等。

对二元序列，"0 游程"和"1 游程"总是交替出现的，如果规定二元序列是以 0 开始的，那么第一个游程是"0 游程"，第二个游程必为"1 游程"，第三个游程又是"0 游程"等。将任何二元序列变换成游程长度序列，这种变换是一一对应的，因此是可逆的、无失真的。例如，有一个二元序列

$$000100111111000000001\cdots$$

按游程编码，可得对应的游程序列为

$$31267\cdots$$

若已规定二元序列是以 0 开始的，从上面的游程序列就可不失真地恢复出原来的二元序列。

因为游程长度是随机的、多值的，所以游程序列本身是多元序列，对游程序列可以按哈夫曼编码或采用其他编码方法进行处理以达到压缩码率的目的。

对于 m 元序列也存在相应的游程序列。在 m 元序列中，有 m 种游程。连续出现的符号 a_i 的游程，其长度 $L(i)$ 就是"i 游程"长度。用 $L(i)$ 也可构成游程序列，但此时由于游程所对应的信源符号可有 m 种，因此，这种变化必须再加一些标志信源符号取值的识别符号，才能使编码以后的游程序列与原来的 m 元序列一一对应。所以，把 m 元序列变换成游程序列再进行压缩编码通常效率不高。

游程编码仍是变长码，有着变长码固有的缺点，即需要大量的缓冲和优质的通信信道。此外，由于游程长度可从 1 直到无穷大，这在码字的选择和码表的建立方面都有困难，实际应用时尚需采取某些措施来改进。例如，通常长游程出现的概率较小，所以对于这类长游程所对应的小概率码字，在实际应用时采用截断处理的方法。

下面以三类传真机中使用的压缩编码的国际标准 MH 编码为例说明游程编码的应用。文件传真是指一般文件、图纸、手写稿、表格、报纸等文件的传真，这种信源是黑白二值的，也即信源为二元信源。

数字式文件传真需要根据清晰度的要求决定空间扫描分辨率,将文件图纸在空间离散化。例如,将一页文件离散化为 $n \times m$ 个像素。国际标准规定,一张 A4 幅面文件(210mm×297mm)应该有 1188(或 2376)×1728 个像素的扫描分辨率,因此将其离散化后将有约 2.05M 像素/公文纸(或 4.1M 像素/公文纸)的数据量。从节省传送时间和存储空间方面考虑进行数据压缩是十分必要的。

MH 编码是一维编码方案,它是一行一行地对文件传真数据进行编码。MH 编码将游程编码和哈夫曼编码相结合,是一种改进的哈夫曼码。

对黑白二值文件传真,每一行由连续出现的"白(用码符号 0 表示)像素"或连续出现的"黑(用码符号 1 表示)像素"组成。MH 码分别对"黑"、"白"像素的不同游程长度进行哈夫曼编码,形成黑、白两张哈夫曼码表。MH 码的编、译码都通过查表进行。

MH 码以国际电话电报咨询委员会(CCITT)确定的 8 幅标准文件样张为样本信源,对这 8 幅样张作统计,计算出"黑"、"白"各种游程长度的出现概率,然后根据这些概率分布,分别得出"黑"、"白"游程长度的哈夫曼码表。

另外,为了进一步减小码表数目,采用截断哈夫曼编码方法,根据统计分析结果可知,"黑"、"白"游程的长度多数落在 0~63 之间,而根据规定每行标准像素为 1728 个。因此,MH 码的码字分为终端码(或结尾吗)和形成码(或组合码)两种。这样,当游程长度在 0~63 之间时,直接采用终端码来表示,当游程长度在 64~1728 之间时,采用形成码加终端码来表示。MH 码表如表 5.7 和表 5.8 所示。

表 5.7 MH 码表:终端码

游程长度	白游程码字	黑游程码字	游程长度	白游程码字	黑游程码字
0	00110101	0000110111	21	0010111	00001101100
1	000111	010	22	0000011	00000110111
2	0111	11	23	0000100	00000101000
3	1000	10	24	0101000	00000010111
4	1011	011	25	0101011	00000011000
5	1100	0011	26	0010011	000011001010
6	1110	0010	27	0100100	000011001011
7	1111	00011	28	0011000	000011001100
8	10011	000101	29	00000010	000011001101
9	10100	000100	30	00000011	000001101000
10	00111	0000100	31	00011010	000001101001
11	01000	0000101	32	00011011	000001101010
12	001000	0000111	33	00010010	000001101011
13	000011	00000100	34	00010011	000011010010
14	110100	00000111	35	00010100	000011010011
15	110101	000011000	36	00010101	000011010100
16	101010	0000010111	37	00010110	000011010101
17	101011	0000011000	38	00010111	000011010110
18	0100111	0000001000	39	00101000	000011010111
19	0001100	00001100111	40	00101001	000001101100
20	0001000	00001101000	41	00101010	000001101101

续表

游程长度	白游程码字	黑游程码字	游程长度	白游程码字	黑游程码字
42	00101011	000011011010	53	00100100	000000110111
43	00101100	000011011011	54	00100101	000000111000
44	00101101	000001010100	55	01011000	000000100111
45	00000100	000001010101	56	01011001	000000101000
46	00000101	000001010110	57	01011010	000001011000
47	00001010	000001010111	58	01011011	000001011001
48	00001011	000001100100	59	01001010	000000101011
49	01010010	000001100101	60	01001011	000000101100
50	01010011	000001010010	61	00110010	000001011010
51	01010100	000001010011	62	00110011	000001100110
52	01010101	000000100100	63	00110100	000001100111

表 5.8 MH 码表：形成码

游程长度	白游程码字	黑游程码字	游程长度	白游程码字	黑游程码字
64	11011	000001111	960	011010100	0000001110011
128	10010	000011001000	1024	011010101	0000001110100
192	010111	000011001001	1088	011010110	0000001110101
256	0110111	000001011011	1152	011010111	0000001110110
320	00110110	000000110011	1216	011011000	0000001110111
384	00110111	000000110100	1280	011011001	0000001010010
448	01100100	000000110101	1344	011011010	0000001010011
512	01100101	0000001101100	1408	011011011	0000001010100
576	01101000	0000001101101	1472	010011000	0000001010101
640	01100111	0000001001010	1536	010011001	0000001011010
704	011001100	0000001001011	1600	010011010	0000001011011
768	011001101	0000001001100	1664	011000	0000001100100
832	011010010	0000001001101	1728	010011011	0000001100101
896	011010011	0000001110010	EOL	000000000001	000000000001

MH 码编码规则如下：

(1) 游程长度在 0～63 时，码字直接用相应的终端码表示。

(2) 游程长度在 64～1728 时，用一个形成码加上一个终端码作为相应码字。

(3) 规定每行都从白游程开始。若实际出现黑游程开始，则在行首加上长度为 0 的白游程码字，每行结束时用一个结束码(EOL)作标记。

(4) 每页文件开始第一个数据前加一个结束码，每页结尾连续使用 6 个结束码表示结尾。

(5) 译码时，每一行的 MH 码都应恢复出 1728 个像素，否则有错。

(6) 为了在传输时可实现同步操作，规定 T 为每个编码行的最小传输时间，一般规定 T 最小为 20ms，最大为 5s。若编码行的传输时间小于 T，则在结束码之前填上足够的 0 码元（称填充码）。

如果采用MH编码仅仅是用于存储,则可省去步骤(4)~(6)。

【例 5-12】 若白游程长度为65,可用白游程长度为64的形成码字加上白游程长度为1的终端码字组成相应的码字,查表5.7和表5.8可得白游程长度为65对应的码字为

11011000111

若黑游程长度856(=832+24),查表5.7和表5.8得码字为

0000001001101 00000010111

若一行黑白传真文件中有一段为连续19个白色像素紧接着为连续30个黑色的像素,则查表可得该段的码字为

0001100 000001101000

【例 5-13】 设某页传真文件中某一扫描行的像素点为 17白 5黑 55白 10黑 1641白,通过查表5.7和表5.8可得该扫描行的MH码为:

17白	5黑	55白	10黑	1600白(+)	41白	EOL
101011	0011	01011000	0000100	010011010	00101010	000000000001

该行经编码后只需用54位二元码元,而原来一行共有1728个像素,如用0表示白,用1表示黑,则共需1728位二元码元。可见,这一行数据的压缩比为1728∶54=32,因此压缩效率很高。

5.3.3 算术编码

以上讨论的无损编码,都是建立在符号和码字相对应的基础上的,这种编码通常称为块码或分组码。算术码是非分组码的编码方法之一,它是对信源序列进行无失真信源编码的一种方法。基本思路是,从全序列出发,将各信源序列的概率映射到[0,1]区间上,使每个序列对应这区间内的一点,也就是一个二进制的小数。这些点把[0,1]区间分成许多小段,每段的长度等于某一序列的概率。再在段内取一个二进制小数,其长度可与该序列的概率匹配,达到高效率编码的目的。这种方法与香农编码法有些类似,只是它们考虑的信源序列对象不同,算术码中的信源序列长度要长得多。

如果信源符号集为$A=\{a_1,a_2,\cdots,a_n\}$,信源序列$x_i=(x_{i_1},x_{i_2},\cdots,x_{i_l},\cdots,x_{i_L})$,$x_{il}\in A$,共有$n^L$种可能序列。由于考虑的是全序列,也许是整页纸上的信息作为一个序列,因而序列长度L很大。实用中很难得到对应序列的概率,只能从已知的信源符号概率$P=[p(a_1),p(a_2),\cdots,p(a_n)]=(p_1,p_2,\cdots,p_r,\cdots,p_n)$中递推得到。定义各符号的累积概率为

$$P_r = \sum_{i=1}^{r-1} p_i \tag{5-21}$$

显然,由式(5-21)可得$P_1=0,P_2=p_1,P_3=p_1+p_2,\cdots$,而且

$$p_r = P_{r+1} - P_r \tag{5-22}$$

由于P_{r+1}和P_r都是小于1的正数,可用[0,1]区间内的两个点来表示,则p_r就是这两点间的小区间的长度,如图5.7所示。不同的符号有不同的小区间,它们互不重叠,所以可将这种小区间内的任一个点作为该符号的代码。以后将计算这代码所需的长度,使之能与其概率匹配。

例如,有一序列$S=011$,这种3个二元符号的序列可按自然二进制数排列,而000,001,010,…,则S的累积概率为

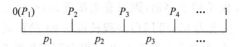

图 5.7 积累概率与概率区间示意图

$$P(S) = p(000) + p(001) + p(010)$$

如果 S 后面接一个"0",积累概率就成为

$$P(S,0) = p(0000) + p(0001) + p(0010) + p(0011) + p(0100) + p(0101)$$
$$= p(000) + p(001) + p(010) = P(S)$$

因为当两个四元符号的最后一位是"0"和"1"时,根据归一律,它们的概率和应等于前3位的概率,即 $p(0000) + p(0001) = p(000)$ 等。

如果 S 后面接一个"1",则其积累概率是

$$P(S,1) = p(0000) + p(0001) + p(0010) + p(0011) + p(0100) + p(0101) + p(0110)$$
$$= P(S) + p(0110) = P(S) + P(S)p_0$$

由于单符号的积累概率为 $P_0 = 0, P_1 = p_0$,所以上面两式可统一写做

$$P(S,r) = P(S) + p(S)P_r, \quad r = 0,1$$

这样写的式子很容易推广到多元序列 $(m > 2)$,即可得一般的递推公式为

$$P(S,a_r) = P(S) + p(S)P_r \tag{5-23}$$

以及序列的概率公式

$$p(S,a_r) = p(S)p_r$$

对于有相关性的序列,上面的两个递推公式也是适用的,只是上式中的单符号概率应换成条件概率。用递推公式可逐位计算序列的积累概率,而不用像上式那样列举所有排在前面的那些序列概率。

从以上关于积累概率 $P(S)$ 的计算中可看出,$P(S)$ 把区间 $[0,1)$ 分割成许多小区间,每个小区间的长度等于各序列的概率 $p(S)$,而这小区间内的任一点可用来代表该序列。现在来讨论如何选择这个点,令

$$L = \left\lceil \log_2 \frac{1}{p(S)} \right\rceil \tag{5-24}$$

式中,$\lceil x \rceil$ 为不小于 x 的最小整数。

把积累概率 $P(S)$ 写成二进制位的小数,取其前 L 位,以后如果有尾数,就进位到第 L 位,这样得到一个数 C。例如,$P(S) = 0.10110001, p(S) = 1/17$,则 $L = 5$,得 $C = 0.10111$,因此这个 C 就可作为 S 的码字。因为 $C \geqslant P(S)$,至少等于 $P(S)$。又由式(5-24)可知,$p(S) \geqslant 2^{-L}$。令 $S+1$ 为按顺序正好在 S 后面的一个序列,则

$$P(S+1) = P(S) + p(S) \geqslant P(S) + 2^{-L} > C$$

当 $P(S)$ 在第 L 位以后没有尾数时,$P(S)$ 就是 C,上式成立;如果有尾数时,这尾数就是上式的左右两侧之差,所以上式也成立。由此可见,C 必在 $P(S+1)$ 和 $P(S)$ 之间,也就是在长度为 $p(S)$ 的小区间内,因而 C 是可以唯一译码的。这样构成的码字,编码效率是很高的,因为序列码长与概率可达到匹配,尤其是当序列很长时。由式(5-24)可见,对于长序列,$p(S)$ 必然很小,L 与概率倒数的对数已几乎相等,也就是取整数所造成的误差很小,平均代码长度将接近 S 的熵值。

实际应用中,采用积累概率 $P(S)$ 表示码字 $C(S)$,符号概率 $p(S)$ 表示状态区间 $A(S)$,则有

$$\begin{cases} C(S,r) = C(S) + A(S)P_r \\ A(S,r) = A(S)p_r \end{cases} \quad (5\text{-}25)$$

因此对于二进制符号组成的序列,$r=0,1$。

实际编码过程是这样的:先设定两个存储器,起始时可令

$$A(\phi)=1, \quad C(\phi)=0$$

式中 ϕ 代表空集,即起始时码字为 0,状态区间为 1。每输入一个信源符号,存储器 C 和 A 就按照式(5-25)更新一次,直至信源符号输入完毕,就可将存储器 C 的内容作为该序列的码字输出。由于 $C(S)$ 是递增的,而增量 $A(S)P_r$ 随着序列的增长而减小,因为状态区间 $A(S)$ 越来越小,与信源单符号的累积概率 P_r 的乘积也越来越小。所以 C 的前面几位一般已固定,在以后计算中不会被更新,因而可以边算边输出,只需保留后面几位用作更新即可。译码也可逐位进行,与编码过程相似。

【例 5-14】 有 4 个符号 a、b、c、d 构成简单序列 $S=(a,b,d,a)$,求其算术编码。各符号及其对应概率如表 5.9 所示。

表 5.9 各符号及其对应概率

符号	符号概率 p_i(二进制)	符号积累概率 P_j(二进制)
a	0.100	0.000
b	0.010	0.100
c	0.001	0.110
d	0.001	0.111

设起始状态为空序列 ϕ,则 $A(\phi)=1, C(\phi)=0$。递推得

$$\begin{cases} C(\phi a) = C(\phi) + A(\phi)P_a = 0 + 1 \times 0 = 0 \\ A(\phi a) = A(\phi)p_a = 1 \times 0.1 = 0.1 \end{cases}$$

$$\begin{cases} C(a,b) = C(a) + A(a)P_b = 0 + 0.1 \times 0.1 = 0.01 \\ A(a,b) = A(a)p_b = 0.1 \times 0.01 = 0.001 \end{cases}$$

$$\begin{cases} C(a,b,d) = C(a,b) + A(a,b)P_d = 0.01 + 0.001 \times 0.111 = 0.010111 \\ A(a,b,d) = A(a,b)p_d = 0.001 \times 0.001 = 0.000001 \end{cases}$$

$$\begin{cases} C(a,b,d,a) = C(a,b,d) + A(a,b,d)P_a = 0.010111 + 0.000001 \times 0 = 0.010111 \\ A(a,b,d,a) = A(a,b,d)p_a = 0.000001 \times 0.1 = 0.0000001 \end{cases}$$

因此,$C(a,b,d,a)$ 即为编码后的码字 010111。

译码可通过对上述编码后的数值大小进行比较,即判断码字 $C(S)$ 落在哪一个区间就可以得出一个相应的符号序列。据递推公式的相反过程译出每个符号。步骤如下:

$C(a,b,d,a) = 0.010111 < 0.1 \in [0, 0.1)$ 第一个符号为 a

放大至 $[0,1) (\times p_a^{-1})$: $C(a,b,d,a) \times 2^1 = 0.10111 \in [0.1, 0.110)$ 第二个符号为 b。

去掉累积概率 P_b: $0.10111 - 0.1 = 0.00111$,放大至 $[0,1) (\times p_b^{-1})$: $0.00111 \times 2^2 =$

0.111∈[0.111,1) 第三个符号为 d。

去掉累积概率 P_d：0.111−0.111=0，放大至[0,1)($\times p_d^{-1}$)：$0\times 2^3=0\in[0,0.1)$ 第四个符号为 a。

算术编码从性能上看具有许多优点,特别是由于所需的参数很少,不像哈夫曼编码那样需要一个很大的码表,常设计成自适应算术编码来针对一些信源概率未知或非平稳情况。但是在实际实现时还有一些问题,如计算复杂性、计算的精度及存储量等,随着这些问题的逐渐解决,算术编码正在进入实用阶段,但要扩大应用范围或进一步提高性能,降低造价,还需进一步改进。

5.4 限失真信源编码定理

将信源编码器看作信道,无失真编码器对应于无损确定信道,有失真编码对应于有噪信道。对于无失真编码,信道的输入符号个数与输出符号个数相等,呈一一对应关系,信道的损失熵 $H(X/Y)$ 和噪声熵 $H(Y/X)$ 均为0,通过信道的信息传输率 R 等于信源熵 $H(X)$,因此,从信息处理的角度看,无失真信源编码是**保熵**的,只是对冗余度进行了压缩,因为冗余度是对信号携带信息能力的一种浪费。

有失真信源编码的中心任务是：在允许的失真范围内把编码后的信息率压缩到最小。有失真信源编码的失真范围受限,所以又称为限失真信源编码,编码后的信息率得到压缩,因此属熵压缩编码。之所以引入有失真的熵压缩编码,原因如下：

(1) 保熵编码并非总是必需的。有些情况下,信宿不需要或无能力接受信源发出的全部信息,如人眼接收视觉信号和人耳接收听觉信号就属于这种情况,这时就没有必要进行无失真的保熵编码。

(2) 保熵编码并非总是可能的。例如,对连续信号进行数字处理时,由于不可能从根本上去除量化误差,因此不可能做到保熵编码。

(3) 降低信息率有利于传输和处理,因此有必要进行熵压缩编码。例如,连续信源的绝对熵为无穷大,若用离散码元来表示,需要用无穷长的码元串,传输无穷长的码元串势必造成无限延时,这种通信就无任何实际意义了。所以,对连续信源而言,熵压缩编码是绝对必需的。有失真的熵压缩编码主要针对连续信源,但其理论同样适用于离散信源。

在第4章讨论中,信息率失真函数给出了失真小于 D 时所必须具有的最小信息率 $R(D)$；只要信息率大于 $R(D)$,一定可以找到一种编码,使译码后的失真小于 D。

限失真信源编码定理 设离散无记忆信源 X 的信息率失真函数为 $R(D)$,当信息率 $R>R(D)$,只要信源序列 L 足够长,一定存在一种编码方法,其译码失真不大于 $D+\varepsilon$,ε 为任意小的正数；反之,若 $R<R(D)$,则无论采用什么样的编码方法,其译码失真必大于 D。

上述定理指出,在失真限度内使信息率任意接近 $R(D)$ 的编码方法存在。然而,要使信息率小于 $R(D)$,平均失真一定会超过失真限度 D。

如果是二元信源,则对于任意小的 $\varepsilon>0$,每个信源符号的平均码长满足

$$R(D) \leqslant \bar{K} < R(D) + \varepsilon$$

对于连续平稳无记忆信源,无法进行无失真编码,在限失真情况下,有与上述定理一样的编码定理。

限失真信源编码定理只能说明最佳编码是存在的,而对具体构造编码方法却一无所知。因而就不能像无损编码那样从证明过程中引出概率匹配的编码方法。一般只能从优化的思路去求最佳编码。实际上,迄今尚无合适的可实现的编码方法可接近 $R(D)$ 这个界。

5.5 限失真信源编码方法

5.5.1 量化编码

连续信源限失真信源编码的主要方法是量化。量化就是把连续信号变为数字信号的过程,所以量化也可称为数字化,量化后的信号称为数字信号。这种转换必将引入失真,量化的目标是使这种失真尽量小。常用的量化方法有标量量化和矢量量化两种。标量量化,是指每次只量化一个模拟样本值,故又称零记忆量化。矢量量化是把多个信源联合起来形成多维矢量后再量化。

1. 均匀量化

均匀量化是最简单的一种标量量化方法,又称为线性量化。均匀量化的过程如图 5.8 所示。

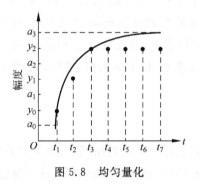

图 5.8 均匀量化

假设待编码的连续信源 $x=Q(t)$ 的幅度范围为 $[a_0,a_n]$,a_0 可为负无穷,a_n 可为正无穷。将 $[a_0,a_n]$ 均匀分为 n 个子区间,取每个子区间 $[a_i,a_{i+1}]$ 的中点作为量化值,有

$$y_i=\frac{a_i+a_{i+1}}{2}$$

例如,t_2 时刻,连续信号的值处在 $[a_1,a_2]$ 区间,因此 t_2 时刻连续信号的值被量化为 y_1。最终 $x=Q(t)$ 这个连续信号被量化为图 5.8 中的 7 个黑点。这种量化之所以被称为"均匀"量化,是因为分割区间 $[a_0,a_n]$ 时是均分。

均匀量化的量化误差为

$$e=x-y_i$$

均方误差为

$$\sigma_e^2=\int_{-\infty}^{\infty}[x-y_i]^2 p(x)\mathrm{d}x$$

式中，$p(x)$ 为 x 的概率密度函数。

信噪比 SNR(Signal Noise Rate)为

$$\text{SNR} = 10\lg \frac{\int_{-\infty}^{\infty} x^2 p(x) \mathrm{d}x}{\int_{-\infty}^{\infty} [x - y_i]^2 p(x) \mathrm{d}x} = 10\lg \frac{\sigma^2}{\sigma_e^2}$$

注意：信噪比 SNR 无论在科学研究中还是在工程实际中，都是一个常用的衡量误差大小的量。它其实就是用信号的功率 $\int_{-\infty}^{\infty} x^2 p(x) \mathrm{d}x$ 除以噪声 $\int_{-\infty}^{\infty} [x - y_i]^2 p(x) \mathrm{d}x$ 的功率，因此称为"信噪比"。将模拟信号变为数字信号的过程实际上需要经过两步：

(1) 抽样。在时间轴上取若干个点 $t_1, t_2, t_3, \cdots$（通常是等间隔取），这些时间点对应的信号值为 $x_1, x_2, x_3, \cdots$，这就是抽出来的样本值，称为时间离散信号。此时 $x_1, x_2, x_3, \cdots$ 已经是离散的了，但此时还不能称为数字信号，这是因为每一个 x_i 的取值范围为 $[a_0, a_n]$ 这个区间，即 $x_i \in [a_0, a_n]$。

(2) 离散化。对每一个 x_i 按照某种规则离散化为 $\{y_0, y_1, \cdots, y_{n-1}\}$ 这个集合中的一个值，即 $x_i \in \{y_0, y_1, \cdots, y_{n-1}\}$，此时得到的信号就是离散信号。

2. 最优量化

将样本值量化总是要带来误差的，因此，人们在设计量化器时，总希望误差越小越好，即寻求最优量化误差。最优量化就是使量化的均分误差 σ_e^2 最小或者信噪比 SNR 最大的量化。从 σ_e^2 或者 SNR 的公式可以看出，最优量化与 $p(x)$ 有关。一般来讲，$p(x)$ 不是一个常数，因此要得到 σ_e^2 最小值或者 SNR 的最大值，区间的分割是不均匀的，因此最优量化一般属于非均匀量化。

3. 矢量量化编码

回顾无失真信源编码中对信源序列进行编码，可以提高编码效率。受到这种思想的启发，可以把多个信源联合起来形成多维矢量后再量化，这种量化叫做矢量量化。矢量量化的优点是：自由度更大、更灵活；码率也可以进一步压缩，即提高编码效率。矢量量化的缺点是：高维矢量很复杂，目前缺少有效的数学工具；而且联合概率密度也不易测定。

5.5.2 预测编码

由于有记忆信源输出的信源符号之间具有相关性，使得信源存在冗余。如图 5.9(a)所示，图中两条横线分别代表两条消息，由于两条消息具有相关性，因此两条横线有重叠部分，如果这两条消息不经过处理直接传输，则需要传送的数据长度是 $a+2b+c$，很明显，相关部分被重复传输了两次。

因此信源编码可以通过去除信源相关性，剔除冗余，以达到压缩的目的，换句话说，可以利用信源相关性压缩信源。如图 5.9(b)所示，图中原来重复的相关部分通过信源编码只保留一次，这样需要传送的数据长度降低为 $a+b+c$。

利用信源相关性压缩信源有两种主要方法：预测编码和变换编码。

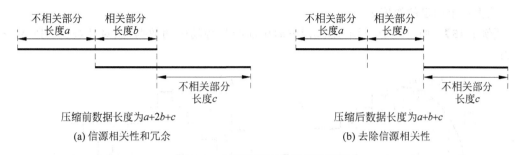

图 5.9 利用信源相关性压缩信源

1. 预测编码的基本原理和方法

既然信源存在相关性,因此可以利用已经出现的信源符号预测将要出现的信源符号。假设有记忆信源的记忆长度为 k,信源输出序列为 $u_0 u_1 u_2 \cdots u_i \cdots$,将 i 时刻的预测值表示为 $\hat{u}_i$,则有

$$\hat{u}_i = f(u_{i-k}, \cdots, u_{i-2}, u_{i-1})$$

式中,$f()$ 为预测函数。

根据预测函数的不同,常用的预测方法有线性预测、最优预测、自适应预测等。

线性预测中,有

$$\hat{u}_i = a_k u_{i-k} + \cdots + a_2 u_{i-2} + a_1 u_{i-1} = \sum_{j=1}^{k} a_j u_{i-j}$$

式中,a_j 为预测系数。

最优预测要求选择合适的预测系数,使得预测误差最小,常用的误差是均方误差。自适应预测的预测系数不是固定的,而是在不断地随着信源特性而变化,通常这样可以得到较为理想的输出。

虽然可以根据已经出现的信源符号预测将要出现的信源符号,但是由于信源还存在不确定性,因此一般来讲预测值 $\hat{u}_i$ 与 i 时刻的实际值 u_i 是不同的。假设它们之间的差值为 $e_i = u_i - \hat{u}_i$,预测编码就是对差值序列 $e_1 e_2 \cdots e_i \cdots$ 的编码。

2. 预测编码能够限失真压缩信源的原因

为什么对差值 e_i 编码就能够压缩信源呢? 由于信源存在相关性,因此可以得到预测值 $\hat{u}_i$。换句话说,信源相关性就体现在预测值 $\hat{u}_i$ 上。在差值 $e_i = u_i - \hat{u}_i$ 中,将预测值 $\hat{u}_i$ 减去,就是减掉了相关性。去除相关性就压缩了信源。

3. DPCM 编译码原理

差分脉冲编码调制(Differential Pulse-Code Modulation,DPCM)是一种常用的预测编码方法。其 i 时刻的预测值等于前一时刻($i-1$ 时刻)的实际值,即 $\hat{u}_i = u_{i-1}$。

DPCM 的编码过程为:如果 $e_i = u_i - \hat{u}_i = u_i - u_{i-1} \geqslant 0$,即 $u_i \geqslant u_{i-1}$,则第 i 时刻编码为 1;否则编码为 0。

DPCM 的译码过程为:如果码字为 1,则信号增加一个固定的幅度 Δ;如果码字为 0,则信号减少一个固定的幅度 Δ。

【例 5-15】 如图 5.10 所示，图 5.10(a) 中曲线是待编码的数据，试对其进行 DPCM 编译码。

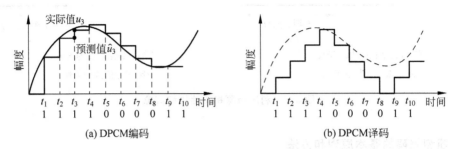

图 5.10 DPCM 编译码

【解】 编码过程如图 5.10(a) 所示。

(1) 以等间隔抽样，抽样值为 $[u_0, u_1, u_2, \cdots]$。

(2) 确定每个时间点的编码值。以 t_3 时刻为例，由于此时 $u_3 > u_2$，因此编码为 1。整条曲线的 DPCM 编码输出（即码字）为 1111000011⋯。

译码过程如图 5.10(b) 所示。在 t_1 时刻，由于码字中的第 1 个符号为"1"，因此 t_1 时刻信号要增加一个固定的幅度 Δ；在 t_2 时刻，由于码字中的第 2 个符号为"1"，因此 t_2 时刻信号要增加一个固定的幅度 Δ⋯⋯译码完成后的结果如图 5.10(b) 中的折线所示。

注意，从图中能够发现，译码之后的数据（折线）与编码之前的数据（虚线）差别较大，即编码方法的失真较大，如何才能减小这种失真呢？

直观的考虑是提高采样频率，同时相应减小 Δ。其理论依据为：采样频率越高，相邻两个采样点之间的差别越小，即相关性越强。DPCM 这种预测编码方法就是利用信源相关性对信源进行的编码，因此相关性越强，编码效果越好。

5.5.3 变换编码

变换编码是利用信源相关性压缩信源的另一种重要方法。"变换"二字来源于这种编码方法要将信号变换成另外一种表示形式。

1. 变换编码的基本原理

先用两个例子说明"变换"的含义。

【例 5-16】 图 5.11 给出了一个直观的变换编码的例子。a 是平面上的一个向量，在二维坐标中将其分解到 x 轴和 y 轴，长度分别为 1 和 2，则 a 可以用 (1,2) 表示。

说明：这个笛卡儿坐标的例子能够表明变换编码的基本原理。由"向量 a"到"(1,2)"的过程就是一个变换的过程，这种变换称为"频域变换"。这其中：

(1) a 是空间中一个看得见摸得着的信号，称为一个空间域（简称空域）数据。

(2) 在频率变换中，x 轴和 y 轴是两个"基"，合在一起称为一组基。由于 x 轴和 y 轴相互垂直，因此称为一组正交基。

(3) 向量分解到 x 轴和 y 轴上的长度分别为 1 和 2，即 $a = 1x + 2y$，则 1 和 2 分别叫做

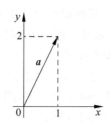

图 5.11　笛卡儿坐标中的变换

基 x 和基 y 的系数。

(4) 系数构成的序列 (1,2) 称为频域数据。

即将空域数据 a 变换为频域数据 (1,2)，所用的基为 x 轴和 y 轴。

【例 5-17】　图 5.12 进一步解释了变换编码的原理，图 5.12(a) 表示的信号是 5，图 5.12(b) 表示的是信号 $5\sin(x)$，图 5.12(c) 表示的是信号 $0.5\sin(6x)$，图 5.12(d) 是将图 5.12(a)、图 5.12(b)、图 5.12(c) 3 个信号相加之后的信号，即它可以表示为 $5+5\sin(x)+0.5\sin(6x)$。

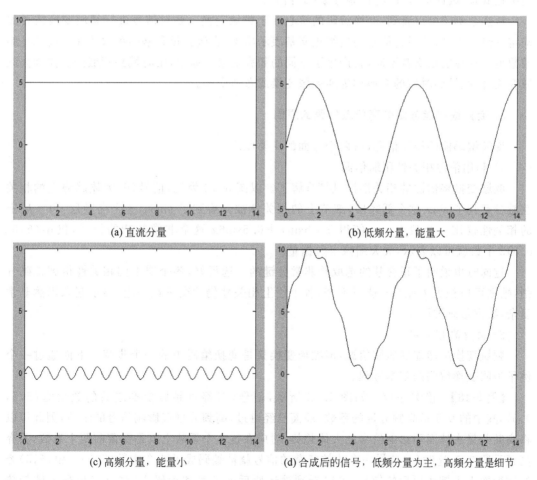

图 5.12　信号的分解与合成

说明：这个例 5-17 进一步表明了变换编码的基本原理。

(1) 信号(d)随时间发生变换，称为时间域（简称时域）数据，在频域变换中不区分空域数据和时域数据，认为它们都是待编码的数据。

(2) $\sin x$ 和 $\sin 6x$ 是一组正交基，之所以两者正交，是因为两者的内积为 0。

(3) 5 是基 $\sin x$ 的系数，0.5 是基 $\sin 6x$ 的系数，因此信号(d)对应的频域数据就是(5,5,0.5)，其中第一个 5 表示的是不发生变化的信号(a)，由于它不发生变化，因此称为(d)的直流分量，直流分量实际上就是信号的均值。

(4) $\sin x$ 和 $\sin 6x$ 相比，$\sin x$ 变化得慢，$\sin 6x$ 变化得快，因此 5 是低频系数，0.5 是高频系数。

(5) 频域数据中信号的幅度代表了信号的能量。(b)的幅度大（为 5），表示该信号的能量大，(c)的幅度小（为 0.5），表示该信号能量小。由于信号(d)的低频系数大于高频系数，因此(d)的能量主要集中在低频。

(6) 信号(d)和信号(b)非常相似，这说明低频表示信号大体的趋势，信号(d)的细微弯曲是由(c)产生的，这说明高频表示信号的细节。这与(5)中所说的能量是一致的，由于能量集中在低频，因此信号(d)与低频分量(b)相似。

从这个例子可以看到，变换编码的核心在于频域变换。要对信号进行频域变换需要先确定一组正交基，然后将信号用这组正交基表示出来，直流分量和基的系数放在一起就是频域数据。选择的正交基不同，就产生了不同的频率变换。通常，由时域到频域的变换称为频域变换，由频域到时域的变换称为逆频域变换或者逆变换。

2. 变换编码能够限失真压缩信源的原因

变换编码能够压缩信源，有两个方面的主要原因。

1) 利用信源相关性压缩信源

频域变换将信源的相关性按"层"分解了。以图 5.12 为例，信号(d)大体趋势上的相关性被分解到了 $\sin x$ 这个低频层，细节上的相关性被分解到了 $\sin 6x$ 这个高频层，每一层上的相关性仅用一个数表示。使得 $5+5\sin x+0.5\sin 6x$ 这个非常复杂的信号，仅用(5,5,0.5)3 个数就可以表示，大大缩减了数据量。

这同时也说明了正交基的选取是非常关键的。选得好，各个层上的相关性得到正确分割，数据可以被大大压缩；选得不好，各个层上相关性仍然交织在一起，表示起来仍然非常复杂，数据很难被压缩。

2) 舍弃高频分量

频域变换虽然能够压缩信源，但频域变换只是变换编码中的一个步骤。下面通过一个例子表明变换编码的基本过程。

【例 5-18】 接例 5-17。如图 5.12 所示，信号(d)经过频域变换之后的数据为(5,5,0.5)，其中的 0.5 是高频分量的系数，前面已经讲过，高频分量仅影响信号的细节，因此可以将高频分量去掉而不影响信号的大体趋势，对应在这 3 个系数上就是保留前两个系数，丢弃高频系数 0.5，这时(d)这样一个比较复杂的信号就被编码成了两个实数(5,5)。由(5,5)经过逆变换得到被还原后的信号，可以看到被还原后的信号和编码之前的(d)信号大体趋势相同，但是被还原后的信号舍弃了细节。两者不同，说明编码过程有失真，但这种失真仅表现在细节上。

说明：将信号(d)变为(5,5)的过程就是变换编码的过程；由(5,5)重构信号的过程就是译码的过程。

可见，变换编码能够限失真压缩信源的原因有两点：

(1) 频域变换将信源的相关性按"层"分解了。

(2) 舍弃掉部分高频系数。

需要注意的是，被舍弃的高频系数不能随意选取，要根据实际应用的需要选取。例如，如果进行图像的压缩，要根据人眼视觉特点，舍弃掉人眼感觉不到的高频系数。

3. 离散余弦变换

如前所述，正交基的选取对频域变换起着关键作用。不同的正交基对应不同的频域变换，目前常用的频域变换有卡胡南—列夫变换（KLT）、离散余弦变换（Discrete Cosine Transform,DCT）、小波变换等。DCT 变换以其较好的能量紧凑性、存在快速算法等优点得到了广泛的应用。

DCT 变换和逆变换的矩阵形式分别为

$$\begin{bmatrix} y_0 \\ y_1 \\ \vdots \\ y_{N-1} \end{bmatrix} = \frac{2}{\sqrt{N}} \begin{bmatrix} \frac{1}{\sqrt{2}} & \frac{1}{\sqrt{2}} & \cdots & \frac{1}{\sqrt{2}} \\ \cos\frac{\pi}{2N} & \cos\frac{3\pi}{2N} & \cdots & \cos\frac{(2N-1)\pi}{2N} \\ \vdots & \vdots & \ddots & \vdots \\ \cos\frac{(N-1)\pi}{2N} & \cos\frac{3(N-1)\pi}{2N} & \cdots & \cos\frac{(2N-1)(N-1)\pi}{2N} \end{bmatrix} \begin{bmatrix} x_0 \\ x_1 \\ \vdots \\ x_{N-1} \end{bmatrix}$$

$$\begin{bmatrix} x_0 \\ x_1 \\ \vdots \\ x_{N-1} \end{bmatrix} = \frac{2}{\sqrt{N}} \begin{bmatrix} \frac{1}{\sqrt{2}} & \cos\frac{\pi}{2N} & \cdots & \cos\frac{(N-1)\pi}{2N} \\ \frac{1}{\sqrt{2}} & \cos\frac{3\pi}{2N} & \cdots & \cos\frac{3(N-1)\pi}{2N} \\ \vdots & \vdots & \ddots & \vdots \\ \frac{1}{\sqrt{2}} & \cos\frac{(2N-1)\pi}{2N} & \cos\frac{(2N-1)(N-1)\pi}{2N} \end{bmatrix} \begin{bmatrix} y_0 \\ y_1 \\ \vdots \\ y_{N-1} \end{bmatrix}$$

式中，$[x_0 \quad x_1 \quad \cdots \quad x_{N-1}]^T$ 为时域数据；$[y_0 \quad y_1 \quad \cdots \quad y_{N-1}]^T$ 为频域数据。

4. 变换编码的广泛应用

变换编码广泛应用于图像、视频和声音等多媒体数据的压缩。

DCT 是使用最广泛的，被应用于很多编码标准中，如电视电话/会议视频编码标准 H.261 和 H.263；静态图像编码标准 JPEG；视频编码标准 MPEG1、MPEG2、MPEG4 等。

小波变换是一种新兴的频域变换方法，当前正变成很多信源编码和图像、视频编码标准的另一选择。在 JPEG-2000、MPEG4 等正在制定的标准中，小波变换已经取代或者补充到 DCT 中。

5.6 小结

本章介绍了信源编码的目的,引出了信息传输速率和编码效率的概念,重点讨论了无失真信源编码定理,从而引出了几种最佳编码方法和游程编码等无失真编码方法,简单介绍了限失真编码定理,从而引出了量化编码、预测编码和变换编码几种限失真编码方法。

编码的定义:分组码、变长码、非奇异码、唯一可译码、即时码等。

唯一可译码存在的充要条件,克劳夫特不等式:$\sum_{i=1}^{n} m^{-K_i} \leqslant 1$。

编码效率:$\eta = \dfrac{H_L(\boldsymbol{X})}{\overline{K}}$。

无失真信源编码定理(香农第一编码定理):

定长编码定理:$\dfrac{K_L}{L} \log_2 m \geqslant H_L(\boldsymbol{X}) + \varepsilon$。

变长编码定理:$\dfrac{L H_L(\boldsymbol{X})}{\log_2 m} \leqslant \overline{K_L} < \dfrac{L H_L(\boldsymbol{X})}{\log_2 m} + 1$。

无失真信源编码方法:香农编码、费诺编码、哈夫曼编码、游程编码、算术编码。

限失真信源编码定理(香农第三编码定理):$R(D) \leqslant \overline{K} < R(D) + \varepsilon$。

限失真信源编码方法:矢量量化、预测编码、变换编码。

习题

5-1 填空题

(1) 根据码字所含的码元个数,编码可分为_____编码和_____编码。

(2) 设离散无记忆信源为 $\begin{bmatrix} U \\ P \end{bmatrix} = \begin{bmatrix} u_1 & u_2 & u_3 & u_4 & u_5 & u_6 \\ 0.37 & 0.25 & 0.18 & 0.10 & 0.07 & 0.03 \end{bmatrix}$,用二元符号对其进行定长编码,若所编的码为 {000,001,010,011,100,101},则编码器输出码元的一维概率 $P(x_1) =$ _____,$P(x_2) =$ _____。

(3) 平均码长最短的信源编码方法称为_____。

(4) 信源编码的目的是_____和_____。

(5) 对离散无记忆信源输出的单个符号进行编码,其编码效率_____于对该信源输出的字符串进行编码。

(6) 在无失真的信源中,信源输出由_____来度量;在有失真的信源中,信源输出由_____来度量。

(7) 信源编码的概率匹配原则是:概率大的信源符号用_____,概率小的信源符号用_____。

5-2 选择题

(1) 编码效率为 95%,则编码冗余度为( )。

A. 0.95　　　　　B. 0.05　　　　　C. 1.95　　　　　D. —0.05

(2) 整树中间节点长出的分枝数（　　）编码符号集中的码元个数。

A. 小于等于　　　B. 多于　　　　　C. 少于　　　　　D. 等于

5-3 有一个信源,它有 6 种可能的输出,其概率分布如表 5.10 所示,将其进行二进制编码,试问:

表 5.10 信源概率分布

消息	概率 $p(a_i)$	C_1	C_2	C_3	C_4	C_5	C_6
a_1	1/2	000	0	0	0	1	01
a_2	1/4	001	01	10	10	000	001
a_3	1/16	010	011	110	1101	001	100
a_4	1/16	011	0111	1110	1100	010	101
a_5	1/16	100	01111	11110	1001	110	110
a_6	1/16	101	011111	111110	1111	110	111

(1) 这些码中哪些是唯一可译码?

(2) 哪些码是非延长码?

(3) 对所有唯一可译码求出其编码效率。

5-4 若消息符号、对应概率分布和二进制编码如表 5.11 所示。

表 5.11 消息符号、对应概率分布和二进制编码

消息符号	a_0	a_1	a_2	a_3
概率	1/2	1/4	1/8	1/8
编码	0	10	110	111

试求:

(1) 消息符号熵。

(2) 各个消息符号所需的平均二进制码个数。

(3) 若各个消息符号间相互独立,求编码后对应的二进制码序列中出现 0 和 1 的无条件概率 p_0 和 p_1 以及码序列中的一个二进制码的熵。

5-5 设无记忆二元信源,其概率为 $p_1=0.005, p_0=0.995$。信源输出 $N=100$ 的二元序列。在长为 $N=100$ 的信源序列中只对含有 3 个或小于 3 个"1"的信源序列构成一一对应的一组二元定长码。

(1) 求码字所需的最小长度。

(2) 考虑没有给予编码的信源序列出现的概率,该等长码引起的错误概率 P 是多少?

5-6 已知信源的各个消息分别为字母 $A、B、C、D$,现用二进制码元对消息字母作信源编码,$A→(x_0,y_0), B→(x_0,y_1), C→(x_1,y_0), D→(x_1,y_1)$,每个二进制码元的长度为 5ms。计算:

(1) 若每个字母以等概率出现,计算在无扰离散信道上的平均信息传输速率。

(2) 若各个字母出现的概率分别为 $P(A)=1/5, P(B)=1/4, P(C)=1/4, P(D)=3/10$,再计算在无扰离散信道上的平均信息传输速率。

(3) 若字母消息改用四进制码元作信源编码,码元幅度分别为 0V、1V、2V、3V,码元长度为 10ms。重新计算(1)和(2)两种情况下的平均信息传输速率。

5-7 某信源有 8 个符号 $\{u_0, u_1, \cdots, u_7\}$,概率分别为 1/2、1/4、1/8、1/16、1/32、1/64、1/128、1/128,试编成 000、001、010、011、100、101、110、111 的码。

(1) 求信源的符号熵 $H(u)$。

(2) 求出现一个"1"或一个"0"的概率。

(3) 求这种码的编码效率。

(4) 求出相应的香农码和费诺码。

(5) 求该码的编码效率。

5-8 已知符号集合 $\{x_1, x_2, x_3, \cdots\}$ 为无限离散消息集合,它们出现的概率分别为 $p(x_1)=1/2, p(x_2)=1/4, p(x_3)=1/8, \cdots, p(x_i)=1/2^i, \cdots$。

(1) 用香农编码的方法写出各个符号消息的码字。

(2) 计算码字的平均信息传输速率。

(3) 计算信源编码效率。

5-9 某信源有 6 个符号,概率分别为 3/8、1/6、1/8、1/8、1/8、1/12,试求三进制码元 (0,1,2) 的费诺码及其编码效率。

5-10 若某一信源有 N 个符号,并且每个符号均以等概出现,对此信源用最佳哈夫曼二元编码,问当 $N=2^i$ 和 $N=2^i+1$ (i 为正整数)时,每个码字的长度等于多少?平均码字是多少?

5-11 设有离散无记忆信源 $P(X)=\{0.37, 0.25, 0.18, 0.10, 0.07, 0.03\}$。

(1) 求该信源符号熵 $H(X)$。

(2) 用哈夫曼编码编成二元变长码,计算其编码效率。

(3) 要求译码错误小于 10^{-3},采用定长二元码要达到(2)中的哈夫曼编码效率,问需多少个信源符号连在一起编码?

5-12 有一个含有 8 个消息的无记忆信源,其概率各自为 0.2、0.15、0.15、0.1、0.1、0.1、0.1、0.1。试编成两种三元非延长码,使它们的平均码长相同,但具有不同的码长的方差。并计算其平均码长和方差,说明哪一种码更实用些。

5-13 信源符号 X 有 6 种字母,概率为 0.32、0.22、0.18、0.16、0.08、0.04。

(1) 求符号熵 $H(X)$。

(2) 用香农编码法编成二进制变长码,计算其编码效率。

(3) 用费诺编码法编成二进制变长码,计算其编码效率。

(4) 用哈夫曼编码法编成二进制变长码,计算其编码效率。

(5) 用哈夫曼编码法编成三进制变长码,计算其编码效率。

(6) 若用逐个信源符号来编定长二进制码,要求不出差错译码,求所需要的每符号的平均信息率和编码效率。

(7) 当译码差错小于 10^{-3} 的定长二进制码要达到(4)中的哈夫曼效率时,估计要多少个信源符号一起编才能办到?

5-14 已知一信源包含 8 个消息符号,其出现的概率 $P(X)=\{0.1, 0.18, 0.4, 0.05, 0.06, 0.1, 0.07, 0.04\}$,则求:

(1) 该信源在每秒钟内发出 1 个符号,求该信源的熵及信息传输速率。

(2) 对这 8 个符号作哈夫曼编码,写出相应码字,并求出编码效率。

(3) 采用香农编码,写出相应码字,求出编码效率。

(4) 采用费诺编码,写出相应码字,求出编码效率。

5-15 有一 9 个符号的信源,概率分布为 1/4、1/4、1/8、1/8、1/16、1/16、1/16、1/32、1/32,用三进制符号(a,b,c)编码。

(1) 编出费诺码,并求出编码效率。

(2) 若要求符号 c 后不能紧跟另一个 c,编出一种有效码,其编码效率是多少?

5-16 一个信源可能发出的数字有 1、2、3、4、5、6、7,对应的概率分别为 $p(1)=p(2)=1/3$,$p(3)=p(4)=1/9$,$p(5)=p(6)=p(7)=1/27$,在二进制或三进制无噪信道中传输,若二进制信道中传输一个码子需要 1.8 元人民币,三进制信道中传输一个码子需要 2.7 元人民币。

(1) 编出二进制符号的哈夫曼码,求其编码效率。

(2) 编出三进制符号的费诺码,求其编码效率。

(3) 根据(1)和(2)的结果,确定在哪种信道中传输可得到较小的花费。

5-17 已知二元信源$\{0,1\}$,其中 $p_0=\dfrac{1}{8}$,$p_1=\dfrac{7}{8}$,试对下列序列编写算术码,并计算此序列的平均码长和编码效率。

$$11111110111110$$

5-18 离散无记忆信源发出 A、B、C 3 种符号,其概率分布为 5/9、1/3、1/9,应用算术编码方法对序列(C,A,B,A)进行编码,并对结果进行解码。

5-19 设有一页传真文件,其中某一扫描行上的像素点如下:

|←73 白→|←7 黑→|←11 白→|←18 黑→|←1619 白→|

(1) 该扫描行的 MH 码。

(2) 编码后该行总比特数。

(3) 本行编码压缩比(原码元总数 : 编码后码元总数)。

第6章 信道编码

在数字信号传输中,实际信道不是理想的,存在噪声和干扰,使得经过信道传输后收到的码字与发送的码字之间存在差错。一般情况下,信道噪声和干扰越大,码字产生差错的可能性也就越大。为了改善数字通信系统的传输质量,发现或者纠正差错,以提高通信系统的可靠性,通常采用信道编码,常称为纠错编码或差错控制编码。

为了提高数字传输系统的可靠性,降低信息传输的差错率,可以利用均衡技术消除码间串扰,利用增大发射功率、降低接收设备本身的噪声、选择好的调制制度和解调方法、加强天线的方向性等措施,提高数字传输系统的抗噪性能,但上述措施也只能将传输差错减小到一定程度。若要进一步提高数字传输系统的可靠性,这样仍然达不到要求或者成本太高,就需要采用信道编码,对可能或已经出现的差错进行控制。

从信道编码的构造方法看,信道编码的基本思路是根据一定的规律在待发送的信息码中人为加入一些多余的码元,以保证传输过程可靠性。信道编码的任务就是构造出以最小多余度代价换取最大抗干扰性能的"好码"。

本章首先介绍纠错编码的基本概念和分类,讨论纠错编码的原理和方法,在此基础上再讨论线性分组码、卷积码、交织码和网格编码调制等方法。

6.1 纠错编码的基本思想

6.1.1 差错控制方式及纠错编码的分类

1. 差错控制方式

从差错控制角度看,按照加性干扰引起的错码分布规律的不同,信道可以分为三类,即随机信道、突发信道和混合信道。在随机信道中错码的出现是随机的,即码元的出错具有独立性,与前后码元无关。一般在带有加性高斯白噪声的信道中发生,如一般情况下的微波信道。在突发信道中错码是成串集中出现的,即在短时间段内有很多错码出现,而在这些短时间段之间有较长的无错码时间段。产生突发错码的主要原因是冲击噪声,如电机的启动、停止及电气设备的电弧等。在混合信道中既存在随机错码又存在突发错码。每种信道中的错码特性不同,所以需要采用不同的差错控制技术来减少或消除其中的错码。差错控制方式主要有以下3种:

(1) 检错重发。检错重发又称自动请求重传方式 ARQ(Automatic Repeat Request)。由发送端送出能够发现错误的码,由接收端判决传输中无错误产生,如果发现错误,则通过反向信道把这一判决结果反馈给发送端,然后发送端把接收端认为错误的信息再次重发,从而达到正确传输的目的。其特点是:需要反馈信道;译码设备简单;对突发错误和信道干扰较严重时有效;但实时性差。其主要在计算机数据通信中得到应用。

(2) 前向纠错。前向纠错方式(Forword Error Correction,FEC)。发送端发送能够纠正错误的码,接收端收到信码后自动地纠正传输中的错误。其特点是:单向传输;实时性好;但译码设备较复杂。

(3) 反馈校验。混合纠错方式(Hybrid Error Correction,HEC)是 FEC 和 ARQ 方式的结合。发送端发送具有自动纠错同时又具有检错能力的码。接收端收到码后,检查差错情况,如果错误在码的纠错能力范围以内,则自动纠错,如果超过了码的纠错能力,但能检测出来,则经过反馈信道请求发送端重发。这种方式具有自动纠错和检错重发的优点,可达到较低的误码率,因此,近年来得到广泛应用。

以上几种技术可以结合适用。例如,检错和纠错技术结合适用。当接收端出现少量错码并有能力纠正时,采用前向纠错技术;当接收端出现较多错码没有能力纠正时,采用检错重发技术。

2. 纠错编码的分类

在差错控制系统中,信道编码存在着多种实现方式,同时信道编码也有多种分类方法。

(1) 按照信道编码的不同功能,可以将它分为检错码和纠错码。检错码仅能检测误码,例如,在计算机串口通信中常用到的奇偶校验码等;纠错码可以纠正误码,当然同时具有检错的能力,当发现不可纠正的错误时可以发出出错提示。

(2) 按照信息码元和监督码元之间的检验关系,可以将它分为线性码和非线性码。若信息码元与监督码元之间的关系为线性关系,即满足一组线性方程式,称为线性码;否则,称为非线性码。

(3) 按照信息码元和监督码元之间的约束方式不同,可以将它分为分组码和卷积码。在分组码中,编码后的码元序列每 n 位分为一组,其中有 k 位信息码元、r 个校验位,$r=n-k$。监督码元仅与本码字的信息码元有关。卷积码则不同,监督码元不但与本信息码元有关,而且与前面码字的信息码元也有约束关系。

(4) 按照信息码元在编码后是否保持原来的形式,可以将它分为系统码和非系统码。在系统码中,编码后的信息码元保持原样不变,而非系统码中的信息码元则发生了变化。除了个别情况,系统码的性能大体上与非系统码相同,但是非系统码的译码较为复杂,因此,系统码得到了广泛的应用。

(5) 按照纠正错误的类型不同,可以将它分为纠正随机错误码和纠正突发错误码两种。前者主要用于发生零星独立错误的信道,而后者用于对付以突发错误为主的信道。

(6) 按照信道编码所采用的数学方法不同,可以将它分为代数码、几何码和算术码。其中代数码是目前发展最为完善的编码,线性码就是代数码的一个重要分支。

除上述信道编码的分类方法外,还可以将它分为二进制信道编码和多进制信道编码等。同时,随着数字通信系统的发展,可以将信道编码器和调制器统一起来综合设计,这就是网格编码调制(Trellis Coded Modulation,TCM)。

6.1.2 纠错编码的相关概念

在通信系统的接收端,若接收到的消息序列 R 和发送的码符号序列 C 不一样,如 $R=11001010$,而 $C=11001001$,R 与 C 中有两位不同,即出现两个错误,这种错误是由信道中的噪声干扰所引起的。为了说明如何描述这种错误及相应编码方法的性质,首先介绍一些基本概念。

1. 码长、码重和码距

为了衡量一个码字的构成与它的纠错能力之间的关系,需要引入码长、码距和码重等概念。

码字中码元的个数称为码字的长度,简称码长,用 n 表示。码字中非"0"码元的个数称为码字的汉明(Hamming)重量,简称**码重**。码字 C_1 的汉明重量用 $W(C_1)$ 表示。对二进制码来说,码重 W 就是码字中所含码元"1"的数目。例如,码字 $C_1=110000$,其码长 $n=6$,码重 $W(C_1)=2$。

两个等长码字之间对应码元不相同的数目称为这两个码字的汉明距离,简称码距。两个码字 C_1 和 C_2 之间的汉明距离用 $d(C_1,C_2)$ 表示。容易看出,$d(C_1,C_2)=W(C_1-C_2)$。例如,码字 $C_1=110000$,$C_2=100001$,它们的汉明距离 $d(C_1,C_2)=2$。

在某一码组 C 中,任意两个码字之间汉明距离的最小值称为该码的最小距离 $d_{\min}$,即

$$d_{\min} = \min\{d(C_i,C_j)\} \quad C_i \neq C_j; \quad C_i,C_j \in C \tag{6-1}$$

不难证明,式(6-1)满足距离公式。用 $d(C_1,C_2)$ 表示两个 n 重 C_1、C_2 之间汉明距离,则汉明距离有以下 3 个性质:

(1) 对称性:$d(C_1,C_2)=d(C_2,C_1)$。

(2) 非负性:$d(C_1,C_2) \geqslant 0$。

(3) 满足距离三角不等式:

$$d(C_1,C_2) \leqslant d(C_1,C_3)+d(C_2,C_3)$$

例如,码组 $C=\{00000,10100,01001,11111\}$ 的最小码距 $d_{\min}=2$。

从避免码字受干扰而出错的角度出发,总是希望码字间有尽可能大的距离,因为最小码距代表着一个码组中最不利的情况,从安全角度出发,应使用最小码距来分析码的检错、纠错能力。因此,最小码距是衡量该码纠错能力的依据,是非常重要的一个参数。

2. 错误图样

为了定量地描述信号的错误,将发送码组和接收码组之差定义为错误图样 E,有

$$R - C = E \bmod M \tag{6-2}$$

在常用二进制码通信系统中,其错误图样等于发送码与接收码的模 2 加,即

$$E = C \oplus R \quad \text{或} \quad R = C \oplus E \tag{6-3}$$

显然,当 $E=0$ 时,$R=C$,表示接收序列 R 无错;否则,表示接收序列 R 有错。如错误图样中的第 i 位为"1"(e_i),则表明传输过程中第 i 位发生了错误。当 C 序列长为 n,信道可能产生的错误图样 E 的数目有 2^n 种。

3. 编码效率

用差错控制编码提高通信系统的可靠性,是以降低有效性为代价换来的。

编码效率简称码率,定义为信息码元数 k 与编码组的码长 n 的比值,即

$$R_c = k/n \tag{6-4}$$

式中,k 为信息元的个数;n 为码长。

冗余度,定义为监督码元数 $n-k$ 和信息码元数 k 的比值,即 $(n-k)/n$。

编码增益,定义为在保持误码率恒定条件下,采用纠错编码所节省的信噪比。

对纠错码的基本要求是:检错和纠错能力尽量强;编码效率尽量高;编码规律尽量简单。实际中要根据具体指标要求,保证有一定的纠错、检错能力和编码效率,并且易于实现。

6.2 有噪信道编码

6.2.1 噪声信道的编译码问题

在一般广义的通信系统中,信道是很重要的一部分。信道的任务是以信号方式传输信息。不失一般性,所研究的信道如图 6.1 所示。信道的输入端和输出端连接着编码器和译码器,它形成了一个新的信道,将这种变换后具有新特性的信道称做编码信道。对于信道而言,其特性可以用信道传递概率来描述。由此可求得其信道容量,只要在信道中实际传送的信息率小于其信道容量,就可在接收端无差错地译出输入端所输送的信息。这样,问题在于如何用信道输入符号序列组成该信源符号,才能达到无差错地传送,这就要编码。这种编码实质是希望信源与信道特性相匹配,所以称之为信道编码。

$$M \text{(信源编码器)} \rightarrow \text{编码器} \xrightarrow{X} \text{信道} \xrightarrow{Y} \text{译码器} \rightarrow \hat{M} \text{(信源译码器)}$$

图 6.1 信道编码

在有噪信道中传输消息是会发生错误的,错误概率和信道统计特性、译码过程以及译码规则有关。错误概率与信道统计特性可由信道的传递矩阵来描述。当确定了输入和输出对应关系后,也就确定了信道矩阵中哪些是正确传递概率,哪些是错误传递概率。例如,在二进制对称信道中,单个符号的错误传递概率是 p,正确传递的概率是 $\bar{p}=1-p$。通信过程一般并不是信息传输到信道输出端就结束了,还要经过译码过程(或判决过程)才能到达消息的终端(收信者或信宿)。译码过程和译码规则对系统的错误概率影响也很大。例如,设一个二进制对称信道的特性(其输入符号为等概率分布),当信道输出端接收到符号 0 时,译码器如果把它译成 0 的可能性只有 1/3,那么译错的可能性就有 2/3;反之,若译码器根据这个特殊信道定出一种译码规则,把输出端的 0 译成 1,把 1 译成 0,则译码错误概率减小为 1/3,而译对的可能性增大为 2/3。错误概率既与信道的统计特性有关,也与译码的规则有关。

1. 错误概率与译码规则

设信道输入符号集为 $X=\{x_i, i=1,2,\cdots,r\}$，输出符号集为 $Y=\{y_j, j=1,2,\cdots,s\}$。若对每一个输出符号 y_j 都有一个确定的函数 $F(y_j)$，使 y_j 对应唯一的一个输入符号 x_i，则称这样的函数为译码规则，记为

$$F(y_j) = x_i \quad i = 1,2,\cdots,r; \; j = 1,2,\cdots,s \tag{6-5}$$

显然，对于有 r 个输入、s 个输出的信道而言，按上述定义可得到译码规则有 r^s 种。

1) 错误概率

为了选择译码规则，首先必须计算错误概率。

在确定译码规则 $F(y_j)=x_i$ 后，若信道输出端接收到的符号为 y_j，而发送的不是 x_i，就认为有错误。该错误概率 $P(e/y_j)$ 称为条件错误概率，它表示收到符号 y_j 条件下的错误概率。那么，译码的条件正确概率为

$$p[F(y_j) \mid y_j] = p(x_i \mid y_j) \tag{6-6}$$

条件错误概率与条件正确概率之间的关系为

$$p(e \mid y_j) = 1 - p(x_i \mid y_j) = 1 - p[F(y_j) \mid y_j] \tag{6-7}$$

因为译码过程有统计平均作用，经过译码后的平均错误概率为

$$p_E = E[p(e \mid y_j)] = \sum_{j=1}^{s} p(y_j) p(e \mid y_j) \tag{6-8}$$

它表示经过译码后平均接收到一个符号所产生的错误大小，也称平均错误概率。

2) 译码规则

在一般的信息传输系统中，信宿收到的消息不一定与信源发出的消息相同，而信宿需要知道此时信源发出的是哪一个信源消息，故需要把信宿收到的消息 y_j 根据某种规则判决为对应于信源符号消息集合中的某一个，如 x_i，这个判决的过程称为接收译码，简称译码，译码时所用的规则称为译码准则。译码准则有以下几类：

(1) 最小错误概率准则（最大后验概率准则）。

选择译码规则总的原则是使平均错误概率 p_E 最小。由于式(6-8)右边是非负项之和，欲使 p_E 最小，那么应使每一项为最小；又因为 $p(y_j)$ 与译码规则无关，所以只要设计译码规则 $p(y_j)=x_i$ 使条件错误概率 $p(e \mid y_j)$ 为最小即可，于是引出最小错误概率准则。

根据式(6-7)，为了使 $p(e \mid y_j)$ 为最小，就应选择 $p[F(y_j) \mid y_j]$ 为最大，即选择译码函数为

$$F(y_j) = x^* \tag{6-9}$$

并使之满足

$$p(x^* \mid y_j) \geq p(x_i \mid y_j) \quad \text{对所有 } i \tag{6-10}$$

这就是说，如果采用这样一种译码函数，它对于每一个输出符号均译成具有最大后验概率的那个输入符号，则信道错误概率就能最小，这个译码规则称为"最大后验概率准则"或"最小错误概率准则"。但在一般情况下，后验概率难以确定，所以应用起来并不十分方便，为此引入极大似然译码规则。

(2) 极大似然译码准则。

选择译码函数 $F(y_j)=x^*$，使之满足

$$p(y_j \mid x^*)p(x^*) \geqslant p(y_j \mid x_i)p(x_i) \quad \text{对所有 } i \quad (6\text{-}11)$$

则称其为极大似然译码准则。

若输入符号为等概率分布时,有
$$p(x_i) = p(x^*) \quad i=1,2,\cdots,r$$

则式(6-11)可改写成
$$p(y_j \mid x^*) \geqslant p(y_j \mid x_i) \quad \text{对所有 } i \quad (6\text{-}12)$$

当信道输入符号为等概率分布时,应用极大似然译码规则是很方便的,式(6-12)中的条件概率为信道矩阵中的元素。

极大似然译码准则本身不再依赖于先验概率 $p(x_i)$。但是当先验概率为等概率分布时,使错误概率 p_E 最小(如果先验概率不相等或不知道时,仍可以采用这个准则,但不一定能使 p_E 最小)。

3) 平均错误概率

根据上述译码准则,可进一步求出平均错误概率,即

$$\begin{aligned} p_E &= \sum_{j=1}^{s} p(y_j)p(e \mid y_j) \\ &= \sum_{j=1}^{s} \{1 - [F(y_j) \mid y_j]\} p(y_j) \\ &= \sum_{j=1}^{s} p(y_j) - \sum_{j=1}^{s} [F(y_j) \mid y_j] p(y_j) \\ &= 1 - \sum_{j=1}^{s} p[F(y_j) y_j] \\ &= \sum_{XY} p(xy) - \sum_{Y} p[F(y) y] \\ &= \sum_{XY} p(xy) - \sum_{Y} p(x^* y) \\ &= \sum_{X-X^*, Y} p(xy) \end{aligned} \quad (6\text{-}13)$$

则平均正确概率为
$$\overline{p_E} = 1 - p_E = \sum_{Y} p[F(y) y] = \sum_{Y} p(x^* y) \quad (6\text{-}14)$$

若用条件概率表示,式(6-13)可以写成
$$p_E = \sum_{X-X^*, Y} p(y \mid x)p(x) \quad (6\text{-}15)$$

如果先验概率 $p(x)$ 是等概率的,$p(x) = 1/r$,则式(6-15)为
$$p_E = \frac{1}{r} \sum_{X-X^*, Y} p(y \mid x) \quad (6\text{-}16)$$

式(6-16)表明,在等先验概率分布情况下,译码错误概率可用信道矩阵中的元素 $p(y|x)$ 求和来表示。求和是除去每列对应于 $F(y_j) = x^*$ 的那一项后,求矩阵中其余元素之和。

【例 6-1】 已知信道矩阵
$$\boldsymbol{P} = \begin{bmatrix} 0.5 & 0.3 & 0.2 \\ 0.2 & 0.3 & 0.5 \\ 0.3 & 0.3 & 0.4 \end{bmatrix}$$

设计两种译码规则,分别求取它们平均错误概率。

【解】 设计一个译码规则 A,即

$$A: \begin{array}{l} F(y_1)=x_1 \\ F(y_2)=x_2 \\ F(y_3)=x_3 \end{array}$$

也可以设计另外一个译码规则 B,即

$$B: \begin{array}{l} F(y_1)=x_1 \\ F(y_2)=x_3 \\ F(y_3)=x_2 \end{array}$$

译码规则 B 就是极大似然译码规则。

因为在矩阵的第一列中 $p(y_1|x_1)=0.5$ 为最大;第 3 列中 $p(y_3|x_2)=0.5$ 为最大;而在第 2 列中 $p(y_2|x_i)=0.3(i=1,2,3)$,所以 $F(y_2)$ 任选 x_1、x_2、x_3 都行。当输入为等概率分布时,两种译码规则所对应的平均错误概率分别为

$$p_E(A) = \frac{1}{3}\sum_{X-X^*,Y} p(y|x) = \frac{1}{3}[(0.2+0.3)+(0.3+0.3)+(0.2+0.5)] = 0.6$$

$$p_E(B) = \frac{1}{3}\sum_{X-X^*,Y} p(y|x) = \frac{1}{3}[(0.2+0.3)+(0.3+0.3)+(0.2+0.4)] = 0.567$$

可见 $p_E(A) > p_E(B)$。

由此可见,平均错误概率 p_E 与译码规则(译码函数)有关。

4) 费诺不等式

平均错误概率 p_E 与译码规则(译码函数)有关,而译码规则又由信道特性来决定。由于信道中存在噪声,导致输出端发生错误,并使接收端输出符号后,对发送的是什么符号还存在不确定性。可见,p_E 与信道疑义 $H(X|Y)$ 是有一定关系的。

设信道的输入与输出分别为 X、Y,定义条件熵 $H(X|Y)$ 为信道疑义度,它有以下含义:

① 信道疑义度表示接收到 Y 条件下 X 的平均不确定性。

② 根据 $I(X;Y) = H(X) - H(X|Y)$,信道疑义度又表示 X 经信道传输后信息量的损失。

③ 接收的不确定性由信道噪声引起,在无噪情况下,$H(X|Y)=0$。

2. 错误概率与编码方法

由前面分析可知,消息通过有噪信道传输时会发生错误,而错误概率与译码规则有关。从式(6-16)可知,不论采用什么译码方法,p_E 总不会等于或趋于零。也就是说,选择最佳译码规则只能使错误概率 p_E 有限地减小,无法使 p_E 任意地小。要想进一步减小错误概率 p_E,必须优选信道编码方法。只要 n 足够长时,适当选择编码方法和消息数 M,就可以使错误概率很小,而信息传输率保持一定。在极大似然译码准则下,使错误概率减小的编码方法就是使码间的最小距离增大。下面就来具体学习错误概率与编码方法、消息符号个数 M、汉明距离之间的关系。

1) 简单重复编码与错误概率的关系

例如,一个二进制对称信道如图 6.2 所示,其信道矩阵为 $\boldsymbol{P}=\begin{bmatrix} 0.99 & 0.01 \\ 0.01 & 0.99 \end{bmatrix}$

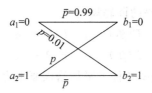

图 6.2 某二进制对称信道

若选择最佳译码规则
$$F(y_1) = x_1$$
$$F(y_2) = x_2$$

则总的平均错误概率(在输入分布为等概率分布条件下)为

$$p_E = \frac{1}{r}\sum_{X-X^*,Y} p(y\mid x) = \frac{1}{2}(0.01+0.01) = 10^{-2}$$

对于一般传输系统来说(如数字通信、数字传输、……),这个错误概率已经很大了。一般要求系统的错误概率在 $10^{-4} \sim 10^{-9}$ 的数量级范围内,有的甚至要求更低的错误概率。

在上述统计特性的信道中,使错误概率降低的方法有:只要在发送端把消息重复发几遍,就可以使接收端接收消息时错误减少,从而提高通信的可靠性。

采用简单的 3 次重复编码,相当于把信源进行三重扩展:$X = x_1 x_2 x_3$,在 $2^3 = 8$ 种符号中选了两种。其中被选用的代码组称为许用码组,未被选用的称为禁用码组,这一过程可以看成是一种重新编码,目的是为了提高传输的可靠性。

例如,在二进制对称信道中,当发送消息符号 0 时,不是只发一个 0 而是连续发 3 个 0,同样发送符号 1 时也连续发送 3 个 1。这是一种简单的重复编码,于是信道输入端有两个码字 000 和 111,但在输出端,由于信道干扰的作用各个码元部分可能发生错误,则有 8 个可能的输出序列,如图 6.3 所示。

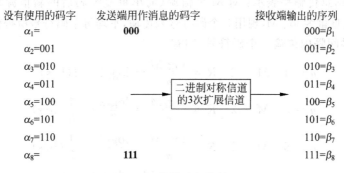

图 6.3 简单重复编码

显然,这样一种信道可以看成是 3 次无记忆扩展信道。其输入是在 8 个可能出现的二进制序列中选用两个作为消息符号,而输出端这 8 个可能的输出符号都是接收序列。这时信道矩阵为

$$P = \begin{bmatrix} \bar{p}^3 & \bar{p}^2 p & \bar{p}^2 p & \bar{p} p^2 & \bar{p}^2 p & \bar{p} p^2 & \bar{p} p^2 & p^3 \\ p^3 & \bar{p} p^2 & \bar{p} p^2 & \bar{p}^2 p & \bar{p} p^2 & \bar{p}^2 p & \bar{p}^2 p & \bar{p}^3 \end{bmatrix}$$

根据最大似然译码规则,假设输入是等概率的,只取信道矩阵中每列数值最大的元素所对应 x_i 为 x^*。可得简单重复编码的译码规则为

$$F(\beta_1) = \alpha_1 \quad F(\beta_2) = \alpha_1 \quad F(\beta_3) = \alpha_1 \quad F(\beta_4) = \alpha_8$$
$$F(\beta_5) = \alpha_1 \quad F(\beta_6) = \alpha_8 \quad F(\beta_7) = \alpha_8 \quad F(\beta_8) = \alpha_8$$

根据式(6-16)在输入为等概率条件下平均错误概率为

$$p_E = \sum_{X-X^*, Y} p(\beta_j \mid \alpha_i) p(\alpha_i) = \frac{1}{M} \sum_{X-X^*, Y} p(\beta_j \mid \alpha_i)$$
$$= \frac{1}{2} [p^3 + \bar{p} p^2 + \bar{p} p^2 + \bar{p} p^2 + \bar{p} p^2 + \bar{p} p^2 + \bar{p} p^2 + p^3]$$
$$= p^3 + 3 \bar{p} p^2 \approx 3 \times 10^{-4}$$

在这种情况下,可采用"择多译码"的译码规则,即根据信道输出端接收序列中"0"多还是"1"多。如果是"0"多则译码器就判决为"0",如果是"1"多就判决为"1"。根据择多译码规则,同样可得到

$p_E = $ 错 3 个码元的概率 $+$ 错 2 个码元的概率 $= p^3 + 3 \bar{p} p^2 \approx 3 \times 10^{-4}$ 当 $p = 0.01$

可见,得到的平均错误概率与最大似然译码规则是一致的。同时,可知采用这种简单重复的编码方法,已把错误概率降低了约两个数量级,如果进一步增大重复次数 n,则会继续降低平均错误概率 p_E。

另一方面,在重复编码次数 n 增大,平均错误概率 p_E 下降的同时,信息传输率也要减小。由于

$$R = \frac{H(S)}{\bar{l}} = \frac{\log_2 M}{n} (\text{比特}/\text{符号})$$

若传输每个码符号平均需要 t 秒钟,则编码后每秒钟传输的信息量为

$$R_t = \frac{\log_2 M}{nt} (\text{b/s})$$

由此可知,信息传输率表示:对 M 个信源(简单重复编码后的新信源)符号,每个符号所携带的最大信息量为 $\log_2 M$,现用 n 个码符号来传输,平均每个码符号所携带的信息量为 R。

如果设每秒间隔内传输一个码符号,则有

$$n = 1 \quad M = 2 \quad R = \frac{\log_2 M}{n} = \log_2 2 = 1 (\text{b/s})$$
$$n = 3 \quad M = 2 \quad R = \frac{\log_2 M}{n} = \frac{\log_2 2}{3} = \frac{1}{3} (\text{b/s})$$
$$n = 5 \quad M = 2 \quad R = \frac{\log_2 M}{n} = \frac{\log_2 2}{5} = \frac{1}{5} (\text{b/s})$$
$$n = 11 \quad M = 2 \quad R = \frac{\log_2 M}{n} = \frac{\log_2 2}{11} = \frac{1}{11} (\text{b/s})$$

由此可见,利用简单重复编码来减小平均错误概率 p_E 是以降低信息传输率 R 作为代价的。于是提出一个十分重要的问题,能否找到一种合适的编码方法使平均错误概率 p_E 充分小,而信息传输率 R 又可保持在一定水平上,从理论上讲这是可能的。这就是后面要

学习的香农第二基本定理,即有噪信道编码定理。

2) 消息符号个数与错误概率的关系

在一个二元信道的 n 次无记忆扩展信道中,输入端共有 2^n 个符号序列可能作为消息符号,现仅选其中 M 个作为消息符号传递,则当 M 选取大些,p_E 也跟着大,R 也大;当 M 选取小些,p_E 也会降低,R 也将降低。

现在先看一下简单重复编码的方法是怎样使信息率降低的。在未重复编码以前,输入端是有两个消息(符号)的集合,假设为等概率分布,则每个消息(符号)携带的信息量是 $\log_2 M = 1$ 比特/符号。

简单重复($n=3$)后,可以把信道看成是3次无记忆扩展信道。这时,发送端可供选择的消息符号数共有8个二进制序列($a_1, a_2, \cdots, a_8$),但是只选择了两个二进制序列作为消息 $M=2$。设输入消息符号为等概率分布,$p(x)=1/M$ 时,采用极大似然译码规则,有

$$p_E = \frac{1}{M} \sum_{X-X^*, Y} p(y\mid x) = 3 \times 10^{-4} \quad \text{当 } p = 0.01$$

由此可知,这时每个消息携带的平均信息量仍是1bit。而传送一个消息需要付出的代价却是3个二进制码符号,所以 R 就降低到 $1/3$ 比特/符号。

由此可见,若在扩展信道的输入端把8个可能作为消息的二进制序列部分作为消息,则每个消息携带的平均信息量就是 $\log_2 M = \log_2 8 = 3 \text{bit}$,而传送一个消息所需的符号数仍为3个二进制码符号,则可求得:$p_E = 3 \times 10^{-2}$,$R = 1$ 比特/符号($n=3, M=8$),即 R 就提高到1比特/码符号。这时的信道如图6.4所示。

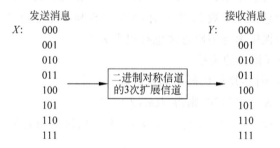

图 6.4 二进制对称信道的 3 次扩展信道

现在采用的译码规则将与前不同,只能规定接收8个输出符号序列,β_j 与 α_i 一一对应。这样,只要符号序列中有一个符号发生错误就会变成其他所用的码字,使输出译码造成错误。只有符号序列中每个符号都不发生错误才能正确传输。所以得到正确传输概率为 $\bar{p}^3$,于是错误概率为

$$p_E = 1 - \bar{p}^3 \approx 3 \times 10^{-2} \quad p = 0.01$$

这时 p_E 比单信道传输的 p_E 大3倍。

若在3次无记忆扩展信道中,取 $M=4$,取以下4个符号序列作为消息,即

$$\begin{matrix} 0 & 0 & 0 \\ 0 & 1 & 1 \\ 1 & 0 & 0 \\ 1 & 1 & 0 \end{matrix}$$

按照最大似然译码规则,可计算出错误概率为 $p_E \approx 2 \times 10^{-2}$,与 $M=8$ 的情况比较,错误概率降低了,而信息传输率也随之降低,即为 $R=2/3$ 比特/符号。

再进一步观察可见,当 $n=3, M=4$ 时,由于从 $2^n=2^3=8$ 个可供选择的消息符号中,取 $M=4$,其有 $C_8^4(70)$ 种取法。不同的选取方法,亦即不同的编码方法,其平均错误概率是不相同的。现在消息符号 $\alpha_i (i=1,2,\cdots,8)$ 为

$$\alpha_1 = 000 \quad \alpha_2 = 001 \quad \alpha_3 = 010 \quad \alpha_4 = 011$$
$$\alpha_5 = 100 \quad \alpha_6 = 101 \quad \alpha_7 = 110 \quad \alpha_8 = 111$$

设 $M=4$ 的第 1 种取法

$$\alpha_1 = 000 \quad \alpha_4 = 011 \quad \alpha_6 = 101 \quad \alpha_7 = 110$$

按照最大似然译码规则,可计算出错误概率和信息传输率分别为

$$p_E \approx 2 \times 10^{-2}, \quad R = 2/3 (\text{比特}/\text{符号})$$

设 $M=4$ 的第 2 种取法

$$\alpha_1 = 000 \quad \alpha_4 = 011 \quad \alpha_5 = 100 \quad \alpha_7 = 110$$

按照最大似然译码规则,可计算出错误概率和信息传输率分别为

$$p_E \approx 2 \times 10^{-2}, \quad R = 2/3 (\text{比特}/\text{符号})$$

设 $M=4$ 的第 3 种取法

$$\alpha_1 = 000 \quad \alpha_2 = 001 \quad \alpha_3 = 010 \quad \alpha_5 = 100$$

按照最大似然译码规则,可计算出错误概率和信息传输率分别为

$$p_E \approx 2.28 \times 10^{-2}, \quad R = 2/3 (\text{比特}/\text{符号})$$

由此可见,输入消息符号个数 M 增大时,平均错误概率显然也增大了,但信息传输率也增大了,反之亦然。错误概率与编码方法也有很大关系。

3) 汉明距离与错误概率的关系

上述一些码的 p_E 不同,用引码间距离来解释。

例如,$\alpha_i = 101111, \beta_j = 111100$,则得 $d(\alpha_i, \beta_j) = 3$。

若令 $\alpha_i = (x_{i1} x_{i2} \cdots x_{in}), \beta_j = (y_{j1} y_{j2} \cdots y_{jn})$,$\alpha_i$ 和 β_j 的汉明距离为

$$d(\alpha_i, \beta_j) = \sum_{k=1}^{n} x_{ik} \oplus y_{jk}$$

其中,$\oplus$ 表示模 2 和运算。

例如,设有 $n=3$ 的两组码,如表 6.1 所示。

表 6.1 两组码

符号	C_1	C_2
α_1	000	000
α_2	011	001
α_3	101	010
α_4	110	100

则对于码 C_1,有 $d_{\min}=2$,码 C_2 有 $d_{\min}=1$。

很明显,最小码距离 $d_{\min}$ 越大,则平均错误概率 p_E 越小。在输入消息符号个数 M 相同的情况下,同样,$d_{\min}$ 越大,p_E 越小。总之,码组中最小距离越大,受干扰后,越不容易把一个

码字错误地译成另一个码字,因而平均错误概率 p_E 小。如果最小码间距离 $d_{\min}$ 小,受干扰后很容易把一个码字错误地译成另一个码字,因而平均错误概率大。这意味着,在选择编码规则时,应使码字之间的距离越大越好。

现在把极大似然译码准则和汉明距离联系起来,用汉明距离来表述极大似然译码准则。

设 x_i 为信道输入端作为消息的码字,y_j 为信道输出端接收的可能码字,x_i 和 y_j 码长均为 n。码字 x_i 和 y_j 之间的距离为 d,则表示在传输过程中有 d 个位置发生了错误,$n-d$ 个位置没有错误,即

$$x_i = x_{i1}x_{i2}\cdots x_{in} \quad i = 1, 2, \cdots, r$$
$$y_j = y_{j1}y_{j2}\cdots y_{jn} \quad j = 1, 2, \cdots, s$$

设二进制对称信道的传输错误概率为 p,当信道是无记忆时,则编码后信道的传递概率为

$$p(y_j \mid x_i) = p(y_{j1} \mid x_{i1})p(y_{j2} \mid x_{i2})\cdots p(y_{jn} \mid x_{in}) = p^d \bar{p}^{(n-d)} \tag{6-17}$$

从式(6-17)可见,当 $p<1/2$ 时,d 越大,则 $p(y_j \mid x_i)$ 越小;d 越小,则 $p(y_j \mid x_i)$ 越大。因此,极大似然译码规则就变成了这样一个含义:当收到码字 y_j 后,在输入码字集合{x_i, $i=1,2,\cdots,r$}中寻找一个 x^*,使之与 y_j 的距离(汉明距离)为最短,即选取译码函数

$$F(y_j) = x^* \tag{6-18}$$

使之满足

$$d(x^*, y_j) = d_{\min}(x_i, y_j) \tag{6-19}$$

由于二进制对称信道的传输错误概率为 p,x_i 和 y_j 的长度均为 n,所以 x_i 和 y_j 之间的平均汉明距离为

$$d_{\text{av}}(x_i, y_j) = np \tag{6-20}$$

因此,简单地说,挑出来的 M 个码字之间越不相似越好。

6.2.2 有噪信道编码定理

有噪信道编码定理又称香农第二定理。这个定理说明:只要信息传输率 R 不大于信道容量 C,则一定存在着错误概率为 $p_E \to 0$ 的码。其逆定理是,如果 $R>C$,则无论采用什么方法,都不能使 $p_E \to 0$。

1. 有噪信道编码定理

有噪信道编码定理 设某信道有 r 个输入符号,s 个输出符号,信道容量为 C。当信息传输率 $R<C$ 时,只要码长 n 足够长,总可以在输入的集合中找到 M 个码字(代表 M 个等可能性的消息)组成的一个码($M \leqslant 2^{n(C-\varepsilon)}$)和它相应的译码规则,使信道输出的错误概率 p_E 任意小。下面以二进制对称信道(BSC)为例来证明有噪信道编码定理。

【证明】 假设一个二进制对称信道的传输错误概率为 p,信道容量为 $C=1-H(p)$。并假设已选择了由 M 个码字组成的一个码,其码长为 n。

设在发送端发某一个码字 x_0,通过信道传输,在信道输出端接收到另一个长为 n 的二进制序列 y_j,x_0 和 y_j 之间的平均汉明距离为 $d_{\text{av}}(x_0, y_j)=np$。译码器接到 y_j 之后,按照极大似然译码规则,译成与 y_j 汉明距离为最短的码字,或者说,在与 y_j 的距离不大于 np 的那

些码字中去找发送过来的码字 x_0。从 n 维空间的几何概念来看,二元序列 x_0, y_j 都是 n 维空间的一些点。于是,译码规则就变成以 y_j 为球心,以 np 为半径的球体内去寻找 x_0。为保证译码可靠,将球体稍稍扩大。令其半径为 $n(p+\varepsilon)=np_\tau(\varepsilon$ 为任意小的正数,见图 6.5),保证 x_0 以高的概率落在球内,并用 $S(np_\tau)$ 表示所设的球体。

对于这种译码方法,可描述为:如果在球体 $S(np_\tau)$ 内有一个唯一的码字,则判定这码字为发送的码字 x_0。显然,在这种译码方法中,发生译码错误的情况只有两种,一种是发送的码字 x_0 不在这个球内;另一种是不但发送码字 x_0 在这球内,而且至少还有一个其他的码字也落在这球内。所以对应于这一译码方法的错误概率是

$$p_E = P\{x_0 \notin S(np_\tau)\} + P\{x_0 \in S(np_\tau)\}, \quad P\{至少有一个其他码字 \in S(np_\tau)\} \tag{6-21}$$

由于 x_0 并不肯定在球 $S(np_\tau)$ 内,因此有

$$P\{x_0 \in S(np_\tau)\} \leqslant 1 \tag{6-22}$$

由此可得

$$p_E \leqslant P\{x_0 \notin S(np_\tau)\} + P\{至少有一个其他码字 \in S(np_\tau)\} \tag{6-23}$$

由概率论可知,N 个可能事件中至少有一个发生的概率绝不会大于每一事件各自发生的概率之和。所以式(6-23)右端第二项的值肯定小于每个不是 x_0 的码字落在球内的概率和。

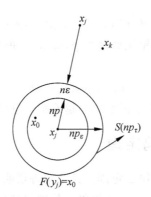

图 6.5 译码规则示意图

当有几个其他码字都落入球内时,这实际上是对应一个错误,但现在把它算作几个错误。这样就有

$$P\{至少有一个其他码字 \in S(np_\tau)\} \leqslant \sum_{x_i \neq x_0} p\{x_0 \in S(np_\tau)\} \tag{6-24}$$

式(6-24)中右边的求和是对没有传送出来的 $(M-1)$ 个码字求和。把式(6-24)代入式(6-23)得

$$p_E \leqslant P\{x_0 \notin S(np_\tau)\} + \sum_{x_i \neq x_0} p\{x_0 \in S(np_\tau)\} \tag{6-25}$$

不等式(6-25)表示了对于一个有 M 个码字的集合的错误概率的上界。其中第一项是接收到的码字与发送出来的码字之间的汉明距离下在 $n(p+\varepsilon)$ 范围内的概率,第二项则是接收到的码字与没有发送出来的每一个码字之间的汉明距离小于 $n(p+\varepsilon)$ 的概率之和。

第一项是容易计算的。它是通过二进制对称信道,长为 n 的二进制序列在传输过程中

发生的错误大于 $n(p+\varepsilon)$ 的概率。在长为 n 的一个码字中发生错误的平均个数是 np,那么对于任何 n(有限值),总存在发生的错误个数超过它的平均值,即达到不小于 np。然而,当 n 增大时,这个可能性将越来越小。更精确地说,按照大数定理(弱定律),对于任意两个正数 ε 和 δ,存在一个 n_0,对于任何 $n > n_0$,发生的错误个数超过它的平均值,即大于 $n(p+\varepsilon)$ 的概率小于 δ:

$$P\{\text{错误个数} > np_\tau\} < \delta$$

亦即,当 n 足够大时,有

$$P\{x_0 \notin \overline{S(np_\tau)}\} < \delta$$

δ 可以任意小。于是式(6-25)可以写成

$$p_E \leqslant \delta + \sum_{x_i \neq x_0} p\{x_0 \in S(np_\tau)\} \tag{6-26}$$

δ 与所选择的编码(M 个码字的集合)无关。而式(6-26)中的第二项却在相当大程度上依赖于所选择的码字。要计算这一项,则要引入随机编码的概念。

从 2^n 个可能的信道输入序列中,随机地选择 M 个输入码字。每次选择一个码字就有 2^n 个可能,做了 M 次随机的选择,组成有 M 个码字的一个码,这 M 个码字代表 M 个消息。所以总共有 2^{nM} 种不同的码可供选择。在随机选择的条件下,在这些码集合,每一个码被选出来的概率是 2^{-nM}。对任何一个确定的码所得到的错误概率都可以由式(6-26)给出。现在,把式(6-26)的 2^{nM} 种可能的码取平均,得到总的平均错误概率 $\overline{p_E}$。由于 δ 不依赖所选择的码,所以只要对 $M-1$ 项的 $P\{x_i \in S(np_\tau)\}$ $(x_i \neq x_0)$ 取平均即可,得

$$\langle p_E \rangle \leqslant \delta + (M-1)\langle p\{x_0 \in S(np_\tau)\}\rangle \leqslant \delta + M\langle p\{x_0 \in S(np_\tau)\}\rangle \quad x_i \neq x_0 \tag{6-27}$$

由于编码中产生 x_i 用的是随机编码方法,M 个码字都是从 2^n 个可供选择的二元序列中随机抽取的,所以基本事件总数,即 $x_i \neq x_0$ 的抽取可以有 2^n 种可能结果。而 x_i 落入球 $S(np_\tau)$ 内的事件数有下述各种结果:

- n 长二元序列发生 1 位错误落入球 $S(np_\tau)$ 内的个数为 C_n^1 个。
- n 长二元序列发生 2 位错误落入球 $S(np_\tau)$ 内的个数为 C_n^2 个。

以此类推,n 长二元序列发生 np_τ 位错误落入球 $S(np_\tau)$ 内的个数为 $C_n^{np_\tau}$ 个。

于是,所有可能落入球 $S(np_\tau)$ 内的序列总数为

$$N(np_\tau) = C_n^0 + C_n^1 + C_n^2 + \cdots + C_n^{np_\tau} = \sum_{k=0}^{np_\tau} C_n^k \tag{6-27}$$

这样,码字 $x_i(x_i \neq x_0)$ 落入球 $S(np_\tau)$ 内的平均概率等于落入球 $S(np_\tau)$ 内的不同的二元序列数 $N(np_\tau)$ 与长度为 n 的二元序列的总数 2^n 之比,即

$$\langle p\{x_i \in S(np_\tau)\}\rangle = \frac{N(np_\tau)}{2^n} = \sum_{k=0}^{np_\tau} \frac{C_n^k}{2^n} \quad x_i \neq x_0 \tag{6-28}$$

在式(6-28)中,np_τ 不一定是个整数。如果不是,则在求和时,最后一项的二项式系数中可用比 np_τ 小一点的最大整数即可。现在引用二项式系数的一个不等式,即

$$\sum_{k=0}^{np_\tau} C_n^k \leqslant 2^{nH(p_\tau)} \quad \text{当 } p_\tau < \frac{1}{2} \tag{6-29}$$

于是得

$$\langle p_E \rangle \leqslant \delta + M 2^{-n[1-H(p_\tau)]} \quad \text{当 } p_\tau < \frac{1}{2} \tag{6-30}$$

其中

$$1-H(p_\tau)=1-H(p+\varepsilon)=1-H(p)+H(p)-H(p+\varepsilon)$$
$$=C-[H(p+\varepsilon)-H(p)] \qquad (6\text{-}31)$$

因为信源熵 $H(p)$ 是概率 p 的凸函数，所以存在

$$H(p+\varepsilon)\leqslant H(p)+\varepsilon\left.\frac{\mathrm{d}H}{\mathrm{d}p}\right|_p$$

由于 $0<p<\frac{1}{2}$，所以

$$\frac{\mathrm{d}H}{\mathrm{d}p}=\log_2\frac{1}{p}-\log_2\frac{1}{1-p}=\log_2\frac{1-p}{p}>0$$

故

$$1-H(p_\tau)\geqslant C-\varepsilon\log_2\frac{1-p}{p}$$

令

$$\varepsilon_1=\varepsilon\log_2\frac{1-p}{p}$$

所以

$$\langle p_\mathrm{E}\rangle\leqslant\delta+M2^{-n[C-\varepsilon_1]}$$

若取 $M=2^{n[C-\varepsilon_2]}$，其中，ε_2 为任意大于零的小数，则有

$$\langle p_\mathrm{E}\rangle\leqslant\delta+2^{-n[\varepsilon_2-\varepsilon_1]}$$

式中

$$\varepsilon_2-\varepsilon_1=\varepsilon_2-\varepsilon\log_2\frac{1-p}{p} \qquad (6\text{-}32)$$

由式(6-32)可见，只要选取 ε 足够小，总能满足 $\varepsilon_2-\varepsilon_1>0$。同时，从式(6-30)可知，当 $\varepsilon_2-\varepsilon_1>0$，而 $n\to\infty$ 时，则 $\langle p_\mathrm{E}\rangle\to 0$。

因为 $\langle p_\mathrm{E}\rangle$ 是译码错误概率 $\langle p_\mathrm{E}\rangle\to 0$ 对所有 2^{nM} 种随机码求得的平均值，所以在 2^{nM} 种随机码中一定会有些码的错误概率 $p_\mathrm{E}<\langle p_\mathrm{E}\rangle$，则必存在一种编码，当 $n\to\infty$ 时，$\langle p_\mathrm{E}\rangle\to 0$。

由于选择一码的码字为 $M\cong 2^{nC}$（M 为等概率分布），所以这时信息传输率 $R=\frac{\log_2 M}{n}\approx C$，接近达到信道容量。因此香农第二定理说明，总存在一种编码，只要码长 n 足够长时，总能使传输错误概率任意小，且信息传输率接近信道容量。这从理论上证明，在有噪信道中可以有效、可靠地传输信息。

2. 有噪信道编码定理的逆定理

有噪信道编码定理的逆定理 设有一离散无记忆平稳信道，有 r 个输入，s 个输出，信道容量为 C，令 ε 为任意小正数。若选用码字总数 $M=2^{n(C+\tau)}$，则无论 n 取多大，也找不到一种编码，使译码错误概率 p_E 任意小。

【证明】 设选用 $M=2^{n(C+\tau)}$ 个码字组成的一个码，不失一般性，认为码字为等概率分布 $p(x_i)=\frac{1}{M}(i=1,2,\cdots,M)$。于是，信源熵 $H(X^n)=\log_2 M$。

一般 n 次扩展信道的平均互信息量为

其中
$$I(X^n, Y^n) = H(X^n) - H(X^n \mid Y^n) \leqslant nC$$
$$H(X^n) = \log_2 M = \log_2 2^{n(C+\varepsilon)}$$
故有 $n\varepsilon \leqslant H(X^n \mid Y^n)$。

根据 6.2.1 节中提到并证明的费诺不等式得
$$n\varepsilon \leqslant H(X^n \mid Y^n) \leqslant H(p_E, 1-p_E) + p_E \log_2(M-1)$$
其中 $H(p_E, 1-p_E) \leqslant \log_2 2 = 1$。所以
$$(M-1) < M = 2^{n(C+\tau)}$$
$$n\varepsilon \leqslant 1 + p_E \log_2 [n(C+\varepsilon)]$$
或
$$p_E \geqslant \frac{n\varepsilon - 1}{n(C+\varepsilon)} = \frac{\varepsilon - \frac{1}{n}}{C+\varepsilon}$$

由上式可知，当 n 增大时，错误概率 p_E 不会趋向于零。

由此可见，该定理表明，当选择码字个数 $M = 2^{n(C+\tau)}$ 时，信息传输率
$$R = \frac{H(S)}{\bar{l}} = \frac{\log_2 M}{n} = \frac{n(C+\varepsilon)\log_2 2}{n} = C+\varepsilon \tag{6-33}$$

显然，信息传输率 R 大于信道容量 C，因此，由逆定理得：要想使信息传输率大于信道容量而又无错误地传输消息是不可能的。

综合香农第二定理及其逆定理可知，在任何信道中信道容量是可靠传输的最大信息传输率。

以上只是在二进制对称无记忆信息的情况下对定理作了简要证明，然而香农第二定理对连续、有记忆信道同样成立。目前已证明 p_E 趋于零的速度是与 n 成指数关系的，这表明 p_E 趋于零的速度较快，因此实际编码的码长 n 不需选得很大。

香农第二定理也只是一个存在性定理，它说明错误概率趋于零的编码是存在的。但从实用观点来看，理论的证明是不令人满意的。因为在证明过程中，是完全"随机地"选择一个码。这个码是完全无规律的，因此，就无法具体构造这个码，也就无法应用和实现。为此人们在该理论指导下，赋予码以各种形式的代数结构，致力于研究实际信道中的各种易于实现的实际编码方法。

6.2.3 差错控制的途径

从编码的角度来看，平均误码率 p_e 与信道编码的码字长度 N 有关，同时也与信道上所传输消息的信息传输速率 R 有关，因此可建立起它们之间的函数关系，即 $p_e = f[N, R]$，其中的一种表示为
$$p_e = \exp[-N \cdot E(R)] \tag{6-34}$$

式中，$E(R)$ 为一个人为设置的函数，称为可靠性函数，它仅与信道有关，是 R 的函数。$E(R)$ 的值越大，p_e 越小，可靠性越高。

由式(6-34)可知，要减少误码率 p_e 就应当增大码长 N 或增大可靠性函数 $E(R)$。而对于同样的信息传输速率 R，信道容量 C 大者，可靠性函数 $E(R)$ 肯定也大；对于同样的信道

容量 C,R 小者其可靠性函数 $E(R)$ 则大。因此,想增大 $E(R)$ 就要加大信道容量 C 或减少信息传输速率 R。

通过上述分析,总结出以下的差错控制途径。

1. 途径一

从信道编码定理的公式出发可知,减小差错概率应增大码长 N 或增大可靠性函数 $E(R)$,而想增大 $E(R)$ 就要加大信道容量 C 或减小码率(传信率)R。从图 6.6 中可以看出:

① 对于同样的码率,信道容量大者其可靠性函数 $E(R)$ 也大。

② 对于同样的信道容量,码率减小时其可靠性函数 $E(R)$ 增大。

鉴于上面的分析,可采取以下措施减小差错概率:

(1) 增大信道容量 C。

根据信道容量公式,信道容量 C 与带宽 W、信号平均功率 P 和噪声谱密度 N_0 有关。为此,可以采取以下措施:

① 扩展带宽。如开发新的宽带介质,有线通信从明线(150kHz)、对称电缆(600kHz)、同轴电缆(1GHz)到光纤(25THz),无线由中波、短波、超短波到毫米波、微米波;又如采取信道均衡措施,如加感、时/频域的自适应均衡器等。

② 加大功率。如提高发送功率、提高天线增益,将无方向的漫射改为方向性强的波束或点波束、分集接收等。

③ 降低噪声。如采用低噪声器件、滤波、屏蔽、接地、低温运行等。

在纠错编码技术发展之前,通信系统设计者主要就是靠增大 C 来提高通信可靠性的。

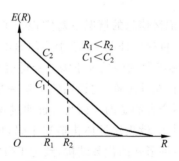

图 6.6 增大 $E(R)$ 的途径

(2) 减小码率 R。

对于二进制 (N,K) 分组码(K 位二进制符号编成由 N 位符号组成的码字),码率是 $R=K/N$ 比特/符号;对于 q 进制 (N,K) 分组码(K 个 q 元符号编成 N 个 q 元符号),码率是 $R=K\log_2 q/N$。所以降低码率的方法有下几种:

① q、N 不变而减小 K,这意味着降低信息源速率,每秒少传一些信息。

② q、K 不变而增大 N,这意味着提高符号速率(波特率),占用更大带宽。

③ N、K 不变而减小 q,这意味着减小信道的输入、输出符号集,在发送功率固定时提高信号间的区分度,从而提高可靠性。

在一定的通信容量下减小 R,等效于拉大 C 和 R 之差,因此说这是用增加信道容量的冗余度来换取可靠性。从 20 世纪 50—70 年代起,主要的纠错编码方法都是以这种冗余度为基础的。

(3) 增加码长 N。

如要保持码率 R 不变,增加码长 N 的同时应增大信息位 K,以保持 K/N 之比不变。在 C 和 R 固定情况下加大 N 并没有增加信道容量的冗余度,它是利用了随机编码的特点:随着 N 增大,矢量空间 X^N 以指数量级增大,从统计角度而言码字间距离也将加大,从而可靠性提高。另外,码长 N 越大,其实际差错概率就越能符合统计规律。例如,投掷一个硬币,记录其正面向上的比例,理论值应是 0.5,如果比例降到 0.4 以下或 0.6 以上就算差错,则投掷 10 次的统计比例较之投掷 100 万次再统计比例,其差错概率要大得多。可以断言,投掷 100 万次而正面向上比例在 [0.4,0.6] 区间之外的概率几乎是零,增加码长 N 的作用与增加投掷次数的作用类似。增加码长 N 所带来的好处同样需要付出某种代价才能换得,代价就是码长越长,编解码算法就越复杂,编解码器也越昂贵。所以,虽然香农早在 1948 年就已指出增大 N 的途径,但 20 世纪 70 年代前由于器件水平不允许编解码器做得太复杂,实用的纠错码主要是靠牺牲功率、带宽效率来取得可靠性。20 世纪 80 年代后随着 VLSI 的发展,编解码器可以做得越来越复杂,很多编解码算法可在 ASIC 或数字信号处理专用芯片 DSP 上实现,因此码长允许设计得很长。当前,通过增加码长 N 来提高可靠性已成为纠错编码的主要途径之一,它实际上是以设备的复杂度换取可靠性,从这个意义上说,妨碍数字通信系统性能提高的真正限制因素是设备的复杂性。

2. 途径二

从概念上分析纠错编码的基本原理,可以把纠错能力的获取归结为两条:一条是利用冗余度;另一条是噪声均化(随机化)。

1) 利用冗余度

冗余度就是在信息流中插入冗余比特,这些冗余比特与信息比特之间存在着特定的相关性。这样,在传输过程中即使个别信息比特遭受损伤,也可以利用相关性从其他未受损的冗余比特中推测出受损比特的原貌,保证了信息的可靠性。举例来说,如果用 2b 表示 4 种意义,那么无论如何也不能发现差错,因为如有一信息 01 误成 00,根本无法判断这是在传输过程中由 01 误成 00,还是原本发送的就是 00。但是,如果用 3b 来表示 4 种意义,那就有可能发现差错,因为 3b 的 8 种组合能表示 8 种意义,用它代表 4 种意义,尚余 4 种冗余组合,如果传输差错使收到 3b 组合落入 4 种冗余组合之一,就可断言一定有差错比特发生了。至于加多少冗余、加什么样的相关性最好,这正是纠错编码技术所要解决的问题,但必须有冗余,这是纠错编码的基本原理。

为了传输这些冗余比特,必然要动用冗余的资源。这些资源可以是以下几种:

① 时间。比如一个比特重复发几次,或一段消息重复发几遍,或根据接收端的反馈重发受损信息组,如 ARQ 系统。

② 频带。插入冗余比特后传输效率下降,若要保持有用信息的速率不变,最直接的方法就是增大符号传递速率(波特率),结果是占用了更大的带宽。比如采用二进码(1 比特/符号),编成 (8,4) 分组码后使符号速率增大一倍,所占带宽也增大一倍。

③ 功率。采用多进制符号,比如用一个八进制 ASK 符号代替一个四进制 ASK 符号来传进 2b 信息,可腾出位置 1 冗余比特。但为了维持信号集各点之间的距离不变,八进

制 ASK 符号的平均功率肯定比四进制时要大,这就是动用冗余的功率资源来传输冗余比特。

④ 设备复杂度。加大码长 N,采用网格编码调制(TCM),是在功率、带宽受限信道中实施纠错编码的有效方法,代价是算法复杂度的提高,需动用设备资源。

2) 噪声均化

纠错编码的第二条基本原理是噪声均化,或者说让差错随机化,以便更符合编码定理的条件,从而得到符合编码定理的结果。噪声均化的基本思想是设法将危害较大的、较为集中的噪声干扰分摊开来,使不可恢复的信息损伤最小。这是因为噪声干扰的危害大小仅与噪声总量有关,而且与它们的分布有关。集中的噪声干扰(称之为突发差错)的危害甚于分散的噪声干扰(称之为随机差错)。噪声均化正是将差错均匀分摊给各码字,达到提高总体差错控制能力的目的。

噪声均化的方法主要有 3 种。

(1) 增加码长 N。前面已从编码公式角度提到这种方法,这里想通过一个具体例子从感性上理解它。设某 BSC 信道误码率 $P_e=0.01$,假如编码后的纠错能力是 10%,即长度 N 的码字中,只要差错码元个数不多于 N 的 10%,就可以通过译码加以纠正。先设码长 $N=10$,码字中多余 1 位误码时就会产生译码差错,差错概率为

$$P = 1 - \sum_{m=0}^{1} \binom{10}{m} P_e^m (1-P_e)^{10-m} = 4.27 \times 10^{-3}$$

如果保持码率 R 不变,将码长增加到 $N=40$,那么当码字中多于 4 位误码时,会产生译码差错,差错的概率为

$$P = 1 - \sum_{m=0}^{4} \binom{40}{m} P_e^m (1-P_e)^{40-m} = 4.92 \times 10^{-5}$$

从以上例子可看到,当码长由 10 增加到 40 时,译码差错的概率下降了两个数量级。因为增加码长可使译码误差减小的原因在于:码长越大,具体每个码字中误码的比例就越接近统计平均值,换言之,噪声按平均数均摊到各码字上。而如果真的均摊了,译码就不会发生任何差错,因为信道的差错概率($P_e=0.01$)远远小于编码后的纠错能力的 10%。

(2) 卷积。上面的例子都是把信息流分割成 k 位一组,每组再编成 N 长的码字,也就是说相关性仅限于加在各个码字内,而码字之间是彼此无关的。后来卷积码的出现改变了这种状况,卷积码在一定约束长度内的若干码字之间也加进了相关性,译码时不是根据单个码字,而是一串码字来作判决。如果再加上适当的编译码方法,就能够使噪声分摊到码字序列而不是一个码字上,达到噪声均化目的。

(3) 交织(或称交错)。这是对付突发差错的有效措施。突发噪声使码流产生集中的、不可纠的差错,若能采取某种措施,对编码器输出的码流与信道上的符号流作顺序上的变换,则信道噪声造成的符号流中的突发差错,有可能被均化而转换为码流上随机的、可纠正的差错。加了交织器的传输系统如图 6.7 所示。

数据入 → 编码器 → 交织器 → 信道 → 去交织 → 译码器 → 数据出

图 6.7 带交织器的传输系统

交织的结果取决于信道噪声的特点和交织方式。最简单的交织器是一个 $n \times m$ 的存储阵列,码流按行输入后按列输出。图 6.8 是一个适用于码长 $N=7$ 的 5×7 行列交织器的示意图,从图中可看到,码流的顺序 $1,2,3,\cdots,7,8,\cdots$ 经交织器后变为 $1,8,15,22,29,2,9,\cdots$。

现假设信道中产生了 5 个连续的差错,如果不变错,这 5 个差错集中在 1 个或 2 个码字上,很可能就不可纠。采用交织方法,则去交织后差错分摊在 5 个码字上,每码字仅 1 个。

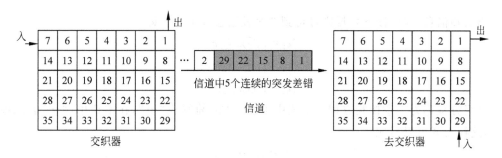

图 6.8 5×7 行列交织器工作原理示意图

6.3 线性分组码

线性分组码是最有实用价值的一类码,如汉明码、格雷码、RS 码、BCH 码等都属于线性分组码。线性分组码就是置信息位和校验位满足一组线性方程的码。当这个符号集包含两个元素(0 和 1)时,与二进制相似,称为二进制编码。

线性分组码的编码方式是将信源输出序列分组,每组是长为 k 的信息序列($m_{k-1},\cdots,m_1,m_0$),然后按照一定的编码规则插入 $n-k$ 位的校验位,校验位是信息位的线性组合,这样就可以产生 n 位的线性分组码($c_{n-1},c_{n-2},\cdots,c_1,c_0$),记为 (n,k) 线性分组码。

在二进制情况下,信息组总共有 2^k 个,因此通过编码器后,相应的码字也有 2^k 个。称这 2^k 个码字集合为 (n,k) 线性分组码。N 位长的序列可能排列总共有 2^n 种。称被选取的 2^k 个 n 重为许用码组,其余 $2^n - 2^k$ 个为禁用码组。于是 (n,k) 线性分组码的码率为 k/n。下面通过一个 $(7,4)$ 线性分组码来看其生成的原理。

6.3.1 线性分组码的生成矩阵和校验矩阵

表 6.2 给出了 $(7,4)$ 线性分组码的信息组和码字的对应关系,其中,信息位为 $(c_6 c_5 c_4 c_3)$,码字为 $(c_6 c_5 c_4 c_3 c_2 c_1 c_0)$。

表 6.2 $(7,4)$ 线性分组码的码表

信 息 位	码 字	信 息 位	码 字
0000	0000000	1000	1000111
0001	0001011	1001	1001100
0010	0010101	1010	1010010
0011	0011110	1011	1011001
0100	0100110	1100	1100001

续表

信 息 位	码 字	信 息 位	码 字
0101	0101101	1101	1101010
0110	0110011	1110	1110100
0111	0111000	1111	1111111

当已知信息位时,按下列规则可得到 3 个校验位($c_2 c_1 c_0$),即

$$\begin{cases} c_2 = c_6 \oplus c_5 \oplus c_4 \\ c_1 = c_6 \oplus c_5 \oplus c_3 \\ c_0 = c_6 \oplus c_4 \oplus c_3 \end{cases}$$

这组方程称为一致校验方程。上式中可以将"$\oplus$"简写成"$+$",在本章中,"$+$"表示模 2 加法,这样上式可以写成

$$\begin{cases} c_2 = c_6 + c_5 + c_4 \\ c_1 = c_6 + c_5 + c_3 \\ c_0 = c_6 + c_4 + c_3 \end{cases}$$

由于所有码字都按同一规则确定,又称为一致监督方程。由于一致校验方程是线性的,即校验位和信息位之间是线性运算关系,所以由线性监督方程所确定的分组码是线性分组码。

(n,k)线性分组码的编码问题,就是如何从 n 维线性空间 V_n 中找出满足一定要求的,由 2^k 个矢量组成的 k 维线性子空间;或者说在满足一定条件下,如何根据已知的 k 个信息元求得 $n-k$ 个校验位。

由于(n,k)二元线性分组码是在 $GF(2)$ 上 n 维线性空间的一个 k 维子空间,因此在码集合中一定可以找到 k 个线性无关的基底 $g_{k-1},\cdots,g_1,g_0$,使得所有的码字都可以写成 k 个基底的线性组合,即

$$c = m_{k-1} g_{k-1} + \cdots + m_1 g_1 + m_0 g_0 \tag{6-35}$$

这种线性组合的特性正是线性分组码名称的由来。

用 g_i 表示第 i 个基底并写成 $1 \times n$ 矩阵形式

$$g_i = [g_{i(n-1)}, g_{i(n-2)}, \cdots, g_{i1}, g_{i0}] \tag{6-36}$$

再将 k 个基底排列成 $k \times n$ 矩阵 G,即

$$G = \begin{bmatrix} g_{k-1} \\ g_{k-2} \\ \vdots \\ g_1 \\ g_0 \end{bmatrix} = \begin{bmatrix} g_{(k-1)(n-1)} & \cdots & g_{(k-1)1} & g_{(k-1)0} \\ \vdots & \ddots & \vdots & \vdots \\ g_{1(n-1)} & \cdots & g_{11} & g_{10} \\ g_{0(n-1)} & \cdots & g_{01} & g_{00} \end{bmatrix} \tag{6-37}$$

(n,k)线性分组码中的任一码字 c,式(6-42)可以用矩阵表示成

$$c = m_{k-1} g_{k-1} + \cdots + m_1 g_1 + m_0 g_0 = mG \tag{6-38}$$

式中,$m = [m_{k-1}, \cdots, m_1, m_0]$ 为 $1 \times k$ 的信息元矩阵。由于构成矩阵 G 的 k 个行矢量线性无关,矩阵 G 的秩一定等于 k。当信息元确定后,码字仅由 G 矩阵决定,因此称这 $1 \times k$ 矩阵 G

为该(n,k)线性分组码的生成矩阵。

例如,(7,4)线性分组码的生成矩阵 G 为

$$G = \begin{bmatrix} 1 & 0 & 0 & 0 & 1 & 1 & 1 \\ 0 & 1 & 0 & 0 & 1 & 1 & 0 \\ 0 & 0 & 1 & 0 & 1 & 0 & 1 \\ 0 & 0 & 0 & 1 & 0 & 1 & 1 \end{bmatrix}$$

若信息元矩阵 $m = (1001)$,则相应的码字

$$c = mG = \begin{bmatrix} 1 & 0 & 0 & 1 \end{bmatrix} \begin{bmatrix} 1 & 0 & 0 & 0 & 1 & 1 & 1 \\ 0 & 1 & 0 & 0 & 1 & 1 & 0 \\ 0 & 0 & 1 & 0 & 1 & 0 & 1 \\ 0 & 0 & 0 & 1 & 0 & 1 & 1 \end{bmatrix}$$

计算得

$$c = \begin{bmatrix} 1 & 0 & 0 & 1 & 1 & 0 & 0 \end{bmatrix}$$

注意到上述的(7,4)线性分组码的所有码字的前 4 位,都是与信息元相同,后 3 位是校验位。像这种把信息组原封不动地搬到码字的前 k 位的码称为系统码。

系统码的生成矩阵 G 可以写成分块矩阵的形式,即

$$G = [I_k \vdots P] \tag{6-39}$$

式中,P 为 $k \times (n-k)$ 矩阵,I_k 为 k 阶单位阵。

反之,不具备这种特性的码字称为非系统码。非系统码的生成矩阵可以通过行运算转化为系统形式,这个过程叫系统化。系统化不改变码集,只改变映射关系。

用信息元矩阵乘以生成矩阵 G 就可以得到其对应的码字;相反,对给定的码字,也可以检测其是否为一个许用码字。根据线性代数知识,矩阵 G 是由 k 个线性无关的行向量构成的,因此一定存在一个有 $n-k$ 个线性无关的行向量组成的矩阵 H 与之正交,即

$$GH^T = 0 \tag{6-40}$$

式中,H 为 $(n-k) \times n$ 的矩阵,即线性分组码的校验矩阵。

上面(7,4)线性分组码的校验矩阵为

$$H = \begin{bmatrix} 1 & 1 & 1 & 0 & 1 & 0 & 0 \\ 1 & 1 & 0 & 1 & 0 & 1 & 0 \\ 1 & 0 & 1 & 1 & 0 & 0 & 1 \end{bmatrix}$$

可以验证对表 6.2 中任一许用码字都满足 $CH^T = 0$。只要校验矩阵 H 给定,编码时校验位和信息位的关系就完全确定了。校验矩阵 H 的行数就是监督关系式的数目,它等于校验位的数目 $n-k$。H 的每行中"1"的位置表示相应码元之间存在的监督关系。

对于生成矩阵有系统形式,同样,校验矩阵也具有类似的规则形式,即

$$H = [-P^T \vdots I_r] \tag{6-41}$$

式(6-41)中的负号在二进制情况下可以省略。

已经讨论了(n,k)线性分组码的生成矩阵 G 与其对应的校验矩阵 H,如果把(n,k)码的校验矩阵看成是$(n,n-k)$码的生成矩阵,将(n,k)码的生成矩阵看成是$(n,n-k)$码的一致

校验矩阵,则称这两种码互为**对偶码**。

【例 6-2】 已知某一(5,3)线性分组码的生成矩阵 $G=\begin{bmatrix} 1 & 0 & 1 & 0 & 0 \\ 1 & 0 & 0 & 1 & 1 \\ 0 & 1 & 0 & 1 & 0 \end{bmatrix}$,求:

(1)用此生成矩阵计算出所有可能的码字。
(2)计算出此码系统码的生成矩阵,计算系统码码字,并列出映射关系。
(3)计算系统码的校验矩阵 H。若接收码 $R=[0\ 1\ 0\ 1\ 1]$ 检验它是否为码字?
(4)根据系统码的生成矩阵,画出其编码电路原理图。

【解】
(1)根据 $c=mG$,将 $m=000,001,\cdots,111$ 代入,可以得到信息组与码字的映射关系,见表 6.3。

表 6.3 (5,3)线性分组码的码表

信 息 位	码 字	系 统 码 字
000	00000	00000
001	01010	00111
010	10011	01010
011	11001	01101
100	10100	10011
101	11110	10110
110	00111	11001
111	01101	11110

(2) $G=\begin{bmatrix} 1 & 0 & 1 & 0 & 0 \\ 1 & 0 & 0 & 1 & 1 \\ 0 & 1 & 0 & 1 & 0 \end{bmatrix} \xrightarrow[r_2 \leftrightarrow r_3]{r_1 \leftrightarrow r_2} \begin{bmatrix} 1 & 0 & 0 & 1 & 1 \\ 0 & 1 & 0 & 1 & 0 \\ 1 & 0 & 1 & 0 & 0 \end{bmatrix} \xrightarrow{r_3+r_1} \begin{bmatrix} 1 & 0 & 0 & 1 & 1 \\ 0 & 1 & 0 & 1 & 0 \\ 0 & 0 & 1 & 1 & 1 \end{bmatrix}$

即系统码的生成矩阵 $G=\begin{bmatrix} 1 & 0 & 0 & 1 & 1 \\ 0 & 1 & 0 & 1 & 0 \\ 0 & 0 & 1 & 1 & 1 \end{bmatrix}$,将 $m=000,001,\cdots,111$ 代入 $c=mG$,可以

得到信息组与系统码字的映射关系,见表 6.3 的第 3 列。

(3)根据 $G=[I_k \vdots P]$ 及 $H=[-P^T \vdots I_r]$ 的关系,可得

$$H=[-P^T \vdots I_r]=\begin{bmatrix} 1 & 0 & 1 & 1 & 0 \\ 1 & 1 & 1 & 0 & 1 \end{bmatrix}$$

计算 $RH^T=[0\ 1\ 0\ 1\ 1]\begin{bmatrix} 1 & 1 \\ 0 & 1 \\ 1 & 1 \\ 1 & 0 \\ 0 & 1 \end{bmatrix}=[1\ 0] \neq 0$,所以 $[0\ 1\ 0\ 1\ 1]$ 不是码字。

(4)根据上面方程组可直接画出(5,3)码的并行编码电路和串行编码电路,如图 6.9 所示。

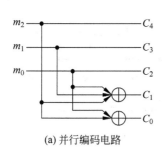 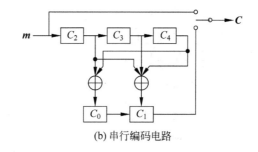

(a) 并行编码电路　　　　　(b) 串行编码电路

图 6.9　(5,3)线性分组码

6.3.2　线性分组码纠检错能力

下面讨论码的检错、纠错能力与最小码距的数量关系。在一般情况下，对于分组码有以下结论：

(1) 检测 e 个错码，则要求最小码距，即

$$d_{\min} \geqslant e+1 \tag{6-42}$$

或者说，若一种编码的最小距离为 $d_{\min}$，则它最多能检出 $(d_{\min}-1)$ 个错码。式(6-42)可以通过图 6.10(a)来说明。图中 C 表示某码字，当误码不超过 e 个时，该码字的位置将不超出以码字 C 为圆心，以 e 为半径的圆(实际上是多维的球)。

只要其他任何许用码字都不落入此圆内，则 C 码字发生 e 个误码时就不可能与其他许用码字相混。这就证明了其他许用码字必须位于以 C 为圆心，以 $e+1$ 为半径的圆上或圆外，所以，该码的最小码距 $d_{\min}$ 为 $e+1$。

(2) 纠正 t 个错码，则要求最小码距为

$$d_{\min} \geqslant 2t+1 \tag{6-43}$$

或者说，若一种编码的最小码距为 $d_{\min}$，则它最多能纠正 $(d_{\min}-1)/2$ 个错码。式(6-43)可以用图 6.10(b)来说明。图中 C_1 和 C_2 分别表示任意两个许用码字，当各自错码不超过 t 个时，发生错码后两个许用码字的位置移动将不会超出以 C_1 和 C_2 为圆心，以 t 为半径的圆。只要这两个圆不相交，则当错码小于 t 个时，可以根据它们落在哪个圆内而判断为 C_1 或 C_2 码字，即可以纠正错误。而以 C_1 和 C_2 为圆心的两个圆不相交的最近圆心距离为 $2t+1$，这就是纠正 t 个错误的最小码距了。

(3) 纠正 t 个错码，同时能检测 $e(e>t)$ 个错码，则要求最小码距为

$$d_{\min} \geqslant e+t+1 \quad e>t \tag{6-44}$$

这里所述能纠正 t 个错码，同时能检测 e 个错码的含义，是指当错码不超过 t 个时错码能自动予以纠正，而当错码超过 t 个时，则不可能纠正错误，但仍可检测 e 个错码，这正是混合检错、纠错的控制方式。可以用图 6.10(c)来证实式(6-44)。图中 C_1 和 C_2 分别为两个许用码字，在最不利情况下，C_1 发生 e 个错码而 C_2 发生 t 个错码，为了保证这时两码字仍不发生相混，则要求以 C_1 为圆心、e 为半径的圆必须与以 C_2 为圆心、t 为半径的圆不发生交叠，即要求最小码距 $d_{\min} \geqslant e+t+1$。同时，还可看到若错码超过 t 个，两圆有可能相交，因而不再有纠错的能力，但仍可检测 e 个错码。

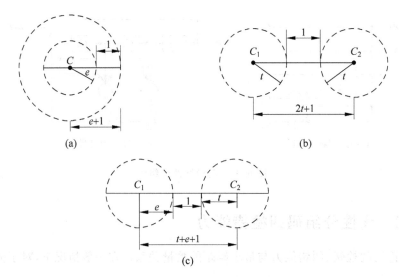

图 6.10 线性分组码纠检错示意图

(4) 纠正 t 个错误和 p 个删除，则要求最小码距为

$$d_{\min} \geqslant 2t + p + 1 \tag{6-45}$$

这里所说的删除是指知道错误产生的位置，但不知错误值的大小。在讨论差错控制编码的纠错、检错能力之后，简要分析采用差错控制编码的效用，以便使读者有一些数量的概念。设在随机信道中发送"0"时的错误概率和发送"1"时的相等，均为 p_e，且 $p_e \ll 1$，则容易证明，在码长为 n 的码字中恰好发生 x 个错误的概率为

$$p_n(x) = C_n^x p_e^x (1-p_e)^{n-x} \approx \frac{n!}{x!(n-x)!} p_e^x \tag{6-46}$$

可见，采用差错控制编码后，即使只能纠正（或检测）这种码字中 1~2 个错误，也可以使误码率下降几个数量级。这表明，即使是简单的差错控制编码也具有较大的实用价值。当然，如在突发信道中传输，由于错码是成串集中出现的，所以上述只能纠正码字中 1 或 2 个错码的编码，其效用就不像在随机信道中那样明显了，需要采用更为有效的纠错编码。

线性分组码的最小距离等于码中码字的最小重量。

最小码距为 $d_{\min}$ 的线性分组码的校验矩阵 H 中有 $d_{\min} - 1$ 列线性无关。

一个 (n,k) 线性分组码的最小距离 $d_{\min}$ 满足不等式 $d_{\min} \leqslant n-k+1$。若某码的最小距离 $d_{\min} = n-k+1$，则称该 (n,k) 线性分组码为最大距离可分（Maximum Distance Separable，MDS）码，简称 MDS 码。一个 MDS 码是冗余度为 $n-k$，最小距离等于 $n-k+1$ 的线性分组码。

6.3.3 伴随式与标准阵列译码

1. 伴随式译码

一般说来，码字 $C = (c_{n-1}, c_{n-2}, \cdots, c_1, c_0)$ 为一个 n 列的行矩阵。此矩阵的 n 个元素就是码组中的 n 个码元，所以发送的码组就是 C。此码组在传输过程中可能由于干扰引入差错，故接收码组 $R = (r_{n-1}, r_{n-2}, \cdots, r_1, r_0)$ 一般说来与 C 不一定相同。

在常用二进制码通信系统中,其错误图样等于发送码与接收码的模 2 加。显然,当 $E=0$ 时,$R=C$,表示接收序列 R 无错;否则,表示接收序列 R 有错。当 C 序列长为 n 时,信道可能产生的错误图样 E 的数目有 2^n 种。

译码器的任务就是要从接收码 R 中得到 $\hat{C}$,或者由 R 中解出错误图样 $\hat{E}$,然后得到 $\hat{C}=R+\hat{E}$。这里 $\hat{C}$ 和 $\hat{E}$ 分别是估计的码字和估计的错误图样。若 $\hat{C}=C$,则译码正确,否则译码错误。利用码字与校验矩阵的正交性 $CH^T=0$,可检验接收码 R 是否有错,即

$$RH^T = (C+E)H^T = CH^T + EH^T = 0 + EH^T = EH^T \tag{6-47}$$

若 $E=0$,则 $EH^T=0$,表示接收码无误;否则,$E \neq 0$,$EH^T \neq 0$,表示接收码有错误。所以,将 R 的伴随式 S 定义为

$$S = EH^T \tag{6-48}$$

由此可以看出,伴随式的值仅与错误图样有关,只反映信道对码字造成怎样的干扰而与发送的码字无关。伴随式 S 是否为全零矢量可以作为判断一个码子传送是否出错的依据。当 $S \neq 0$ 时,译码器要做的就是如何从伴随式 S 中找到错误图样 $\hat{E}$,从而译出发送的码字。

设 (n,k) 线性分组码的校验矩阵

$$H = \begin{bmatrix} h_{(n-k-1)(n-1)} & \cdots & h_{(n-k-1)1} & h_{(n-k-1)0} \\ \vdots & \ddots & \vdots & \vdots \\ h_{1(n-1)} & \cdots & h_{11} & h_{10} \\ h_{0(n-1)} & \cdots & h_{01} & h_{00} \end{bmatrix} = \begin{bmatrix} h_{n-1} & \cdots & h_1 & h_0 \end{bmatrix} \tag{6-49}$$

设 $H = \begin{bmatrix} h_{n-1} & \cdots & h_1 & h_0 \end{bmatrix}$,其中 h_i 表示 H 的列。将伴随式写成列向量形式后,则有

$$S = EH^T = (e_{n-1}, \cdots, e_1, e_0) \begin{bmatrix} h_{n-1} \\ \vdots \\ h_1 \\ h_0 \end{bmatrix}$$

$$= e_{n-1}h_{n-1} + \cdots + e_1h_1 + e_0h_0 \tag{6-50}$$

则伴随式 S 是校验矩阵 H 中列向量的线性组合。对于错误图样 E,码元中第 j 位发生错误时其值 $e_j=1$,否则 $e_j=0$。因此伴随式 S 的值实际上是出错码元对应的校验矩阵 H 的列向量的模 2 和的结果。

在线性分组码的纠错能力范围内,如果通过确定伴随式 S 的值是校验矩阵 H 的哪个列列向量或哪几个列向量的模 2 和,则可以确定错误图样 E,进而实现译码。因此,如果要使一个 (n,k) 线性分组码能够纠正 t 个错误,则要求 t 个错误的所有可能组合的错误图样对应的伴随式 S 均不相同。

综上所述,伴随式译码的主要步骤如下:

① 根据接收码字 R 计算伴随式 S。

② 根据伴随式 S,在码字的纠错能力范围内得到错误图样 E 的估计 $\hat{E}$。

③ 估计发送码字 $\hat{C}=R+\hat{E}$。

2. 标准阵列译码

利用码的标准阵列进行译码是线性分组码译码的最一般方法,这种方法充分体现了线

性分组码的构成原理。

设 (n,k) 线性分组码用来纠错,发送码字取自于 2^k 个码字是 n 维线性空间的一个 k 维子空间。N 维线性空间是模 2 加法运算下包含了 2^n 个 n 重矢量的一个交集。任何译码方法,都是把 2^n 个 n 重矢量划分为 2^k 个互不相交的子集 $D_1,D_2,\cdots,D_{2^k}$,使得在每个子集中仅含一个码字。根据码字和子集的一一对应关系,若接收码字 R_x 落在子集 D_x 中,就把 R_x 译为子集 D_x 含有的码字 C_x。所以,当接收码字 R 与实际发送码字在同一子集中时,译码就是正确的。

对给定的 (n,k) 线性码,将 $2n$ 个 n 重矢量划分为 2^k 个子集的方法就是构造"标准阵列"。其方法如下:先将 2^k 个码字排成一行,作为"标准阵列"的第一行,并将全 0 码字 $C_1=(0,0,\cdots,0)$ 放在最左面的位置上;然后在剩下的 2^n-2^k 个 n 重矢量中选取一个重量最轻的 n 重 E_2 放在全 0 码字 C_1 的下面,再将 E_2 分别和码字 $C_2,C_3,\cdots,C_{2^k}$ 相加,放在对应码字下面构成阵列第二行,在第二次剩下的 n 重矢量中,选取重量最轻的 n 重 E_3,放在 E_2 下面,并将 E_3 分别加到第一行各码字上,得到第三行……继续这样做下去,直到全部 n 重矢量用完为止,按上述方法构造的标准阵列如表 6.4 所示。其中第 1 列称为陪集首。

表 6.4 (n,k) 线性分组码的标准阵列

许用码字	$C_1=E_1$	C_2	C_3	$\cdots$	C_{2^k}
禁用码字	E_2	C_2+E_2	C_3+E_2		$C_{2^k}+E_2$
	$\vdots$	$\vdots$	$\vdots$		$\vdots$
	E_i	C_2+E_i	C_3+E_i	$\vdots$	$C_{2^k}+E_i$
	$\vdots$	$\vdots$	$\vdots$		$\vdots$
	$E_{2^{n-k}}$	$C_2+E_{2^{n-k}}$	$C_3+E_{2^{n-k}}$		$C_{2^k}+E_{2^{n-k}}$

标准阵列译码的关键问题是如何确定陪集首。一般原则是保证译码器能够纠正出现可能性最大的错误图样,即重量最小的错误图样,所以选择重量最小的 n 重向量作为陪集首,这样可以保证安排的译码表使得 C_i+E_j 与 C_i 的汉明距离最小,实现最小距离译码。在二元对称信道条件下等效于最大似然译码。译码时,如果接收码字 R 落到标准阵列译码表的第 i 列,则译码输出就为相应的 C_i。如果发送码是 C_i,则译码正确;否则译码错误。

标准阵列具有以下性质:

(1) 如果把陪集首看成是错误图样,则每一个陪集中各 n 重具有相同的错误图样。

标准阵列的第一行包含 2^k 个许用码字的陪集,显然它们有相同的错误图样 $C_1=E_1=0$(全零码字)。一般说来,当假设某一陪集首 $E_j(j=1,2,\cdots,2^{n-k})$ 为错误图样时,该陪集中的各元素 $C_i+E_j(i=1,2,\cdots,2^k)$ 都有相同的错误图样 E_j。

(2) 每一个陪集中的 2^k 个 n 重都有相同的伴随式,而不同的陪集具有不同的伴随式。

从(1)得知,每一个陪集中的 2^k 个 n 重都有相同的伴随式,而由伴随式 $S=EH^T$ 仅取决于错误图样,所以每一个陪集中的 2^k 个 n 重都有相同的伴随式。

(3) 对于同一列的各子集来说,其中 2^{n-k} 个 n 重的错误图样虽然不同,但全都对应于同一个许用码字。例如,在第 2 列的子集 $\{C_2,E_2+C_2,\cdots,E_{2^{n-k}}+C_2\}$ 中,各 n 重有各不同的错误图样,但都对应于同一码字 C_2。

从上面的证明可以得出,任意 n 重码字的伴随式取决于它在标准阵列中所在陪集的陪集首；标准阵列的陪集首和伴随式也是一一对应的，因而码的可纠错误图样和伴随式是一一对应的。应用此对应关系可以构成比标准阵列简单得多的译码表，从而得到(n,k)线性码的一般译码步骤如下：

(1) 计算接收码字 R 的伴随式 $S = EH^T$。

(2) 根据伴随式和错误图样一一对应的关系，利用伴随式译码表，由伴随式译出 R 的错误图样 E。

(3) 将接收码字减错误图样，得发送码字的估值 $\hat{C} = R + \hat{E}$。

上述译码法称为伴随式译码法或查表译码法。这种查表译码法具有最小的译码延迟和最小的译码错误概率。这种方法原则上可用于任何(n,k)线性码。实际上，实现译码的关键是第(2)步——求错误图样上，一般要用组合逻辑电路。当 $n-k$ 较大时，组合逻辑电路将变得很复杂，甚至不切实际。

【例 6-3】 设$(6,3)$线性分组码的生成矩阵和校验矩阵

$$G = \begin{bmatrix} 1 & 0 & 0 & 0 & 1 & 1 \\ 0 & 1 & 0 & 1 & 0 & 1 \\ 0 & 0 & 1 & 1 & 1 & 0 \end{bmatrix}, \quad H = \begin{bmatrix} 0 & 1 & 1 & 1 & 0 & 0 \\ 1 & 0 & 1 & 0 & 1 & 0 \\ 1 & 1 & 0 & 0 & 0 & 1 \end{bmatrix}$$

由 $c = mG$ 可求得其 8 个码字，按照标准阵列的构造规则，它的标准阵列见表 6.5。

表 6.5 $(6,3)$线性分组码的标准阵列

信息组 m	000	001	010	011	100	101	110	111
许用码字 C	000000	001110	010101	011011	100011	101101	110110	111000
有单个错误的 n 重	000001	001111	010100	011010	100010	101100	110111	111001
	000010	001100	010111	011001	100001	101111	110100	111010
	000100	001010	010001	011111	100111	101001	110010	111100
	001000	000110	011101	010011	101011	100101	111110	110000
	010000	011110	000101	001011	110011	111101	100110	101000
	100000	101110	110101	111011	000011	001101	010110	011000
有两个错的 n 重	100100	101010	110001	111111	000111	001001	010010	011100

表 6.5 中灰色区域为标准阵列，第 1 行是$(6,3)$线性分组码的 8 个许用码字，其中排在首位的是全零码字。在选择每一行的陪集首时，首先含有单个差错的全部错误图样（共 8 个），因行数不足，再选择一种含有两个差错的错误图样，构成了 8 行 8 列的标准阵列。该标准阵列包含了全部 $2^6 = 64$ 个不同的 6 重矢量，用它译码时，可纠正单个错误的全部错误图样和一种含两个错误的错误图样。一般说来，码字在传送时出错个数较少的概率远大于出错个数较多的概率，因此用上面的标准阵列译码，码字被正确译码的概率较高。

例如，当接收码 $R = (011001)$时，查标准阵列表将其译成 $C = (011011)$，即认为是左起第 5 位出错，错误图样 $E = (000010)$。

6.3.4 汉明码

汉明码是汉明于 1950 年提出的纠正单个错误的线性码。由于它编译码电路较简单，具有较高的可靠性，又具有较高的传输率，因而在通信系统和数据存储系统中得到广泛应用。

二进制汉明码的结构参数 n 和 k 服从以下规律,即

$$(n,k) = (2^m - 1, 2^m - m - 1) \tag{6-51}$$

式中 $m = n - k$,且 $m \geqslant 3$。这样,当 $m = 3,4,5,6,7,8,\cdots$ 时,就有 $(7,4),(15,11),(31,26)$,$(63,57),(127,120),(255,247),\cdots\cdots$ 汉明码。

由于汉明码可纠的错误图样数为 $\binom{n}{1} = n = 2^m - 1$,即满足 $2^{n-k} = \sum_{i=0}^{1}\binom{n}{i}$,因此汉明码是完备码。同时汉明码也是一种多重(复式)奇偶检错系统,将信息用逻辑形式编码,以便能够检错和纠错。用在汉明码中的全部传输码字是由原来的信息和附加的奇偶校验位组成的。每一个这种奇偶位被编在传输码字的特定比特位置上。实现得合适时,这个系统对于错误的数位无论是原有信息位中的,还是附加校验位中的都能把它分离出来。在原编码的基础上附加一部分代码,使其满足纠错码的条件,因其抗干扰能力较强,所以至今仍是应用比较广泛的一类码。

(n,k) 汉明码的监督矩阵 H 具有标准形式,$H = [Q | I_m]$,其中 I_m 为 m 阶单位阵,子阵 Q 是构造 I_m 后剩下的列任意排列。用这种形式的 H 阵编出的汉明码是系统码。若 (n,k) 汉明码的监督矩阵 H 按 m 重表示的二进制顺序排列。按这种形式 H 阵编出的码是非系统码。当发生可纠的单个错误时,伴随式为 H 阵中对应的列,所以伴随式的二进制数值就是错误位置号,有时这种码译码比较方便。

6.4 循环码

6.4.1 循环码的定义

循环码(Cyclic Code)是研究最深入、理论最成熟、应用最广泛的一类线性分组码。循环码最引人注目的特点有两个:一是可以用反馈线性移位寄存器很容易地实现其编码和伴随式计算;二是由于循环码具有优良的代数结构,从而可以找到各种简单、实用的译码方法。目前发现的许多线性分组码都与循环码密切相关。由于循环码具有许多优良的性质,所以它在理论和实践中都是十分重要的。

对于一个 (n,k) 线性分组码,若其任一码组 $(c_{n-1}c_{n-2}\cdots c_0)$ 循环移动一位以后得到的码组 $(c_{n-2}\cdots c_0 c_{n-1})$,仍为该码组中的一个码字,则称该 (n,k) 线性分组码为循环码。循环码除了具有线性分组码的一般性质外,还具有循环性。

6.4.2 循环码的多项式描述及生成多项式

1. 循环码的多项式描述

由于循环码具有规则的代数结构,且是自封闭的,因此用多项式描述更为方便。在代数编码理论中,把循环码中各码元当作一个多项式的系数,长度为 n 的循环码 $(c_{n-1}c_{n-2}\cdots c_0)$ 可以表示成 $n-1$ 次多项式,即

$$C(x) = c_{n-1}x^{n-1} + c_{n-2}x^{n-2} + \cdots + c_1 x + c_0 \tag{6-52}$$

称为循环码 $(c_{n-1}c_{n-2}\cdots c_0)$ 的码多项式。这里,码多项式的系数就是码字各码元的值。对于

二进制循环码,$c_i \in \mathrm{GF}(2)$;x^i项中的i代表该码元所在的位置。

在循环码中,若$C(x)$是一个长为n的许用码字,则$x^i C(x)$在按模x^n+1运算下,也是该编码中的一个许用码字,即若

$$x^i C(x) \equiv C'(x) \bmod (x^n+1) \tag{6-53}$$

则$C'(x)$也是该编码中的一个许用码组。

【证明】 因为若

$$C(x) = c_{n-1}x^{n-1} + c_{n-2}x^{n-2} + \cdots + c_1 x + c_0$$

则

$$\begin{aligned} x^i C(x) &= c_{n-1}x^{n-1+i} + c_{n-2}x^{n-2+i} + \cdots + c_{n-1-i}x^{n-1} + \cdots + c_1 x^{1+i} + c_0 x^i \\ &= c_{n-1-i}x^{n-1} + c_{n-2-i}x^{n-2} + \cdots + c_0 x^i + c_{n-1}x^{i-1} + \cdots + c_{n-i} \bmod (x^n+1) \end{aligned}$$

所以,这时有

$$C'(x) = c_{n-1-i}x^{n-1} + c_{n-2-i}x^{n-2} + \cdots + c_0 x^i + c_{n-1}x^{i-1} + \cdots + c_{n-i}$$

上式中$C'(x)$正是$C(x)$代表的码组向左循环移位i次的结果。因为原已假定$C(x)$是循环码的一个码组,所以$C'(x)$也必为该码中一个码组。例如,循环码组

$$C(x) = x^6 + x^5 + x^2 + 1$$

其码长$n=7$。现给定$i=3$,则

$$\begin{aligned} x^3 C(x) &= x^3(x^6 + x^5 + x^2 + 1) = x^9 + x^8 + x^5 + x^3 \\ &= x^5 + x^3 + x^2 + x \bmod (x^7+1) \end{aligned}$$

其对应的码组为0101110,它正是表中第3码组。

由上述分析可见,一个长为n的循环码必定为按模(x^n+1)运算的一个余式。

下面仅讨论最常用的二元循环码,所有运算均为GF(2)及其扩展域上的代数运算。

2. 循环码的生成多项式

记$C(x)$为(n,k)循环码的所有码字对应的多项式的集合,若$g(x)$是$C(x)$中除0多项式以外次数最低的多项式,则$g(x)$称为循环码$C(x)$的生成多项式。

例如,(7,4)循环码的生成多项式是$g(x)=x^3+x+1$,对应码字(0001011);(7,3)循环码的生成多项式是$g(x)=x^4+x^2+x+1$,对应码字(0010111);重复码的生成多项式是$x^{n-1}+x^{n-2}+\cdots+x+1$,对应码字(111$\cdots$11);偶校验码的生成多项式是$x+1$,对应码字是(000$\cdots$011)。

(n,k)循环系统码的生成多项式$g(x)$有以下的性质:

(1) 在(n,k)循环系统码中存在一个$(n-k)$次码多项式。

因为在2^k个消息组中,有一个消息组为$00\cdots01$,它的对应码多项式的次数为$n-1-(k-1)=n-k$。

(2) 在(n,k)循环码中,$(n-k)$次码多项式是最低次码多项式。

若$g(x)$不是最低次码多项式,那么设更低次的码多项式为$g'(x)$,其次数为$n-k-1$。$g'(x)$的前面k位为0,即k个信息位全为0,而校验位不为0,这对线性码来说是不可能的。因此$g(x)$是最低次的码多项式,且$g_{n-k}=1, g_0=1$,否则$g(x)$经$n-1$次左移循环后将得到低于$n-k$次的码多项式。

(3) 在(n,k)循环码中,$g(x)$是唯一的$n-k$次多项式。如果存在另一个$n-k$次码多项式,设为$g'(x)$,根据线性码的封闭性,则$g(x)+g'(x)$也必为一个码多项式。由于$g(x)$和$g'(x)$的次数相同,它们的和式的$n-k$次项系数为0,那么$g(x)+g'(x)$是一个次数低于

$n-k$ 次的码多项式,在前面已证明 $g(x)$ 的次数是最低的,因此 $g'(x)$ 不能存在,所以 $g(x)$ 是唯一的 $n-k$ 次码多项式。

(4) 在 (n,k) 循环码中,每个码多项式 $C(x)$ 都是 $g(x)$ 的倍式,而每个为 $g(x)$ 倍式且次数小于或等于 $n-1$ 的多项式,必是一个码多项式。

$$C(x) = m(x)g(x) \tag{6-54}$$

(5) 任意 (n,k) 循环码的生成多项式 $g(x)$ 一定整除 x^n+1。反过来若 $g(x)$ 是一个 $n-k$ 次多项式并且还整除 (x^n+1),那么 $g(x)$ 一定是某个循环码的生成多项式。

综上所述,(n,k) 循环系统码的生成多项式 $g(x)$ 具有以下形式,即

$$g(x) = x^{n-k} + g_{n-k-1}x^{n-k-1} + \cdots + g_1 x + 1 \tag{6-55}$$

设信息组为 $m=(m_{k-1},m_{k-2},\cdots,m_0)$,则相应的码多项式为

$$C(x) = m(x)g(x) = (m_{k-1}x^{k-1} + m_{k-2}x^{k-2} + \cdots + m_0)g(x) \tag{6-56}$$

式中,$C(x)$ 的次数不大于 $n-1$,$m(x)$ 是 2^k 个信息多项式的表示式,所以 $C(x)$ 即为相应 2^k 个码多项式的表示式。因此 $g(x)$ 生成一个 (n,k) 线性码。又因为 $C(x)$ 是 $n-k$ 次多项式 $g(x)$ 的倍式,所以 $g(x)$ 生成一个 (n,k) 循环码。注意:(n,k) 循环码中除了全 0 码字外,不存在另外一个码字有连续 k 个 0。

根据上述性质,对任意 n,如果 $g(x)$ 是 (x^n+1) 的一个 r 次因子,则存在一个 $(n,n-r)$ 循环码,它的生成多项式就是 $g(x)$。一般 (x^n+1) 至少可以分解为

$$(x^n+1) = (x+1)(x^{n-1} + x^{n-2} + \cdots + x + 1) \tag{6-57}$$

例如,多项式 x^7+1 可分解为 $x^7+1=(x+1)(x^3+x^2+1)(x^3+x+1)$,那么选取 $(x+1)$ 为生成多项式就可构成 $(7,6)$ 循环码;选取 (x^3+x^2+1) 或 (x^3+x+1) 为生成多项式就可构成 $(7,4)$ 循环码;选取 $(x+1)(x^3+x^2+1)=x^4+x^2+x+1$ 或 $(x+1)(x^3+x+1)=x^4+x^3+x^2+1$ 为生成多项式就可构成 $(7,3)$ 循环码;选取 $(x^3+x^2+1)(x^3+x+1)=x^6+x^5+x^4+x^3+x^2+1$ 为生成多项式就可构成 $(7,1)$ 循环码;但不存在 $(7,5)$、$(7,2)$ 循环码。

6.4.3 循环码的生成矩阵和校验矩阵

根据循环码的循环特性,可由一个码字的循环移位得到其他非 0 码字。在 (n,k) 循环码的 2^k 个码多项式中,取前 $k-1$ 位皆为 0 的码多项式 $g(x)$(其次数 $r=n-k$),再经 $k-1$ 次循环移位,共得到 k 个码多项式:$g(x),xg(x),\cdots,x^{k-1}g(x)$。由于这 k 个码多项式必然线性无关,故可用它们组成码的一组基底,而与这些码多项式相对应的 k 个线性无关的码向量就构造出生成矩阵多项式 $\boldsymbol{G}(x)$,即

$$\boldsymbol{G}(x) = \begin{bmatrix} x^{k-1}g(x) \\ x^{k-2}g(x) \\ \vdots \\ xg(x) \\ g(x) \end{bmatrix} \tag{6-58}$$

从而,(n,k) 循环码的生成矩阵 $\boldsymbol{G}$ 为

$$\boldsymbol{G} = \begin{bmatrix} g_{n-k} & g_{n-k-1} & \cdots & g_1 & g_0 & 0 & \cdots & \cdots & 0 \\ 0 & g_{n-k} & \cdots & g_2 & g_1 & g_0 & 0 & \cdots & 0 \\ \vdots & \vdots & \ddots & \vdots & \vdots & \vdots & \vdots & \ddots & \vdots \\ 0 & 0 & \cdots & g_{n-k} & g_{n-k-1} & \cdots & \cdots & g_1 & g_0 \end{bmatrix} \tag{6-59}$$

因为 (n,k) 线性码的生成矩阵 G 和校验矩阵 H 满足 $GH^T=0$，循环码也是线性码，如果设 $g(x)$ 为 (n,k) 循环码的生成多项式，必为 x^n+1 的因式，则有

$$x^n+1 = h(x) \cdot g(x) \tag{6-60}$$

因为 $g(x)$ 为 $n-k$ 次多项式，以 $g(x)$ 为生成多项式，则生成一个 (n,k) 循环码，以 $h(x)$ 为生成多项式，则生成 $(n,n-k)$ 循环码，这两个循环码互为对偶码。称 $h(x)$ 为 (n,k) 循环码校验多项式，有

$$h(x) = h_k x^k + h_{k-1} x^{k-1} + \cdots + h_1 x + h_0 \tag{6-61}$$

则，对应的校验矩阵 H 为

$$H = \begin{bmatrix} h_0 & h_1 & \cdots & h_k & 0 & \cdots & 0 \\ 0 & h_0 & h_1 & \cdots & h_k & \cdots & 0 \\ \vdots & \vdots & \vdots & \vdots & \vdots & \ddots & \vdots \\ 0 & \cdots & 0 & h_0 & h_1 & \cdots & h_k \end{bmatrix} \tag{6-62}$$

下面以 $(7,3)$ 循环码为例进行说明。已知 $(7,3)$ 循环码的生成多项式和校验多项式分别为

$$g(x) = x^4 + x^3 + x^2 + 1$$
$$h(x) = x^3 + x^2 + 1$$

则可得生成矩阵和校验矩阵分别为

$$G = \begin{bmatrix} 1 & 1 & 1 & 0 & 1 & 0 & 0 \\ 0 & 1 & 1 & 1 & 0 & 1 & 0 \\ 0 & 0 & 1 & 1 & 1 & 0 & 1 \end{bmatrix} \quad H = \begin{bmatrix} 1 & 0 & 1 & 1 & 0 & 0 & 0 \\ 0 & 1 & 0 & 1 & 1 & 0 & 0 \\ 0 & 0 & 1 & 0 & 1 & 1 & 0 \\ 0 & 0 & 0 & 1 & 0 & 1 & 1 \end{bmatrix}$$

可以验证，$GH^T=0$。

对于 (n,k) 循环码也有系统码，码字的前 k 位为信息位。从多项式的角度看，相当于码多项式的第 $n-1$ 次（x^{n-1} 的系数）到第 $n-k$ 次（x^{n-k} 的系数）的系数是信息位，其余为校验位，假设信息多项式为

$$m(x) = m_{k-1} x^{k-1} + m_{k-2} x^{k-2} + \cdots + m_1 x + m_0 \tag{6-63}$$

校验多项式为

$$r(x) = r_{n-k-1} x^{n-k-1} + r_{n-k-2} x^{n-k-2} + \cdots + r_1 x + r_0 \tag{6-64}$$

则有

$$C(x) = m(x) x^{n-k} + r(x) \equiv 0 \bmod g(x) \tag{6-65}$$

即得

$$r(x) \equiv m(x) x^{n-k} \bmod g(x) \tag{6-66}$$

由于系统码的生成矩阵 G 的形式为

$$G = [I_k \mid P]$$

即生成矩阵 G 的第 i 行 ($i=1,2,\cdots,k$) 分别为信息序列中仅第 i 个信息位不为 0 的信息序列编码得到的码字，相应的信息多项式分别为 $x^{k-1}, x^{k-2}, \cdots, x, 1$，校验多项式为

$$r_i(x) \equiv x^{k-i} x^{n-k} \equiv x^{n-i} \bmod g(x) \quad i=1,2,\cdots,k$$

故构成生成矩阵多项式为

$$G(x) = \begin{bmatrix} x^{n-1} + r_1(x) \\ x^{n-2} + r_2(x) \\ \vdots \\ x^{n-k} + r_k(x) \end{bmatrix} = \begin{bmatrix} x^{n-1} + (x^{n-1} \bmod g(x)) \\ x^{n-2} + (x^{n-2} \bmod g(x)) \\ \vdots \\ x^{n-k} + (x^{n-k} \bmod g(x)) \end{bmatrix} \tag{6-67}$$

则系统循环码的生成矩阵为

$$\boldsymbol{G} = \begin{bmatrix} 1 & 0 & \cdots & 0 & r_{1,n-k-1} & r_{1,n-k-2} & \cdots & r_{1,1} & r_{1,0} \\ 0 & 1 & \cdots & 0 & r_{2,n-k-1} & r_{2,n-k-2} & \cdots & r_{2,1} & r_{2,0} \\ \vdots & \vdots & \ddots & \vdots & \vdots & \vdots & & \vdots & \vdots \\ 0 & 0 & \cdots & 1 & r_{k,n-k-1} & r_{k,n-k-2} & \cdots & r_{k,1} & r_{k,0} \end{bmatrix} \tag{6-68}$$

相应的校验矩阵为

$$\boldsymbol{H} = \begin{bmatrix} r_{1,n-k-1} & r_{2,n-k-1} & \cdots & r_{k,n-k-1} & 1 & 0 & \cdots & 0 \\ r_{1,n-k-2} & r_{2,n-k-2} & \cdots & r_{k,n-k-2} & 0 & 1 & \cdots & 0 \\ \vdots & \vdots & \cdots & \vdots & \vdots & \vdots & & \vdots \\ r_{1,1} & r_{2,1} & \cdots & r_{k,1} & \vdots & \vdots & \ddots & \vdots \\ r_{1,0} & r_{2,0} & \cdots & r_{k,0} & 0 & 0 & \cdots & 1 \end{bmatrix} \tag{6-69}$$

下面继续以$(7,3)$循环码为例进行说明。$(7,3)$循环码的生成多项式为$g(x) = x^4 + x^3 + x^2 + 1$，则

$$r_1(x) = x^6 \bmod g(x) = x^3 + x^2 + x$$
$$r_2(x) = x^5 \bmod g(x) = x^2 + x + 1$$
$$r_3(x) = x^4 \bmod g(x) = x^3 + x^2 + 1$$

则可得其系统码生成矩阵为

$$\boldsymbol{G} = \begin{bmatrix} 1 & 0 & 0 & 1 & 1 & 1 & 0 \\ 0 & 1 & 0 & 0 & 1 & 1 & 1 \\ 0 & 0 & 1 & 1 & 1 & 0 & 1 \end{bmatrix}$$

其相应的校验矩阵为

$$\boldsymbol{H} = \begin{bmatrix} 1 & 0 & 1 & 1 & 0 & 0 & 0 \\ 1 & 1 & 1 & 0 & 1 & 0 & 0 \\ 1 & 1 & 0 & 0 & 0 & 1 & 0 \\ 0 & 1 & 1 & 0 & 0 & 0 & 1 \end{bmatrix}$$

在这里，系统循环码的生成矩阵也可以通过初等行变换得到。

6.4.4 循环码的编译码方法

1. 循环码的编码方法

前面已经说过，循环码的主要优点之一是其编码过程很容易用移位寄存器来实现。由于生成多项式$g(x)$和监督多项式$h(x)$都可以唯一地确定循环码，因此编码方法既可基于$g(x)$又可基于$h(x)$。给定$g(x)$后，实现编码电路的方法有两种：一种方法是采用$g(x)$的乘法电路；另一种方法是除以$g(x)$的除法电路。前者主要是利用方程式$C(x) = m(x)g(x)$进行编码，这样编出的码为非系统码；而后者是系统码编码器中常用的电路，所编出的码为系

统码。在这里只介绍更常用的系统码编码电路。如果要用生成多项式 $g(x)$ 编码产生循环码的系统形式,即码字的最左边 k 位是信息位,其余 $n-k$ 位是校验位,那么用式(6-66)就可以得到校验多项式 $r(x)$。这就是说,编码器应该用 $x^{n-k}m(x)$ 去除 $g(x)$,将所得余式 $r(x)$ 的系数后缀在信息比特后面就完成了系统码的编码。

一个系统码形式的 (n,k) 循环码的编码步骤如下:

(1) 用信息多项式 $m(x)$ 乘以 x^{n-k}。
(2) 用 $x^{n-k}m(x)$ 除以 $g(x)$ 得到余式 $r(x)$。
(3) 得系统循环码的码多项式 $x^{n-k}m(x)+r(x)$。

以上 3 步均可用一个除法电路完成。

循环码的系统编码,需要计算 $x^{n-k}m(x)$ 除以 $g(x)$ 得到的校验位,换句话说,需要将信息多项式右移后与生成多项式 $g(x)$ 做除法。右移是为了给校验位腾出空间,这些校验位附加于信息位后,产生了系统形式的码矢量。将信息比特右移 $n-k$ 个位置是很普通的操作,实际上并不是由除法电路完成的。事实上,仅仅计算了校验位,并适当地将其置于信息比特旁边的位置上。校验多项式是除以生成多项式后的余项,它可以通过 $n-k$ 级反馈寄存器进行 n 次移位后得到。注意,寄存器中最初的 $n-k$ 次移位只是为了填满寄存器。只有当最右端的一级寄存器也被填上时才可能产生反馈。因此,可以将输入数据加入到最后一级寄存器的输出端以缩短移位的次数 i。另外,进入最左端寄存器的反馈项是输入端和最右端寄存器内容之和。要生成这个和,必须确保对任意生成多项式 $g(x)$,其反馈电路按照以下生成多项式的系数进行连接,即

$$g(x) = x^{n-k} + g_{n-k-1}x^{n-k-1} + \cdots + g_1 x + 1 \tag{6-70}$$

下面描述了使用图 6.11 中编码器进行编码的步骤:

① 各级移位寄存器清"0",开关 K_1、K_2 设置为位置 1。
② 开关 K_2 在前 k 次移位时闭合,允许将消息比特传输到 $n-k$ 级编码移位寄存器。
③ 开关 K_1 处于下方以允许在前 k 次移位时消息比特直接传送到输出端。
④ 传完 k 个消息比特后,开关 K_1、K_2 放在位置 2。
⑤ 剩余的 $n-k$ 次移位将校验位传到输出寄存器。
⑥ 总的移位次数等于 n,寄存器的输出内容是码多项式 $C(x)=m(x)x^{n-k}+r(x)$。

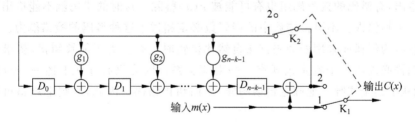

图 6.11 (n,k) 循环码编码电路

【例 6-4】 $(7,3)$ 循环码的生成多项式为 $g(x)=x^4+x^3+x^2+1$,设计 $(7,3)$ 循环码的系统编码电路,以信息组 $m=(101)$ 说明其编码过程。

【解】 $(7,3)$ 循环码的生成多项式为 $g(x)=x^4+x^3+x^2+1$,编码电路如图 6.12 所示。表 6.6 给出了该编码器当输入 $m(x)=x^2+1$ 时的编码过程。

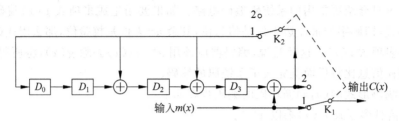

图 6.12 (7,3)循环码编码电路

表 6.6 (7,3)循环码编码过程

移动次数	输入 $m(x)$	移位寄存器 $D_0\ D_1\ D_2\ D_3$	输出 $C(x)$
0	0	0000	0
1	1	1011	1
2	0	1110	0
3	1	1100	1
4	0	0110	0
5	0	0011	0
6	0	0001	1
7	0	0000	1

2．循环码的译码方法

接收译码的要求有两个，即检错和纠错。检错的译码原理十分简单，由于任意一个码组多项式 $T(x)$ 都应该能被生成多项式 $g(x)$ 整除，所以在接收端可以将接收码组 $R(x)$ 用原生成多项式 $g(x)$ 去除。当传输中未发生错误时，接收码组与发送码组相同，即 $R(x)=T(x)$，故接收码组 $R(x)$ 必定能被 $g(x)$ 整除；若码组在传输中发生错误，则 $R(x)\neq T(x)$，$R(x)$ 被 $g(x)$ 除时可能除不尽而有余项，即有

$$R(x)/g(x) = Q(x) + r(x)/g(x) \tag{6-71}$$

因此，就以余项是否为零来判别接收码组中有无错码。

需要指出，有错码的接收码组也有可能被 $g(x)$ 整除。这时的错码就不能检出了。这种错误称为不可检错误。不可检错误中的误码数必定超过了这种编码的检错能力。

在接收端为纠错而采用的译码方法自然比检错时复杂。为了能够纠错，要求每个可纠正的错误图样必须与一个特定余式有一一对应关系。因为只有存在上述一一对应的关系时，才可能从上述余式唯一地确定错误图样，从而纠正错码。因此，原则上纠错可按下述步骤进行：

(1) 用生成多项式 $g(x)$ 除接收码组 $R(x)$，得出余式 $r(x)$。

(2) 按余式 $r(x)$，用查表的方法或通过某种计算得到错误图样 $E(x)$。例如，通过计算校正子 S 和查表，就可以确定错码的位置。

(3) 从 $R(x)$ 中减去 $E(x)$，便得到已经纠正错码的原发送码组 $T(x)$。

通常，一种编码可以有几种纠错译码方法，上述译码方法称为捕错译码法。由于数字信号处理的应用日益广泛，目前多采用软件运算实现上述编译码运算。

6.5 卷积码

卷积码(Convolutional Code)是一种非分组码。通常它更适用于前向纠错,因为对于许多实际情况它的性能优于分组码,而且运算较简单。卷积码是非分组码,与分组码的主要差别是它是一种有记忆的编码,即在任意时段,编码器的各输出不仅与此时段的各输入有关,而且还与存储其中的前若干个时段的输入有关,因此可以把分组码视为记忆长度等于零的卷积码。

在卷积码的编码约束长度内,前后各组是密切相关的,由于一个组的监督码元不仅取决于本组的信息码元,而且也取决于前组的信息码元,因此可表示成(n,k,L)码。卷积码对于任意给定时段,编码器输出的n位码字不仅与当前时段k个信息元有关,而且还与前面L个时段输入的信息段有关。因此,卷积码的编码器中需要有存储L个信息段的存储部件。定义L为编码存储,代表了信息段需存储的级数。通常将$L+1$称为**编码约束度**,表明编码过程中互相约束的码段个数。

6.5.1 卷积码的编码基本原理

图 6.13 所示为卷积码编码器的一般原理框图。编码器由 3 种主要元件构成,包括$k(L+1)$级移位寄存器、n个模 2 加法器和一个旋转开关。每个模 2 加法器的输入端数目可以不同,它连接到一些移位寄存器的输出端。模 2 加法器的输出端接到旋转开关上。将时间分成等间隔的时隙,在每个时隙中有k比特从左端进入移位寄存器,并且移位寄存器暂存的信息向右移k位。旋转开关每个时隙旋转一周,输出n比特($n>k$)。

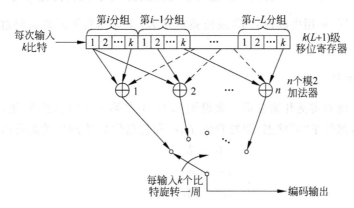

图 6.13 卷积码编码器一般原理框图

下面仅讨论最常见的卷积码,其$k=1$。每个时隙中,只有 1bit 输入信息进入移位寄存器,并且移位寄存器各级暂存的内容向右移 1 位,开关旋转一周输出$n$bit。所以,码率为$1/n$。在图 6.14 中给出一个实例。这时,移位寄存器共有 3 级。它是一个$(n,k,L)=(3,1,2)$卷积码编码器,其码率等于 1/3。下面以它为例,作较详细的讨论。

设输入信息比特序列是$\cdots b_{i-2}b_{i-1}b_ib_{i+1}\cdots$,则当输入$b_i$时,此编码器输出 3bit $c_id_ie_i$,输入和输出的关系为

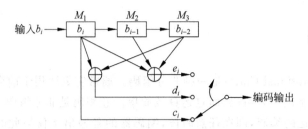

图 6.14 一种(3,1,2)卷积码编码器框图

$$\begin{cases} c_i = b_i \\ d_i = b_i \oplus b_{i-2} \\ e_i = b_i \oplus b_{i-1} \oplus b_{i-2} \end{cases} \quad (6\text{-}72)$$

在图 6.15 中用虚线示出了信息位 b_i 的校验位和各信息位之间的约束关系。这里的编码约束长度($L+1$)等于 3。

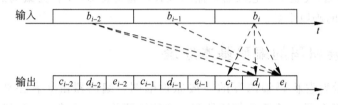

图 6.15 卷积码编码器的输入和输出举例

6.5.2 卷积码的代数表述

与分组码一样,可用生成矩阵 G(或校验矩阵 H)来描述卷积码的编码过程。下面就来寻找这两个矩阵。

1. 校验矩阵 H

现在仍从上面的实例开始分析。假设图 6.15 中在第 1 个信息位 b_1 进入编码器之前,各级移位寄存器都处于"0"状态,则校验位 d_i、e_i 和信息位 b_i 之间的关系可以写为

$$\begin{cases} d_1 = b_1 \\ e_1 = b_1 \\ d_2 = b_2 \\ e_2 = b_2 + b_1 \\ d_3 = b_3 + b_1 \\ e_3 = b_3 + b_2 + b_1 \\ d_4 = b_4 + b_2 \\ e_4 = b_4 + b_3 + b_2 \\ \vdots \end{cases} \quad (6\text{-}73)$$

式(6-73)可以改写为

$$\begin{cases} b_1 + d_1 = 0 \\ b_1 + e_1 = 0 \\ b_1 + d_2 = 0 \\ b_1 + b_2 + e_2 = 0 \\ b_1 + b_3 + d_3 = 0 \\ b_1 + b_2 + b_3 + e_3 = 0 \\ b_2 + b_4 + d_4 = 0 \\ b_2 + b_3 + b_4 + e_4 = 0 \\ \vdots \end{cases} \tag{6-74}$$

将式(6-74)用矩阵表示时,可以写成

$$\begin{bmatrix} 1 & 1 & & & & & & & & & & \\ 1 & 0 & 1 & & & & & & & & & \\ 0 & 0 & 0 & 1 & 1 & & & & & & & \\ 1 & 0 & 0 & 1 & 0 & 1 & & & & & & \\ 1 & 0 & 0 & 0 & 0 & 1 & 1 & & & & & \\ 1 & 0 & 0 & 1 & 0 & 0 & 1 & 0 & 1 & & & \\ 0 & 0 & 0 & 1 & 0 & 0 & 0 & 0 & 1 & 1 & & \\ 0 & 0 & 0 & 1 & 0 & 0 & 1 & 0 & 0 & 1 & 0 & 1 \\ & & & & & \vdots & & & & & & \end{bmatrix} \begin{bmatrix} b_1 \\ d_1 \\ e_1 \\ b_2 \\ d_2 \\ e_2 \\ b_3 \\ d_3 \\ e_3 \\ b_4 \\ d_4 \\ e_4 \end{bmatrix} = [0] \tag{6-75}$$

与式 $\boldsymbol{H} \cdot \boldsymbol{C}^{\mathrm{T}} = \boldsymbol{0}^{\mathrm{T}}$ 对比,可以看出校验矩阵为

$$\boldsymbol{H} = \begin{bmatrix} 1 & 1 & & & & & & & & & & \\ 1 & 0 & 1 & & & & & & & & & \\ 0 & 0 & 0 & 1 & 1 & & & & & & & \\ 1 & 0 & 0 & 1 & 0 & 1 & & & & & & \\ 1 & 0 & 0 & 0 & 0 & 1 & 1 & & & & & \\ 1 & 0 & 0 & 1 & 0 & 0 & 1 & 0 & 1 & & & \\ 0 & 0 & 0 & 1 & 0 & 0 & 0 & 0 & 1 & 1 & & \\ 0 & 0 & 0 & 1 & 0 & 0 & 1 & 0 & 0 & 1 & 0 & 1 \\ & & & & & \vdots & & & & & & \end{bmatrix} \tag{6-76}$$

由此例可见,卷积码的校验矩阵 $\boldsymbol{H}$ 是一个有头无尾的半无穷矩阵。此外,这个矩阵的每 3 列的结构是相同的,只是后 3 列比前 3 列向下移了两行。例如,第 4~6 列比第 1~3 列低 2 行。自第 7 行起,每两行的左端比上两行多了 3 个"0"。虽然这样的半无穷矩阵不便于研究,但是只要研究产生前 9 个码元(9 为约束长度)的校验矩阵就足够了。不难看出,这种截短校验矩阵的结构形式如图 6.16 所示。

由图 6.16 可见,$\boldsymbol{H}_1$ 的最左边是 n 列$(n-k)N$ 行的一个子矩阵,且向右的每 n 列均相对

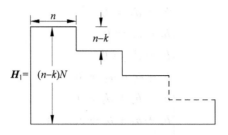

图 6.16 截断校验矩阵结构示意图

于前 n 列降低 $n-k$ 行。

此例中码的截短校验矩阵可以写成

$$H_1 = \begin{bmatrix} 1 & 1 & & & & & & & & & \\ 1 & 0 & 1 & & & & & & & & \\ 0 & 0 & 0 & 1 & 1 & & & & & & \\ 1 & 0 & 0 & 1 & 0 & 1 & & & & & \\ 1 & 0 & 0 & 0 & 0 & 0 & 1 & 1 & & & \\ 1 & 0 & 0 & 1 & 0 & 0 & 1 & 0 & 1 & & \\ 0 & 0 & 0 & 1 & 0 & 0 & 0 & 0 & 1 & 1 & \\ 0 & 0 & 0 & 1 & 0 & 0 & 1 & 0 & 0 & 1 & 0 & 1 \end{bmatrix}$$

$$= \begin{bmatrix} P_1 & I_2 & & & & \\ P_2 & O_2 & P_1 & I_2 & & \\ P_3 & O_2 & P_2 & O_2 & P_1 & I_2 \end{bmatrix} \tag{6-77}$$

式中，$I_2 = \begin{bmatrix} 1 & 0 \\ 0 & 1 \end{bmatrix}$ 为二阶单位方阵；P_i 为 $1 \times$ 二阶矩阵，$i=1,2,3$；O_2 为二阶全零方阵。

一般来说，卷积码的截短校验矩阵具有以下形式，即

$$H_1 = \begin{bmatrix} P_1 & I_{n-k} & & & & & & & & \\ P_2 & O_{n-k} & P_1 & I_{n-k} & & & & & & \\ P_3 & O_{n-k} & P_2 & O_{n-k} & P_1 & I_{n-k} & & & & \\ \vdots & \vdots & \vdots & \vdots & \vdots & & & & & \\ P_N & O_{n-k} & P_{N-1} & O_{n-k} & P_{N-2} & O_{n-k} & \cdots & P_1 & I_{n-k} \end{bmatrix} \tag{6-78}$$

式中，I_{n-k} 为 $n-k$ 阶单位方阵；P_i 为 $(n-k) \times k$ 阶矩阵；O_{n-k} 为 $n-k$ 阶全零方阵。

有时还将 H_1 的末行称为基本校验矩阵 h，有

$$h = [P_N O_{n-k} P_{N-1} O_{n-k} P_{N-2} O_{n-k} \cdots P_1 I_{n-k}] \tag{6-79}$$

它是卷积码的一个最重要的矩阵，因为只要给定了 h，则 H_1 也就随之决定了。或者说，从给定的 h 不难构造出 H_1。

2. 生成矩阵 G

上例中的输出码元序列可以写成

$$[R_1 \ d_1 \ e_1 \ R_2 \ d_2 \ e_2 \ R_3 \ d_3 \ e_3 \ R_4 \ d_4 \ e_4 \cdots]$$
$$= [R_1 \ R_1 \ R_1 \ R_2 \ R_2(R_2+R_1) \ R_3(R_3+R_1)$$

$$= [b_1 b_2 b_3 b_4 \cdots] \begin{bmatrix} (R_3+R_2+R_1) & R_4(R_4+R_2) & (R_4+R_3+R_2) & \cdots \\ 111 & 001 & 011 & 000 & 0 & \cdots \\ 000 & 111 & 001 & 011 & 0 & \cdots \\ 000 & 000 & 111 & 001 & 0 & \cdots \\ 000 & 000 & 000 & 111 & 0 & \cdots \\ 000 & 000 & 000 & 000 & 1 & \cdots \\ 000 & 000 & 000 & 000 & 0 & \cdots \\ 000 & 000 & 000 & 000 & 0 & \cdots \\ \cdots & \cdots & \cdots & \cdots & \cdots \end{bmatrix} \quad (6\text{-}80)$$

此码的生成矩阵 G 即为式(6-80)最右矩阵,即

$$G = \begin{bmatrix} 111 & 001 & 011 & 000 & 0 & \cdots \\ 000 & 111 & 001 & 011 & 0 & \cdots \\ 000 & 000 & 111 & 001 & 0 & \cdots \\ 000 & 000 & 000 & 111 & 0 & \cdots \\ 000 & 000 & 000 & 000 & 1 & \cdots \\ 000 & 000 & 000 & 000 & 0 & \cdots \\ 000 & 000 & 000 & 000 & 0 & \cdots \\ \cdots & \cdots & \cdots & \cdots & \cdots \end{bmatrix} \quad (6\text{-}81)$$

它也是一个半无穷矩阵,其特点是每一行的结构相同,只是比上一行向右退后3列(因现在 $n=3$)。

类似地,也有截短生成矩阵,即

$$G_1 = \begin{bmatrix} 111 & 001 & 011 \\ 000 & 111 & 001 \\ 000 & 000 & 111 \end{bmatrix} = \begin{bmatrix} I_1 & Q_1 & O & Q_2 & O & Q_3 \\ & I_1 & Q_1 & O & Q_2 \\ & & & I_1 & Q_1 \end{bmatrix} \quad (6\text{-}82)$$

式中,I_1 为一阶单位方阵;Q_i 为 2×1 阶矩阵。

与 H_1 矩阵比较可见,Q_i 是矩阵 P_i^T 的转置,有

$$Q_i = P_i^T \quad (i=1,2,\cdots) \quad (6\text{-}83)$$

一般说来,截短生成矩阵具有以下形式,即

$$G_1 = \begin{bmatrix} I_k & Q_1 & O_k & Q_2 & O_k & Q_3 & \cdots & O_k & Q_N \\ & I_k & Q_1 & O_k & Q_2 & \cdots & O_k & Q_{N-1} \\ & & & I_k & Q_1 & \cdots & O_k & Q_{N-2} \\ & & & & & \cdots & \vdots \\ & & & & & & I_k & Q_1 \end{bmatrix} \quad (6\text{-}84)$$

式中,I_k 为 k 阶单位方阵;Q_i 为 $(n-k)\times k$ 阶矩阵;O_k 为 k 阶全零方阵。

并将式(6-84)中矩阵第一行称为基本生成矩阵,即

$$g = [I_k \quad Q_1 \quad O_k \quad Q_2 \quad O_k \quad Q_3 \quad \cdots \quad O_k \quad Q_N] \quad (6\text{-}85)$$

同样,如果基本生成矩阵 g 已经给定,则可以从已知的信息位得到整个编码序列。

6.5.3 卷积码的译码

卷积码的译码方法可以分为两类,即**代数译码**和**概率译码**。代数译码是利用编码本身的代数结构进行译码,不考虑信道的统计特性。大数逻辑译码,又称门限译码,是卷积码代数译码的最主要一种方法,它也可以应用于循环码的译码。大数逻辑译码对于约束长度较短的卷积码最为有效,而且设备较简单。概率译码,又称最大似然译码。它基于信道的统计特性和卷积码的特点进行计算。针对无记忆信道提出的序贯译码就是概率译码方法之一。另一种概率译码方法是维特比算法。当码的约束长度较短时,它比序贯译码算法的效率更高、速度更快,目前得到广泛的应用。

1. 卷积码的几何描述

以上所述的大数逻辑译码是基于卷积码的代数描述之上的。卷积码的维特比译码算法则是基于卷积码的几何表述之上的。所以,在介绍卷积码的译码算法之前,先引入卷积码的 3 种几何表述方法。

1) 码树图

现仍以图 6.14 中的 (3,1,2) 码为例,介绍卷积码的码树图 (Code Tree Diagram)。图 6.17 画出了此码树图。将图 6.14 中移存器 M_1、M_2 和 M_3 的初始状态 000 作为码树的起点。现在规定:输入信息位为"0",则状态向上支路移动;输入信息位为"1",则状态向下支路移动。于是,就可以得出图 6.17 所示的码树。设现在的输入码元序列为 1101,则当第 1 个信息位 $b_1=1$ 输入后,各移存器存储的信息分别为 $M_1=1$,$M_2=M_3=0$。此时的输出为 $c_1d_1e_1=111$,码树的状态将从起点 a 向下到达状态 b;此后,第 2 个输入信息位 $b_2=1$,故码树状态将从状态 b 向下到达状态 d。这时 $M_2=1$,$M_3=0$,此时,$c_2d_2e_2=110$。第 3 位和后继各位输入时,编码器将按照图中粗线所示的路径前进,得到输出序列 111110010100…。

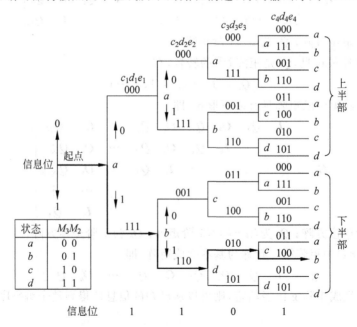

图 6.17 (3,1,2) 卷积码的码树图

由此码树图还可以看到,从第 4 级支路开始,码树的上半部和下半部相同。这意味着,从第 4 个输入信息位开始,输出码元已经与第 1 位输入信息位无关,即此编码器的约束度 $N=3$。

若观察在新码元输入时编码器的过去状态,即观察 M_2M_3 的状态和输入信息位的关系,则可以得出图中的 a,b,c 和 d 4 种状态。这些状态和 M_2M_3 的关系也在图中给出了。

码树图原则上还可以用于译码。在译码时,按照汉明距离最小的准则沿上面的码树进行搜索。例如,若接收码元序列为 111010010110…,和发送序列相比可知第 4 和第 11 码元为错码。当接收到第 4~6 个码元"010"时,将这 3 个码元和对应的第 2 级的上下两个支路比较,它和上支路"001"的汉明距离等于 2,和下支路"110"的汉明距离等于 1,所以选择走下支路。

类似地,当接收到第 10~12 个码元"110"时,和第 4 级的上下支路比较,它和上支路的"011"的汉明距离等于 2,和下支路"100"的汉明距离等于 1,所以走下支路。这样,就能够纠正这两个错码。

一般说来,码树搜索译码法并不实用,因为随着信息序列的增长,码树分支数目按指数规律增长;在上面的码树图中,只有 4 个信息位,分支已有 $2^4=16$ 个。但是它为以后实用译码算法建立了初步基础。

2) 状态图

上面的码树可以改进为下述的状态图(State Diagram)。由上例的编码器结构可知,输出码元 $c_id_ie_i$ 决定于当前输入信息位 a_i 和前两位信息位 b_{i-1} 和 b_{i-2}(即移存器 M_2 和 M_3 的状态)。在图 6.17 中已经为 M_2 和 M_3 的 4 种状态规定了代表符号 a,b,c 和 d。所以,可以将当前输入信息位、移存器前一状态、移存器下一状态和输出码元之间的关系归纳于表 6.7 中。

表 6.7 移位器状态和输入输出码元的关系

移存器前一状态 M_3M_2	当前输入信息位 b_i	输出码元 $c_id_ie_i$	移存器下一状态 M_3M_2
$a(00)$	0	000	$a(00)$
	1	111	$b(01)$
$b(01)$	0	001	$c(10)$
	1	110	$d(11)$
$c(10)$	0	011	$a(00)$
	1	100	$b(01)$
$d(11)$	0	010	$c(10)$
	1	101	$d(11)$

由表 6.7 可看出,前一状态 a 只能转到下一状态 a 或 b,前一状态 b 只能转到下一状态 c 或 d,等。

按照表 6.7 中的规律,可以画出状态图如图 6.18 所示。

在图 6.18 中,虚线表示输入信息位为"0"时状态转变的路线;实线表示输入信息位为"1"时状态转变的路线。线条旁的 3 位数字是编码输出比特。利用这种状态图可以方便地从输入序列得到输出序列。

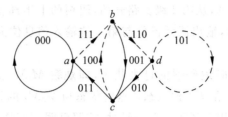

图 6.18 (3,1,2)卷积码状态图

3) 网格图

将状态图在时间上展开,可以得到网格图(Trellis Diagram),如图 6.19 所示。

图 6.19 中画出了 5 个时隙。在此图中,仍用虚线表示输入信息位为"0"时状态转变的路线;实线表示输入信息位为"1"时状态转变的路线。可以看出,在第 4 时隙以后的网格图形完全是重复第 3 时隙的图形。这也反映了此(3,1,2)卷积码的约束长度为 3。

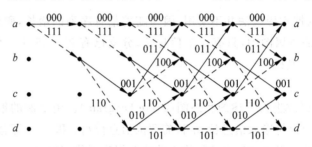

图 6.19 (3,1,2)卷积码网格图

在图 6.20 中给出了输入信息位为 11010 时,在网格图中的编码路径。图中示出这时的输出编码序列是 111110010100011…。由上述可见,用网格图表示编码过程和输入输出关系比码树图更为简练。有了上面的状态图和网格图,下面就可以讨论维特比译码算法了。

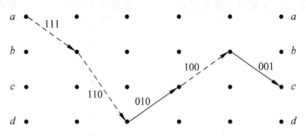

图 6.20 (3,1,2)卷积码编码路径举例

2. 维特比译码算法

维特比译码算法是维特比于 1967 年提出的。由于这种译码方法比较简单、计算快,得到广泛应用,特别是在卫星通信和蜂窝网通信系统中应用。这种算法的基本原理是将接收到的信号序列和所有可能的发送信号序列比较,选择其中汉明距离最小的序列认为是当前发送信号序列。若发送一个 k 位序列,则有 2^k 种可能的发送序列。计算机应存储这些序

列,以便用作比较。当 k 较大时,存储量太大,使实用受到限制。维特比算法对此作了简化,使之能够实用。现在仍用上面 $(3,1,2)$ 卷积码的例子来说明维特比算法的原理。

设现在的发送信息位为 1101,为了使图中移存器的信息位全部移出,在信息位后面加入 3 个 "0",故编码后的发送序列为 111110010100001011000。并且假设接收序列为 111010010110001011000,其中第 4 和第 11 个码元为错码。

由于这是一个 $(n,k,L)=(3,1,2)$ 卷积码,发送序列的约束度 $(L+1)=3$,所以首先需考察 $n(L+1)=9$bit。第 1 步考察接收序列前 9 位 "111010010"。由此码的网格图 6.19 可见,沿路径每一级有 4 种状态,即 a,b,c 和 d。每种状态只有两条路径可以到达。故 4 种状态共有 8 条到达路径。现在比较网格图中的这 8 条路径和接收序列之间的汉明距离。例如,由出发点状态 a 经过 3 级路径后到达状态 a 的两条路径中上面一条为 "000000000"。它和接收序列 "111010010" 的汉明距离等于 5;下面一条为 "111001011",它和接收序列的汉明距离等于 3。同样,由出发点状态 a 经过 3 级路径后到达状态 b,c 和 d 的路径分别都有两条,故总共有 8 条路径。在表 6.8 中列出了这 8 条路径和其汉明距离。

表 6.8 维特比算法译码第一步计算结果

序号	路径	对应序列	汉明距离	幸存否
1	$aaaa$	000000000	5	否
2	$abca$	111001011	3	是
3	$aaab$	000000111	6	否
4	$abcb$	111001100	4	是
5	$aabc$	000111001	7	否
6	$abdc$	111110010	1	是
7	$aabd$	000111110	6	否
8	$abdd$	111110101	4	是

现在将到达每个状态的两条路径的汉明距离作比较,将距离小的一条路径保留,称为幸存路径。若两条路径的汉明距离相同,则可以任意保存一条。这样就剩下 4 条路径了,即表中第 2、4、6 和 8 条路径。

第 2 步继续考察接收序列的后继 3 个比特 "110"。计算 4 条幸存路径上增加 1 级后的 8 条可能路径的汉明距离。计算结果如表 6.9 所列。

表 6.9 维特比算法译码第二步计算结果

序号	路径	原幸存路径的距离	新增路径段	新增距离	总距离	幸存否
1	$abca+a$	3	aa	2	5	否
2	$abdc+a$	1	ca	2	3	是
3	$abca+b$	3	ab	1	4	否
4	$abdc+b$	1	cb	1	2	是
5	$abcb+c$	4	bc	3	7	否
6	$abdd+c$	4	dc	1	5	是
7	$abcb+d$	4	bd	0	4	是
8	$abdd+d$	4	dd	2	6	否

表 6.9 中最小的总距离等于 2,其路径是 $abdc+c$,相应序列为 111110010100。它和发送序列相同,故对应发送信息位 1101。

按照表 6.9 中的幸存路径画出的网格图示于图 6.21 中。

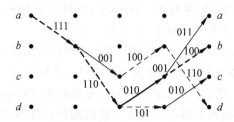

图 6.21　对应信息位"1101"的幸存路径网格图

图中粗线路径是汉明距离最小(等于 2)的路径。

上面提到过,为了使输入的信息位全部通过编码器的移存器,使移存器回到初始状态,在信息位 1101 后面加了 3 个"0"。若把这 3 个"0"仍然看作是信息位,则可以按照上述算法继续译码。这样得到的幸存路径网格图示于图 6.22 中。

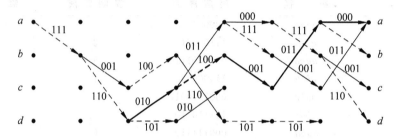

图 6.22　对应信息位"1101000"的幸存路径网格图

图中的粗线仍然是汉明距离最小的路径。但是,若已知这 3 个码元是(为结尾而补充的)"0",则在译码计算时就预先知道在接收这 3 个"0"码元后,路径必然应该回到状态 a。而由图可见,只有两条路径可以回到 a 状态。所以,这时图 6.22 可以简化成图 6.23。

在上例中卷积码的约束度 $N=3$,需要存储和计算 8 条路径的参量。由此可见,维特比译码算法的复杂度随约束长度 N 按指数形式 2^N 增长。故维特比译码算法适合约束度较小 ($N\leqslant 10$) 的编码。对于约束度大的卷积码,可以采用其他译码算法。

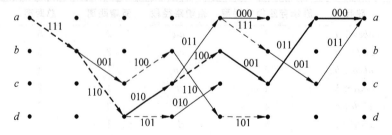

图 6.23　对应信息位"1101"以及"000"结束的幸存路径网格图

6.6 交织码

交织是一种既简单又有效的构造码的方法,它可以大大提高纠随机错误码的突发错误能力,可使抗较短突发错误的码变成抗较长突发错误的码,使纠正单个定段突发错误的码变成纠多个定段突发错误的码。这种方法所付出的代价是增加存储设备和加大通信时延。

交织编码的目的是把一个较长的突发差错离散成随机差错,再用纠正随机差错的编码(FEC)技术消除随机差错。交织深度越大,则离散度越大,抗突发差错能力也就越强。但交织深度越大,交织编码处理时间越长,从而造成数据传输时延增大,也就是说,交织编码是以时间为代价的。因此,交织编码属于时间隐分集。在实际移动通信环境下的衰落,将造成数字信号传输的突发性差错。利用交织编码技术可离散并纠正这种突发性差错,改善移动通信的传输特性。

在实际应用中,经常用到的两种交织器是分组交织器和卷积交织器。下面分别加以介绍。

6.6.1 分组交织器

分组交织器是最早应用于信道编码中的,它是行读列出或列读行出的交织器。分组交织器结构比较简单。它交织的对应关系相对比较固定,所以在移动通信中应用于抗衰落,在信息进入信道之前往往要经过一个或多个分组交织器,如纵横交织器。分组交织器的原理:将输入信息序列按行存放到一个 m 列 n 行的矩阵中,然后按列读出。在接收端,解交织是将来自发送信道的信息送入去交织器的同一类型 (m, n) 交织矩阵存储器,而它是按行写入按列读出的。读出后信息差错分布变换成无记忆独立差错,解交织是其逆过程,将接受信息按列存放到 m 列 n 行的矩阵中,然后按行读出。

分组交织器的分组长度可表示为 $L = m \times n$,故又称之为 (m, n) 分组交织器。它将分组长度 L 分成 m 列 n 行并构成一个交织矩阵,从发送端发来的信息经过交织与去交织后,就会将在传输过程中产生的突发差错变为无记忆的独立差错。这种交织方法在数字通信中得到了广泛的实际应用。但是它会带来较大的 $2mn$ 个符号的迟延,而且还需要很大的存储器。为了更有效地改造突发差错为独立差错,mn 应取足够大。但是,大的附加时延会给实时话音通信带来很不利的影响,同时也增加了设备的复杂性。为了在不降低性能的条件下减少时延和复杂性,可采用卷积交织器,它可将时延减少一半。

分组周期交织方法特性可归纳如下:

(1)任何长度 $L \leqslant m$ 的突发差错,经交织变换后,成为至少被 $N-1$ 位隔开后的一些单个独立差错。

(2)任何长度 $L > m$ 的突发性差错,经去交织变换后,可将长突发变换成短突发 $L_1 = [1/M]$。

(3)完成交织与去交织变换在不计信道时延的条件下,两端间的时延为 $2mn$ 个符号,而交织与去交织各占 mn 个符号,即要求存储 mn 个符号。

(4)在很特殊的情况下,周期为 m 个符号的单个独立差错序列经去交织后,会产生相应序列长度的突发错误。

由上述性质(1)、(2)可见,交织编码是克服衰落信道中突发性干扰的有效方法,目前已在移动通信中得到广泛的实际应用。但是交织编码的主要缺点正如性质(3)所指出,它会带来较大的 $2mn$ 个符号的迟延。为了更有效地改造突发差错为独立差错,mn 应足够大。但是,大的附加时延会给实时话音通信带来很不利的影响,同时也增大了设备的复杂性。

图 6.24 所示为交织码原理。将信号码元按行的方向输入存储器,再按列的方向输出。若输入码元序列是 $a_{11}a_{12}\cdots a_{1m}a_{21}a_{22}\cdots a_{2m}\cdots a_{n1}\cdots a_{nm}$,则输出序列是 $a_{11}a_{21}\cdots a_{n1}a_{12}a_{22}\cdots a_{n2}\cdots a_{1m}\cdots a_{nm}$。交织的目的是将突发错码分散开,变成随机错码。

例如,若图中第 1 行的 m 个码元构成一个码组,并且连续发送到信道上,则当遇到脉冲干扰,造成大量错码时,可能因超出纠错能力而无法纠正错误。但是,若在发送前进行了交织,按列发送,则能够将集中的错码分散到各个码组,从而有利于纠错。这种交织器常用于分组码。

a_{11}	a_{12}	$\cdots$	$\cdots$	$\cdots$	a_{1m}
a_{21}	a_{22}				a_{2m}
$\cdots$	$\cdots$				$\cdots$
a_{n1}	a_{n2}	$\cdots$	$\cdots$	$\cdots$	a_{nm}

图 6.24 交织码原理

6.6.2 卷积交织器

卷积交织器是一种实时性能比较好的交织器,它的交织与解交织的输入与输出计算都是由 L 条寄存器组成的支路来实现。

在图 6.25 中给出一个简单卷积交织器的例子。它是由 3 个移存器构成。第 1 个移存器只有 1bit 容量;第 2 个移存器可以存 2bit;第 3 个移存器可以存 3bit。交织器的输入码元依次进入各个移存器。

在图 6.25(a)所示的交织器中示出,第 1 个输入码元没有经过存储而直接输出;第 2 个输入码元存入第 1 个移存器中;第 3 个输入码元存入第 2 个移存器中;第 4 个码元存入第 3 个移存器中。在这 4 个码元期间,交织器的输出为"$1xxx$"。这里的"x"表示移存器初始的随机状态。在图 6.25(b)中的交织器则示出第 5~8 个码元输入时的工作状态。在图 6.25(c)、(d)中示出的是第 9~12 个码元以及第 13~16 个码元输入时的工作状态。这样,交织器输出码元的次序将是 $1xxx52xx963x131074$。接收端解交织器的工作过程与此相反,如图 6.25 所示,解交织器的输出码元的次序将是 $xxxxxxxxxxxx1234$,其中前面接收的 12 个码元无意义,从第 13 个码元开始才是有效码元。

一般说来,第 1 个移存器的容量可以是 k 比特,第 2 个移存器的容量是 $2k$ 比特,第 3 个移存器的容量是 $3k$ 比特……直至第 N 个移存器的容量是 Nk 比特。卷积交织法和矩阵交织法相比,其主要优点是延迟时间短和需要的存储容量小。卷积交织法端到端的总延迟时间和两端所需的总存储容量均为 $k(N+1)N$ 个码元,是矩阵交织法的一半。

交织器容量和误码率关系:交织器容量大时误码率低,这是因为交织范围大可以使交织器输入码元得到更好的随机化。

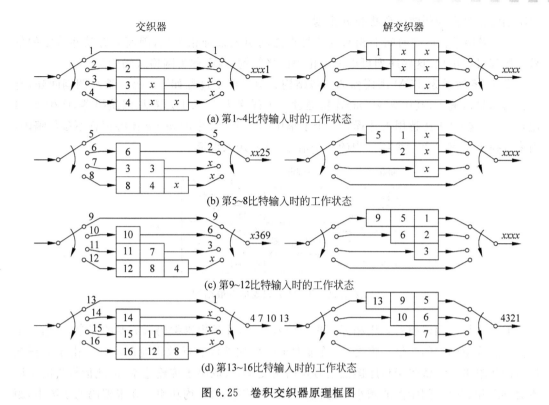

图 6.25 卷积交织器原理框图

6.7 TCM 码

在传统的数据传输系统中,输入端编码和调制是独立的两个部分,码字的检错功能是通过在时域中附加冗余码以增加码字的汉明距离来得到的。在输出端,幅度和相位的判决先于最终的译码,而且该种信道输出是二进制的,因而必然带来信息的损失。

早在 1974 年 Massey 根据香农信息论,就首先证明了将编码和调制作为一个整体考虑时的最佳设计,可以大大改善系统的性能。在此基础上,Ungerboeck 等人于 1982 年提出了一种崭新的编码方案,它非常类似于卷积编码,但又不同于卷积编码。它突破了传统的编码和调制相互独立的模式,将它们作为一个整体来联合考虑,以使其产生的编码序列具有最大的欧氏自由距离。Ungerboeck 提出的将纠错编码和调制相结合的网格编码调制(Trellis Coded Modulation,TCM)就是解决这个问题的途径之一。在不增加系统带宽的前提下,这种方案可获得 3~6dB 的性能增益,因而得到了广泛的关注和应用。

6.7.1 网格编码调制的基本原理

网格编码调制的基本原理是通过一种"集合划分映射"的方法,将编码器对信息比特的编码转化为对信号点的编码,在信道中传输的信号点序列遵从网格图中某一条特定的路径。这类信号有两个基本特征:

(1) 星座图中所用的信号点数大于未编码时同种调制所需的点数(通常扩大 1 倍),这些附加的信号点为纠错编码提供冗余度。

(2) 采用卷积码在时间上相邻的信号点之间引入某种相关性,因而只有某些特定的信号点序列可能出现,这些序列可以模型化为网格结构,因而称为网格编码调制。

图 6.26 所示为 TCM 编码器的一般结构。信号产生过程如下:每一编码调制间隔,有 m 比特信息段输入,其中 $k(k<m)$ 比特通过一个码率为 $k/(k+1)$ 卷积码编码器,产生 $k+1$ 比特输出,这 $k+1$ 比特用来选择 2^{k+1} 个子集中的一个;其余的 $m-k$ 比特信息不参与编码,用来选择该子集中 2^{m-k} 个信号中的一个信号,然后送入信道。

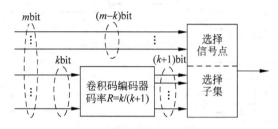

图 6.26　TCM 编码器的一般结构

假设系统在编码前后采用相等的平均信号功率,并且提供编码所需要的冗余度,信号子集编码后为编码前的 2 倍。但是,字符集大小的增加并没有导致带宽的增加。由于非正交信号的传输带宽不依赖于星座图上信号点的密度,而只取决于传输速率,因此信号集的扩展不会导致相邻码元间距离的减小,因为信号集具有不变的平均功率。在未编码的系统中,距离的减小会降低差错性能。但是,由于编码带来的冗余度的作用,距离的减小对差错性能的影响会下降。相反,自由距离,即许用码集中各点之间的最小距离,对差错性能影响更大。自由距离决定了译码器产生差错的最容易的路径。只要采用信道编码,就不宜在信号空间内考察编码获得的差错性能,因为编码是在由信号空间中观察不到的规则和限制定义的。如果编码系统的信号空间中有两个信号靠得很近,这并不能说明差错性能的优劣,因为编码规定不允许在这样两个易受损的信号之间转换。评价编码序列和距离属性的正确空间是网格图。TCM 采用网格图的目的是将波形映射为网格变换,从而增大最可能被混淆的波形之间的自由距离。

两个信号序列的欧氏距离越大,即它们的差别越大,则因干扰造成互相混淆的可能性越小。图中的信号点代表某个确定相位的已调信号波形。为了利用卷积码维特比译码的优点,这时仍然需要用到网格图。但是,和卷积码维特比译码时的网格图相比,在 TCM 中是将这些波形映射为网格图,故 TCM 网格图中的各状态是波形的状态。

6.7.2　TCM 编码

1. Ungerboeck 子集划分

最佳的编码调制系统应该按编码序列的欧氏距离为调制设计的量度。但是,由于汉明距离与欧氏距离之间并不一定存在一一对应的单调映射关系,所以当一个码字具有最大汉明距离时并不一定具有最大的欧氏距离。因此,最重要的问题是使得编码器和调制器级联后产生的编码信号具有最大的欧氏自由距离。从信号空间的角度看,这种最佳编码设计实际上是一种对信号空间的最佳分割。Ungerboeck 提出了"子集划分"的方法,为了保证发送信号序列之间的欧式距离最大,Ungerboeck 将发送信号空间的信号集接连地分割成较小的子集,并使分割后的子集内的最小空间距离得到最大的增加。每一次分割都是将一个较大的信号分割成较小的两个子集,这样可以得到一个表示子集分割的二叉树。

子集分割是将一信号集接连地分割成较小的子集,每一次分割都是将一较大的信号集分割成较小的两个子集,并使分割后的子集内的最小空间距离得到最大的增加。它应遵循以下两个原则:①在同级子集中,每个子集包含的信号点数及其空间距离均应保持相等;②在较小的子集中,信号点的空间距离应逐级增大。得到了信号点的子集划分后,当卷积编码器给定时,剩下的问题是如何使各信号点与各子码对应,即进行适当的映射,使已调信号之间的自由欧氏距离最大。

每经过一级分割,子集数就加倍,而子集内最小距离也增大。设经过 i 级分割后子集内最小距离为 $\Delta_i (i=0,1,\cdots)$,则有 $\Delta_0 < \Delta_1 < \Delta_2 < \cdots$。设计 TCM 方案时,将调制信号集做 $k+1$ 级分割,直至 Δ_{k+1} 大于所需的自由距离为止。

图 6.27 中给出了 8PSK 的星座图,各信号点按顺序标记为 $s_0 \sim s_7$,画出了从 s_0 到其他各点的欧氏距离。若取信号功率(振幅平方)为单位 1,即信号点至坐标原点的距离为 1,则相邻信号点之间的欧氏距离 $\Delta_0 = 2\sin(\pi/8) = 0.765$,而其他信号点之间的距离分别为 $\Delta_1 = \sqrt{2} = 1.414$、$\Delta_2 = \sqrt{2+\sqrt{2}} = 1.848$ 及 $\Delta_3 = 2$。

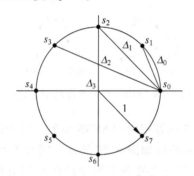

图 6.27 8PSK 信号点之间的欧氏距离

图 6.28 中给出了 8PSK 信号星座图子集划分的例子。A_0 是 8PSK 信号的星座图,其中任意两个信号点间的距离为 Δ_0。这个星座被划分为 B_0 和 B_1 两个子集,在子集中相邻信号点间的距离为 Δ_1。将这两个子集 B_0 和 B_1 分别再划分一次,得到 4 个子集 C_0、C_1、C_2、C_3,它们中相邻信号点间的距离为 $\Delta_2 = 2$。显然,$\Delta_2 > \Delta_1 > \Delta_0$。依次类推,就可以得到简单编码的结构,即子集中只有一个信号点。最后一次划分的子集有 8 个,为 $D_0 \sim D_7$。图中最下一行注明了 $(c_3 c_2 c_1)$ 的值代表了相应星座点的编号。若 c_1 等于"0",则从 A_0 向左分支走向 B_0;若 c_1 等于"1",则从 A_0 向右分支走向 B_1。第 2、3 个码元 c_2 和 c_3 也按照这一原则选择下一级的信号点。

2. 编码调制

得到了信号点的子集划分后,若有 m bit 信息段输入,可使其中 $k(k<m)$ bit 通过一个码率为 $k/(k+1)$ 卷积码编码器,剩下的问题是如何使 2^{k+1} 个信号点与 2^{k+1} 个子码对应,才能

进行恰当的映射,使已调信号之间的欧氏距离最大。为此 TCM 网格图的构造应遵循以下原则:①所有的信道信号应该以相等的频率和较好的规则性及对称性出现,这一点反映了好码应呈现规则结构的直观性;②格状结构中所有的并行转移接收信号星座中最大可能的欧氏距离;③起源于同一格构状态的所有转移接收信号星座中次最大可能的欧氏距离;④终止于同一格构状态的所有转移同样接收信号星座中次最大可能的欧氏距离。

按以上 4 条映射规则建立的码序列,将能使自由欧氏距离达到最大。通过此步骤,就可以得到编码器的状态转移图。根据以上原则,利用手算或通过计算机进行搜索,就可得出符合这种要求的网格图以及具有这种状态网格图的编码器。要构造一个好的 TCM 码,除了基于调制技术的集分割映射规则外,还应设计好卷积编码器结构,使分割后调制信号点的空间距离达到最大,这可通过计算机搜索得到。

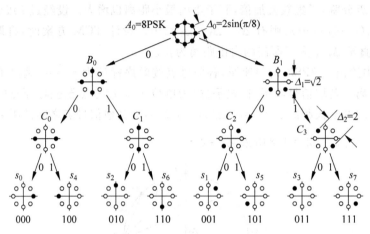

图 6.28　8PSK 信号星座的子集划分

图 6.29 给出了码率为 2/3 的卷积码与 8PSK 调制相结合的网格编码调制器,这是 4 状态 8PSK 网格编码调制器,其网格图如图 6.30 所示。可以看出,网格编码调制器的网格图与普通卷积码的网格图类似,不同之处在于图中两状态间有两条路径相连,称为"并行转移"。并行转移是因为有一位输入信息 m_1 没有参与编码。并行转移对应于最后一级划分中某个子集内的信号点,因此具有最大的欧氏距离。图中,$C_0 = \{s_0, s_4\}$,$C_2 = \{s_2, s_6\}$,$C_1 = \{s_1, s_5\}$,$C_3 = \{s_3, s_7\}$,对应于并行转移,这些信号点间的欧氏距离为 $\Delta_2 = 2$。两状态间连线上的标号 s_i,表示从这个状态向另一状态转移时,编码器输出的符号 s_i。编码器在从一种状态变化到另一种状态过程中,可以通过不同的路径。

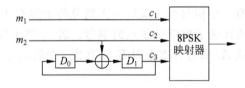

图 6.29　一种 8PSK-TCM 网格编码调制器

要研究网格编码调制的过程,首先要从网格图中找到图中起源于一个节点并合并到另一个节点的两条路径间的最小欧氏距离,该距离称为自由欧氏距离,它是网格编码调制系统的一个重要特性参数,在 TCM 中记为 d_{free}。选择全 0 序列作为测试序列,如果有一错误事件路径如图 6.30 中粗线所示,计算其距离所有全 0 路径的自由欧氏距离的平方为

$$d_{\text{free}}^2 = d^2(s_0,s_2) + d^2(s_0,s_1) + d^2(s_2,s_0) = \Delta_1^2 + \Delta_0^2 + \Delta_1^2 = 4.586$$

显然,这要比并行转移间的欧氏距离大。

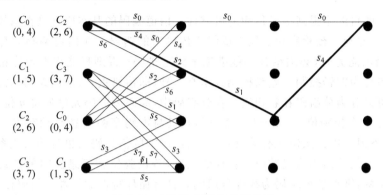

图 6.30 8PSK 编码器的网格图

未编码的 QPSK 信号不需要信号点集的冗余度,只要传送 2 比特/符号的信息,则将其自由欧氏距离作为参考距离 d_{ref},则由图 6.28 可知

$$d_{\text{ref}} = \Delta_1 = \sqrt{2}$$

而编码的自由欧氏距离为

$$d_{\text{code}} = 2$$

所以,可以证明,和未编码 QPSK 系统相比,8PSK 的 TCM 系统可以获得的渐近编码增益为

$$G = 20\lg\frac{d_{\text{code}}}{d_{\text{ref}}} = 20\lg\frac{2}{\sqrt{2}} = 3(\text{dB})$$

6.7.3 TCM 译码

TCM 中的纠错编码采用卷积码实现,接收方采用基于欧式距离的 Viterbi 译码算法,译码的任务是在网格图中选择一条路径,使相应的译码序列与接收序列之间的欧式距离最小。这是一种有效的卷积码的最大似然译码算法。用网格图描述时,Viterbi 译码过程中只需考虑整个路径集合中那些使似然函数最大的路径。对应于每一状态,都有数条路径段与之对应,只保留其中具有最小累计度量的一条,并定义它为幸存路径。在下一时刻,将所有的幸存路径延伸一个时间单元,计算延伸后的各路径段的累计度量,然后再重复选择幸存路径的步骤,如此循环下去,最终得到的幸存路径就是求解的最大似然路径,这个路径上所对应的输入码序列就是译码器的输出。如果在某一点上发现某条路径已不可能获得最大似然函数,就放弃这条路径,然后在剩下的幸存路径中重新选择路径。由于这种方法较早地丢弃了那些不可能的路径,从而减轻了译码的工作量。

对于 TCM 系统而言,其译码过程分为 3 个基本步骤:①计算接收符号与每个子集中距离最近点的欧氏距离(消除并行路径,即子集译码);②根据 Viterbi 算法进行最大似然序列估计,寻找与接收序列最接近的码序列;③根据译码后的码序列和比特分配表恢复原始信

息比特流。

6.8 小结

信道编码的目的是提高信号传输的可靠性。信道编码的基本原理是在信号码元序列中增加校验码元,并利用校验码元去发现或纠正传输中的错误。在信道编码只有发现错码能力而无纠正错码能力时,必须结合其他措施来纠正错码;否则只能将发现位错码的码元删除。这些手段称为差错控制。差错控制技术有 3 种,即检错重发、前向纠错和混合方式。

纠错码可以分为分组码和卷积码。在分组码中,编码后的码元序列每 n 位分为一组,其中有 k 位信息、r 个校验位,$r=n-k$。监督码元仅与本码字的信息码元有关。卷积码则不同,监督码元不但与本信息码元有关,而且与前面码字的信息码元也有约束关系。由代数关系式确定校验位的分组码为代数码。在代数码中,若校验位和信息位的关系式是由线性代数方程式决定的,则称这种编码为线性分组码。具有循环特性的线性分组码称为循环码。

循环码是在严密的代数学理论基础上建立起来的。循环码的编码和译码设备都不太复杂,而且检(纠)错的能力较强。循环码除了具有线性码的一般性质外,还具有循环性。循环性是指任一码组循环一位(即将最右端的一个码元移至左端,或反之)以后,仍为该码中的一个码组。

卷积码是一种非分组码。通常它更适用于前向纠错,因为对于许多实际情况它的性能优于分组码,而且运算较简单。卷积码的监督码元不仅和当前的 $k$bit 信息段有关,而且还同前面 L 个信息段有关。

交织码是一种能纠突发错误的编码形式,可使抗较短突发错误的码变成抗较长突发错误的码,使纠正单个定段突发错误的码变成纠多个定段突发错误的码。

TCM 码是一种将纠错编码和调制结合在一起的体制,它能同时节省功率和带宽,是人们长期追求的目标。

习题

6-1 填空题

(1) 线性分组码(63,51)的编码效率为_____,卷积码(2,1,7)的编码效率为_____。

(2) 码字 101111101、011111101、100111001 之间的最小汉明距离为_____。

(3) 一分组码的最小码距 $d_0=6$,若该分组码用于纠错,可以保证纠正_____位错码;若用于检错,可以保证检出_____位错码。

(4) 已知两分组码为(1111)、(0000)。若用于检错,能检出_____位错码;若用于纠错,能纠正_____位错码。

(5) 线性分组码的生成矩阵 $G=\begin{bmatrix} 1 & 1 & 1 & 0 & 1 & 0 & 0 \\ 0 & 1 & 0 & 1 & 0 & 1 & 0 \\ 0 & 0 & 1 & 1 & 1 & 0 & 1 \end{bmatrix}$,该码校验位_____位,编码效率为_____。

(6) 按照对信息序列的处理方法不同,差错码可分为_____和_____两类。
(7) 最流行的卷积码译码算法是_____算法。

6-2 判断题
(1) 汉明码是一种线性分组码。( )
(2) 循环码也是一种线性分组码。( )
(3) 校验矩阵的各行是线性无关的。( )
(4) 最小码距 d_{min} 越大,编码的纠/检错能力越弱。( )
(5) 卷积码译码时在译码端所用的记忆单元越少,则获得的译码差错概率越小。
( )

6-3 简答题
(1) 什么是线性码?它具有哪些重要性质?
(2) 什么是循环码?循环码的生成多项式如何确定?
(3) 卷积码适合用于纠正哪类错码?
(4) 什么是 Turbo 码?它有哪些特点?
(5) 什么是 TCM?它有何特点?

6-4 已知(7,3)码的生成矩阵为

$$G = \begin{bmatrix} 1 & 0 & 1 & 1 & 1 & 0 & 0 \\ 0 & 1 & 0 & 1 & 1 & 1 & 0 \\ 0 & 0 & 1 & 0 & 1 & 1 & 1 \end{bmatrix}$$

(1) 试写出该(7,3)循环码的生成多项式 $g(x)$ 和校验矩阵 H。
(2) 若输入信息码为 011,试写出对应的循环码码组。
(3) 该码能纠正几位错误?

6-5 设一线性码的生成矩阵为

$$G = \begin{bmatrix} 0 & 0 & 1 & 0 & 1 & 1 \\ 1 & 0 & 0 & 1 & 0 & 1 \\ 0 & 1 & 0 & 1 & 1 & 0 \end{bmatrix}$$

(1) 求出校验矩阵 H,确定(n,k)码中的 n 和 k。
(2) 写出监督关系式及该(n,k)码的所有码组。
(3) 确定最小码距。

6-6 设一线性分组码具有一致监督矩阵

$$H = \begin{bmatrix} 0 & 0 & 0 & 1 & 1 & 1 \\ 0 & 1 & 1 & 0 & 0 & 1 \\ 1 & 0 & 1 & 0 & 1 & 1 \end{bmatrix}$$

(1) 求此分组码 n、k 为多少?共有多少码字?
(2) 求此分组码的生成矩阵 G。
(3) 写出此分组码的所有码字。
(4) 若接收到码字(101001),求出伴随式并给出翻译结果。

6-7 已知(7,4)循环码的生成多项式为 $g(x)=x^3+x^2+1$。
(1) 试求该(7,4)循环码的典型生成矩阵和典型校验矩阵。
(2) 若输入信息码元为 0011,求编码后的系统码组。

第 7 章 加密编码

自从有了消息的传递,就有了对消息保密的需要,但由于在很长的时间内,密码仅限于军事、政治和外交的用途,所以,不论密码理论还是密码技术发展都很缓慢。由于科学技术的进步,信息交换的手段越来越先进,速度越来越快,内容越来越广泛,形式越来越丰富,规模也越来越大。到了 20 世纪 70 年代,随着信息的激增,对信息保密的需求也从军事、政治和外交等领域迅速扩展到民用和商用领域,从而导致了密码学知识的广泛传播。

计算机技术和微电子技术的发展为密码学理论的研究和实现提供了强有力的手段和工具。进入 20 世纪 80 年代以后,对密码理论和技术的研究更是呈爆炸式增长趋势,密码学在雷达、导航、遥控、遥测等领域占有重要地位,这已是众所周知的事实。此外,密码学正渗透到通信、电子邮政、计算机、金融系统、各种管理信息系统甚至家庭等各部门和领域。保密的作用也已不再仅仅是"保密",还有认证、鉴别和数字签名等新的功能。在对信息密码的需求日益广泛和日益迫切的同时,人们对密码技术的要求也越来越高。本章主要讨论加密编码的基本概念、数据加密标准 DES、国际数据加密算法、公开密钥加密算法、通信网络中的加密等。

7.1 加密编码的基础知识

7.1.1 加密的基本概念

数据加密是保证信息安全的基本措施之一。在常规的邮政系统中,寄信人用信封隐藏其内容,这就是最基本的保密技术。而在当今时代,信息需要利用通信网络传送和交换,需要利用计算机处理和存储,显然,一部分信息由于其重要性,在一定时间内必须严加保密,严格限制其被利用的范围,那么,信息的保密也当然不能仅凭信封来保证了。利用密码对各类电子信息进行加密,以保证在其处理、存储、传送和交换过程中不会泄露,是迄今为止对电子信息实施保护,保证信息安全的唯一有效措施。

加密就是通过密码技术对数据消息进行转换,使之成为没有正确密钥任何人都无法读懂的报文,阻止非法用户获取和理解原始数据,从而确保数据的保密性。

采用加密方法可以隐蔽和保护需要保密的消息,使未授权者不能提取信息,被隐蔽的消息称为明文(Plaintext),密码可将明文变换成另一种隐蔽形式,称为密文(Ciphertext),这种变换称为加密(Encryption),其逆过程,从密文恢复出明文的过程称为解密(Decryption)。

对明文进行加密时采用的一组规则称为加密算法,对密文解密时采用的一组规则称为解密算法。加密算法和解密算法通常都是在一组密钥(Key)控制下进行的,分别称为加密密钥和解密密钥。图 7.1 所示为加密通信模型。

若采用的加密密钥和解密密钥相同,或者实际上等同,即从一个易于得出另一个,称为单钥或对称密码体制(One-key or Symmetric Cryptosystem),若加密密钥和解密密钥不相同,从一个难以推出另一个,则称双钥或公开密码体制(Two-key or Public Cryptosystem),这是 1976 年由 Diffie 和 Hellman 等人所开创的新体制,它是密码学理论的划时代突破。密钥是密码体制安全保密的关键,它的产生和管理是密码学中重要的研究课题。

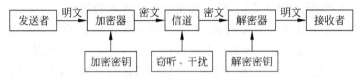

图 7.1 加密通信模型

7.1.2 常用的数据加密体制

1. 对称型加密体制

对称加密算法也叫私钥加密算法,其特征是收信方和发信方使用相同的密钥,即加密密钥和解密密钥是相同或等价的。

用这种加密技术通信时,发送信函的一方用加密函数把明文加密,得到密文,然后把密文通过通信网络发给另一方;即使在通信信道中被攻击者截取,也无法理解信函的实际含义;而接收方收到密文后,可用解密函数解密,重新得到原明文,达到密码通信的目的。

目前广泛采用的私钥加密算法是数据加密标准 DES(Data Encryption Standard),它是美国 IBM 公司研制的,后来被美国政府定为商业领域加密标准,现已经在全世界广泛使用。DES 加密数据前先要随机生成一个 64b 的密钥,每次加密 64b 的明文,输出 64b 的密文,最后把所有密文串接起来即成为完整的密文,解密则是运用相反的过程。因此,DES 算法的安全性完全依赖于对密钥的保护。

对称加密算法的主要优点是加密和解密速度快,加密强度高,且算法公开,但其最大的缺点是实现密钥的秘密分发困难,其密钥必须通过安全的途径传送,而且一旦密钥泄露则直接影响到信息的安全性,所以其密钥管理成为系统安全的重要因素。另外,在有大量用户的情况下密钥管理复杂,而且无法完成身份认证等功能,不便于应用在网络开放的环境中。加密与解密的密钥和流程是完全相同的,区别仅仅是加密与解密使用的子密钥序列的施加顺序刚好相反。DES 密码体制的安全性应该不依赖于算法的保密,其安全性仅以加密密钥的保密为基础。

由于私钥加密技术中密钥的数目难以管理,一般不能提供信息完整性的鉴别等问题,为了弥补这些缺陷,人们又发明了公钥加密算法。

2. 公开密钥加密体制

与对称加密算法不同,公开密钥系统采用的是非对称加密算法,其特征是收信方和发信方使用的密钥互不相同,而且几乎不可能从加密密钥推导解密密钥。

用这种加密技术通信时,信息由一方发送到另一方,为了保护传输的明文信息不被第三方窃取,采用一个密钥对要发送的信息进行加密而形成密文并且发送给接收方,接收方用另一把密钥对密文解密,得到明文消息,从而完成密文通信目的的方法。

使用公开密钥算法使用的两个密钥称为公开密钥和秘密密钥。如果用公开密钥对数据进行加密,只有用对应的秘密密钥才能进行解密;反之亦然,即如果用秘密密钥对数据进行加密,只有用对应的秘密公开密钥才能进行解密。

公钥密码的优点是可以适应网络的开放性要求,且密钥管理问题也较为简单,尤其可方便地实现数字签名和验证,但其算法复杂,加密数据的速率较低。

RSA 是公开密钥算法中的典型代表,它是由麻省理工学院的研究小组提出的,该体制的名称是用了 3 位作者英文名字的第一个字母拼合而成。RSA 的密钥是成对使用的,即一次生成关联的一对密钥,其中一把称为公钥,可以公开地交给用户,无所谓泄密,另一把称为私钥,只能交给某个人专用,并且要严加保密。用公钥加密的数据只能用私钥解密,反之亦然,即自己加密的数据自己却不能解密,而且公钥和私钥之间相互不能直接推导,这是 RSA 算法的主要特点。

RSA 算法不仅使互联网安全可靠,解决了 DES 算法中利用公开信道传输分发秘密密钥的难题,还可利用 RSA 来完成对电文的数字签名以抗对电文的否认与抵赖,同时还可以利用数字签名较容易地发现攻击者对电文的非法篡改,以保护数据信息的完整性。

公钥密码的优点是可以适应网络的开放性要求,且密钥管理问题也较为简单,尤其可方便地实现数字签名和验证。但其算法复杂,加密数据的速率较低。尽管如此,随着现代电子技术和密码技术的发展,公钥密码算法已经被公认是一种应用广泛的网络安全加密体制。

7.1.3 密码算法分类

数据加密算法有很多种,密码算法标准化是信息化社会发展的必然趋势,是世界各国保密通信领域的一个重要课题。按照发展进程来分,经历了古典密码、对称密钥密码和公开密钥密码阶段。古典密码算法有替代加密、置换加密;对称加密算法包括 DES 和 AES;公开密钥加密算法包括 RSA、背包密码、McEliece 密码、Rabin、椭圆曲线、EIGamal D_H 等。目前在数据通信中使用最普遍的算法有 DES 算法、RSA 算法和 PGP 算法等,后续章节会对 DES 和 RSA 算法进行详细阐述。

7.2 数据加密标准 DES

1973 年,美国国家标准局(NBS)在认识到建立数据保护标准既必要又急迫的情况下,开始征集联邦数据加密标准的方案。1975 年 3 月 17 日,NBS 公布了 IBM 公司提供的密码算法,以标准建议的形式在全国范围内征求意见。经过两年多的公开讨论之后,1977 年 7 月 15 日,NBS 宣布接受这个建议,作为联邦信息处理标准 46 号数据加密标准(Data Encryption Standard,DES)正式颁布,供商业界和非国防性政府部门使用。DES 的产生被认为是 20 世纪 70 年代信息加密技术发展史上的两大里程碑之一。

DES 算法在 POS、ATM、磁卡及智能卡(IC 卡)、加油站、高速公路收费站等领域被广泛应用,以此来实现关键数据的保密,如信用卡持卡人的 PIN 的加密传输、IC 卡与 POS 间的双向认证、金融交易数据包的 MAC 校验等,均用到 DES 算法。

7.2.1 DES 加密解密原理

根据加密时对明文数据的处理方式的不同,可以把密码分为换位密码和替代密码两类。换位密码是对数据中的字符或更小的单位重新组织,但并不改变它们本身。替代密码与此相反,它改变数据中的字符,但不改变它们之间的相对位置。单独使用这两种方法的任意一种都是不够安全的,但是将这两种方法结合起来就能提供相当高的安全程度,DES 就采用了这种结合算法。

DES 是一种对称密码体制,它所使用的加密和解密密钥是相同的,是一种典型的按分组方式工作的密码。其基本思想是将二进制序列的明文分成每 64b 一组,用长为 64b 的密钥对其进行 16 轮代换和换位加密,最后形成密文。具体来讲,DES 是将明文分割成许多 64 位大小的块,每个块用 64 位密钥进行加密,实际上,密钥由 56 位数据位和 8 位奇偶校验位组成,因此只有 56 个可能的密码而不是 64 个。每块先用初始置换方法进行加密,再连续进行 16 次复杂的替换,最后再对其施用初始置换的逆。第 i 步的替换并不是直接利用原始的密钥 K,而是由 K 与 i 计算出的密钥 K_i。

DES 的巧妙之处在于,除了密钥输入顺序外,其加密和解密的步骤完全相同,这就使得在制作 DES 芯片时,易于做到标准化和通用化,这一点尤其适合现代通信的需要。在 DES 出现以后,经过许多专家学者的分析论证,证明它是一种性能良好的数据加密算法,不仅随机特性好、线性复杂度高,而且易于实现,加上能够标准化和通用化,因此,DES 在国际得到了广泛的应用。

7.2.2 DES 加密解密算法

DES 主要包含 3 个部分:一个是密钥产生部分,另一个是换位操作,即初始置换和逆初始置换部分,还有一个是复杂的、与密钥有关的乘积变换部分。加密前,先将明文分成 64b 的分组,然后将 64b 二进制码输入到密码器中。密码器对输入的 64 位码首先进行初始置换,然后在 64b 主密钥产生的 16 个子密钥控制下进行 16 轮乘积变换,接着再进行末置换就得到 64 位已加密的密文。

DES 算法的主要步骤如图 7.2 所示。

1. 初始置换 IP

如图 7.3 所示,将输入明文序列分成区组,每组 64b。首先将 64b 进行初始置换 IP,即将输入的第 58 位置换到第一位输出,第 50 位置换到第 2 位……依此类推,一直到第 7 位置换到最后一位。如此将 64b 明文的位置进行置换得到一个乱序的 64b 明文组,然后分成左、右两段,每段为 32b,以 L_0 和 R_0 来输出,如图 7.3 所示。

由图 7.3 可知,IP 各列元素位置号数相差 8,相当于将原明文各字节按列写出,各列比特经过偶采样和奇采样置换后,再对各行进行逆序将阵中元素按行读得的结果。

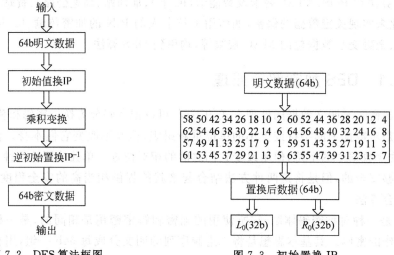

图 7.2 DES 算法框图

图 7.3 初始置换 IP

2. 乘积变换 T

它是 DES 算法的核心部分,如图 7.4 所示。将经过 IP 置换后的数据分成 32b 左、右两组,在迭代过程中彼此左右交换位置。每次迭代只对右边的 32b 进行一系列的加密变换,在此轮迭代即将结束时,把左边的 32b 与右边的 32b 各位模 2 相加,作为下一轮迭代时右边的段,并将原来右边的未经变换的段直接送到左边的寄存器中作为下一轮迭代时左边的段。

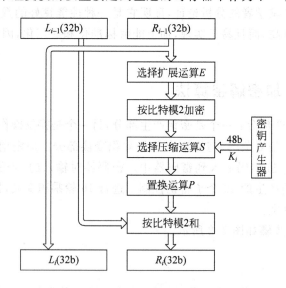

图 7.4 乘积变换框图

如图 7.4 所示,在每一轮迭代时,右边段要经过选择扩展运算 E、密钥加密运算、选择压缩运算 S、置换运算 P 和左右混合运算。

(1) 选择扩展运算 E。将输入的 32b R_{i-1} 扩展成 48b 输出,其变换表在图 7.5 中给出。令 s 表示 E 的输入的下标,则 E 的输出将是对原下标 $s \equiv 0$ 或 $1 \pmod 4$ 的各比特重复一次得到的。即对原第 32、1、4、5、8、9、12、13、16、17、20、21、24、25、28、29 各位重复一次得到数据扩展。将表中数据按行读出即得到 48b 输出。

（2）密钥加密运算。将子密钥产生器输出的 48b 子密钥 K_i 与选择扩展运算 E 输出的 48b 按位模 2 相加。

（3）选择压缩运算 S。将前面送来的 48b 数据自左至右分成 8 组，每组 6b。然后并行送入 8 个 S 盒，每个 S 盒为一非线性代换网络，有 4 个输出。运算 S 的框图在图 7.6 中给出，S_1 盒至 S_8 盒的选择函数关系如表 7.1 所示。

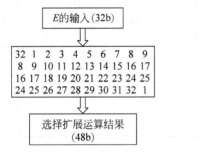

图 7.5　选择扩展运算 E

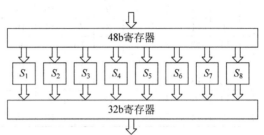

图 7.6　选择压缩函数 S

表 7.1　DES 的选择压缩函数

S	列																行
	0	**1**	**2**	**3**	**4**	**5**	**6**	**7**	**8**	**9**	**10**	**11**	**12**	**13**	**14**	**15**	
S_1	14	4	13	1	2	15	11	8	3	10	6	12	5	9	0	7	0
	0	15	7	4	14	2	13	1	10	6	12	11	9	5	3	8	1
	4	1	14	8	13	6	2	11	15	12	9	7	3	10	5	0	2
	15	12	8	2	4	9	1	7	5	11	3	14	10	0	6	13	3
S_2	15	1	8	14	6	11	3	4	9	7	2	13	12	0	5	10	0
	3	13	4	7	15	2	8	15	12	0	1	10	6	9	11	5	1
	0	14	8	11	10	4	13	1	5	8	12	6	9	3	2	15	2
	13	8	10	1	3	15	4	2	11	6	7	12	0	5	14	9	3
S_3	10	0	9	14	6	3	15	5	1	13	12	7	11	4	2	8	0
	13	7	0	9	3	4	6	10	2	8	5	14	12	11	15	1	1
	13	6	4	9	8	15	3	0	11	1	2	12	5	10	14	7	2
	1	10	13	0	6	9	8	7	4	15	14	3	11	5	2	12	3
S_4	7	13	14	3	0	6	9	10	1	2	8	5	11	12	4	15	0
	13	8	11	5	6	15	0	3	4	7	2	12	1	10	14	9	1
	10	6	9	0	12	11	7	13	15	1	3	14	5	2	8	4	2
	3	15	0	6	10	1	13	8	9	4	5	11	12	7	2	14	3
S_5	2	12	4	1	7	10	11	6	8	5	3	15	13	0	14	9	0
	14	11	2	12	4	7	13	1	5	0	15	10	3	9	8	6	1
	4	2	1	11	10	13	7	8	15	9	12	5	6	3	0	14	2
	11	8	12	7	1	14	2	13	6	15	0	9	10	4	5	3	3

续表

S	列																行
	0	1	2	3	4	5	6	7	8	9	10	11	12	13	14	15	
S_6	12	1	10	15	9	2	6	8	0	13	3	4	14	7	5	11	0
	10	15	4	2	7	12	9	5	6	1	13	14	0	11	3	8	1
	9	14	15	5	2	8	12	3	7	0	4	10	1	13	11	6	2
	4	3	2	12	9	5	15	10	11	14	1	7	6	0	8	13	3
S_7	4	11	2	14	15	0	8	13	3	12	9	7	5	10	6	1	0
	13	0	11	7	4	9	1	10	14	3	5	12	2	15	8	6	1
	1	4	11	13	12	3	7	14	10	15	6	8	0	5	9	2	2
	6	11	13	8	1	4	10	7	9	5	0	15	14	2	3	12	3
S_8	13	2	8	4	6	15	11	1	10	9	3	14	5	0	12	7	0
	1	15	13	8	10	3	7	4	12	5	6	11	0	14	9	2	1
	7	11	4	1	9	12	14	2	0	6	10	13	15	3	5	8	2
	2	1	14	7	4	10	8	13	15	12	9	0	3	5	6	11	3

具体做法是,以 6b 数中的第 1b 和第 6b 数组成的二进制数为行号,以第 2、3、4、5b 组成的二进制数为列号,查找 S_i,行列交叉处即为要输出的 4b 数。8 个 S 盒的输出拼接为 32b 数据区组。

(4) 置换运算 P。对 $S_1 \sim S_8$ 盒输出的 32b 数据进行坐标变换,如图 7.7 所示。置换 P 输出的 32b 数据与左边 32b 即 R_{i-1} 各位模 2 相加所得到的 32b,作为下一轮迭代用的右边的数字段。并将 R_{i-1} 并行送到左边的寄存器,作为下一轮迭代用的左边的数字段。

(5) 子密钥产生器。将 64b 初始密钥经过置换选择 PC-1、循环移位置换、置换选择 PC-2 给出每次迭代加密用的子密钥 K_i,参看图 7.8。

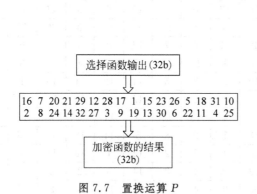

图 7.7 置换运算 P

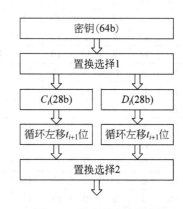

图 7.8 子密钥产生框图

16 个子密钥是由同一个 64b 的密钥源 $K = K_1 K_2 \cdots K_{64}$ 循环移位产生。密钥源中 56b 是随机的,用于子密钥计算,所有 8 的倍数位,即 $K_8, K_{16}, \cdots, K_{64}$,这 8 位是为奇偶校验而设。

图 7.8 是子密钥产生框图,首先对 64b 的密钥源进行第一次置换选择,变成 56b,置换选择规则如图 7.9 所示。经过坐标置换后分为两组,每组为 28b,分别送入 C 寄存器和 D 寄

存器中。在各次迭代中，C 和 D 寄存器分别将存数进行左循环移位置换，移位次数在表 7.2 中给出。每次移位后，将 C 和 D 寄存器的存数送给置换选择 PC2，参看图 7.10。置换选择 PC2 将 C 中第 9、18、22、25 位和 D 中第 7、9、15、26 位删去，并将其余数字置换位置后送出 48b 数字作为第 i 次迭代时所用的子密钥 k_i。

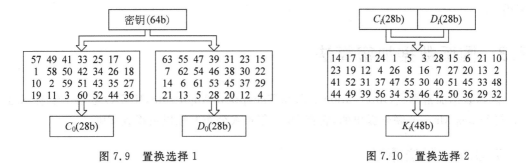

图 7.9　置换选择 1　　　　　　　　　图 7.10　置换选择 2

表 7.2　移位次数表

第 i 次迭代	1	2	3	4	5	6	7	8	9	10	11	12	13	14	15	16
循环左移次数	1	1	2	2	2	2	2	2	1	2	2	2	2	2	2	1

3. 逆初始置换 IP^{-1}

经过 16 次密码运算后，必须再进行逆初始置换，它是初始置换的逆变换。这样就保证了加密和解密是可逆的，可以共用同一个程序或硬件，只是所用子密钥的顺序相反而已。

将 16 轮迭代后给出的 64b 组进行置换，得到输出的密文组，如图 7.11 所示，输出为矩阵中元素按行读的结果。注意 IP^{-1} 到中间的第 58 位正好是 1，也就是说，在 IP 的置换下第 58 位换为第一位，同样在 IP^{-1} 的置换下，应将第 1 位换回第 58 位，以此类推。

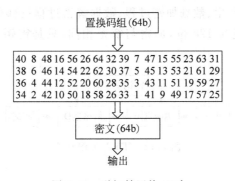

图 7.11　逆初始置换 IP^{-1}

7.2.3　DES 算法的安全性

DES 的出现在密码学史上是一个创举，它的影响非常大。经过许多专家、学者分析论证，证明它是一种性能优良的数据加密算法，它不仅随机特性好、线性复杂度高，而且易于实现，易于做到标准化、通用化，因此 DES 在国际上得到广泛的应用。

但是，DES 最大的缺点就是它采用的密钥太短，只有 56 位，也就是说，所有可能的密钥只有 2^{56} 个，通过计算机进行破解，也就变得非常容易了。

若要对 DES 进行密钥搜索破译，分析者在得到一组明文—密文对条件下，可对明文进行不同的密钥加密，直到得到的密文与已知的明文—密文对中的密文相符，就可确定所用的密钥了。

7.3 国际数据加密算法

国际数据加密算法（International Data Encryption Algorithm，IDEA）是瑞士学者 X. J. Lai 与 James Massey 联合提出的，它在 1990 年正式公布并在以后得到增强。

7.3.1 算法原理

IDEA 加密算法是一个分组长度为 64 位的分组密码算法，密钥长度为 128 位，同一个算法既可用于加密，也可用于解密。算法能够有效地消除试图穷尽搜索密钥的可能攻击，运用硬件与软件实现都很容易，而且比 DES 算法在实现上快得多。

IDEA 算法是由 8 轮迭代和随后的一个输出变换组成。它将 64 位的数据分成 4 个子块，每个 16 位，令这 4 个子块作为迭代第一轮的输出，全部共 8 轮迭代。每轮迭代都是 4 个子块彼此间以及 16 位的子密钥进行异或、模 2^{16} 加运算、模 $2^{16}+1$ 乘运算。除最后一轮外，把每轮迭代输出的 4 个子块的第 2 和第 3 子块互换。该算法所需要的"混淆"可通过连续使用 3 个"不相容"的群运算于两个 16 位子块来获得，并且该算法所选择使用的 MA（乘加）结构可提供必要的"扩散"。

自 IDEA 问世以来，已经经历了大量的详细审查，对密码分析具有很强的抵抗能力，在多种商业产品中被使用。IDEA 算法是对称密码体制中的一种基于数据块的分组加密算法，整个算法包含子密钥产生、数据加密过程、数据解密过程三部分。该算法规定明文与密文块均为 64 位，密钥长度为 128 位，加密与解密相同，只是密钥各异，其基本工作原理如图 7.12 所示。

图 7.12　IDEA 工作原理

7.3.2 加密解密过程

IDEA 是一种由 8 轮迭代和一个输出变换组成的迭代算法。IDEA 的每轮迭代都由 3 种函数——模（$2^{16}+1$）乘法、模 2^{16} 加法和按位异或运算组成。

在加密之前，IDEA 通过密钥扩展将 128b 的密钥扩展为 52B 的加密密钥 EK（Encryption Key），然后由 EK 计算出解密密钥 DK（Decryption Key）。EK 和 DK 分为 8 组半密钥，每组长度为 6B，前 8 组密钥用于 8 轮迭代，最后半组密钥（4B）用于输出变换。

IDEA 的加密过程和解密过程是一样的,只不过使用不同的密钥(加密时用 EK,解密时用 DK)。

密钥扩展的过程如下:
(1) 将 128b 的密钥作为 EK 的前 8B。
(2) 将前 8B 循环左移 25b,得到下一 8B,将这个过程循环 7 次。
(3) 在第 7 次循环时,取前 4B 作为 EK 的最后 4B。
(4) 至此 52B 的 EK 生成完毕。

密钥扩展的过程如表 7.3 所示。

表 7.3　IDEA 的密钥扩展过程

r	K_1	K_2	K_3	K_4	K_5	K_6
1	0~15	16~31	32~47	48~63	64~79	80~95
2	96~111	112~127	25~40	41~56	57~72	73~88
3	89~104	105~120	121~8	9~24	50~65	66~81
4	82~97	98~113	114~1	2~17	18~33	34~49
5	75~90	91~106	107~122	123~10	11~26	27~42
6	43~58	59~74	100~115	116~3	4~19	20~35
7	36~51	52~67	68~83	84~99	125~12	13~28
8	29~44	45~60	61~76	77~92	93~108	109~124
9	22~37	38~53	54~69	70~85	—	—

IDEA 加密算法用了 52 个子密钥(8 轮中的每一轮需要 6 个,其他 4 个用于输出变换)。首先,将 128 位密钥分成 8 个 16 位子密钥。这些是算法的第一批 8 个子密钥(第一轮 6 个,第二轮头两个)。然后,密钥向左环移动 x 位后再分成 8 个子密钥。开始 4 个用在第二轮,后面 4 个用在第三轮。密钥再次向左环移动 25 位,产生另外 8 个子密钥,如此进行直到算法结束。

具体是:IDEA 总共进行 8 轮迭代操作,每轮需要 6 个子密钥,另外还需要 4 个额外子密钥,所以总共需要 52 个子密钥,这 52 个子密钥都是从 128 位密钥中扩展出来的。

首先把输入的 key 分成 8 个 16 位的子密钥,1~6 号子密钥供第一轮加密使用,7、8 号子密钥供第二轮使用,然后把这 128 位密钥循环左移 25 位,这样 key = $k_{26}k_{27}k_{28}k_{29}\cdots k_{24}k_{25}$。把新生成的 key 在分成 8 个 16 位的子密钥,1~4 号子密钥供第二轮使用,5~8 号子密钥供第三轮加密使用。到此,已经得到了 16 个子密钥,如此继续,当循环左移了 5 次之后,已经生成了 48 个子密钥,还有 4 个额外的子密钥需要生成,再次把 key 循环左移 25 位,选取划分出来的 8 个 16 位子密钥的前 4 个作为那 4 个的额外加密密钥。至此,供加密使用的 52 个子密钥生成完毕。输入的 64 位数据分组被分成 4 个 16 位子分组:x_1、x_2、x_3 和 x_4。这 4 个子分组成为算法的第一轮的输入,总共有 8 轮。在每一轮中,这 4 个子分组相互相异或、相乘、相加,且与 6 个 16 位子密钥相异或、相乘、相加。在轮与轮间,第二个和第三个子分组交换。最后输出变换中 4 个子分组与 4 个子密钥进行运算。

目前 IDEA 在工程中已有大量应用实例,PGP(Pretty Good Privacy)就使用 IDEA 作为其分组加密算法;安全套接字层 SSL(Secure Socket Layer)也将 IDEA 包含在其加密算法库 SSLRef 中;IDEA 算法专利的所有者 Ascom 公司也推出了一系列基于 IDEA 算法的安全产品，包括基于 IDEA 的 Exchange 安全插件、IDEA 加密芯片、IDEA 加密软件包等。IDEA 算法的应用和研究正在不断走向成熟。

7.3.3 算法的安全性

IDEA 算法相对来说是一个比较新的算法，其安全性研究也在不断进行中。在 IDEA 算法公布后不久，就有学者指出：IDEA 的密钥扩展算法存在缺陷，导致在 IDEA 算法中存在大量弱密钥类，但这个弱点通过简单的修改密钥扩展算法（加入异或算子）即可克服。在 1997 年的 EuroCrypt'97 年会上，John Borst 等人提出了对圈数减少的 IDEA 的两种攻击算法：对 3.5 圈 IDEA 的截短差分攻击（Truncate Diffrential Attack）和对 3 圈 IDEA 的差分线性攻击（Diffrential Linear Attack）。但作者也同时指出，这两种攻击算法对整 8.5 圈的 IDEA 算法不可能取得实质性的攻击效果。目前尚未出现新的攻击算法，一般认为攻击整 8.5 圈 IDEA 算法唯一有效的方法是穷尽搜索 128bit 的密钥空间。

如果采用穷举搜索破译，要求进行 $2^{138} \approx 10^{38}$ 次试探。若每秒可完成 100 万次加密，需要 10^{13} 年，若用 10^{24} 个 ASIC 芯片阵需要一天。有关专家研究表明，IDEA 算法没有似 DES 意义下的弱密钥，8 轮迭代使得没有任何捷径破译，在差分和线性攻击下是安全的。当然若将字长由 16b 增加到 32b，密钥相应长 256b，采用 2^{32} 模加和 $2^{32}+1$ 模乘，则可进一步强化 IDEA。

7.4 公开密钥加密算法

7.4.1 公开密钥加密体制

对称加密系统最大的问题是密钥的分发和管理非常复杂、代价高昂。例如，对于具有 n 个用户的网络，需要 $n(n-1)/2$ 个密钥，在用户群不是很大的情况下，对称加密系统是有效的。但是对于大型网络，当用户群很大并分布很广时，密钥的分配和保存就成了大问题。对称加密算法的另一个缺点是不能实现数字签名。

公开密钥加密系统采用的加密钥匙（公钥）和解密钥匙（私钥）是不同的。由于加密钥匙是公开的，密钥的分配和管理就很简单，比如对于具有 n 个用户的网络，仅需要 $2n$ 个密钥。公开密钥加密系统还能够很容易地实现数字签名。因此，最适合于电子商务应用需要。

在实际应用中，公开密钥加密系统并没有完全取代对称密钥加密系统，这是因为公开密钥加密系统是基于尖端的数学难题，计算非常复杂，它的安全性虽然高，但它的实现速度却远赶不上对称密钥加密系统。在实际应用中可利用二者各自的优点，采用对称加密系统加密文件，采用公开密钥加密系统加密"加密文件"的密钥（会话密钥），这就是混合加密系统，它较好地解决了运算速度问题和密钥分配管理问题。因此，公钥密码体制通常被用来加密关键性的、核心的机密数据，而对称密码体制通常被用来加密大量的数据。

公开密钥算法（Public Key Algorithm，也叫非对称算法）：作为加密的密钥不同于作为解密的密钥，而且解密密钥不能根据加密密钥计算出来（至少在合理假定的长时间内）。之所以叫做公开密钥算法，是因为加密密钥能够公开，即陌生人可以用加密密钥加密信息，但只有用相应的解密密钥才能解密信息。

加密密钥也叫做公开密钥（Public Key，简称公钥），解密密钥叫做私人密钥（Private Key，简称私钥）。

注意：上面说到的用公钥加密，私钥解密是应用于通信领域中的信息加密。在共享软件加密算法中，常用的是用私钥加密，公钥解密，即公开密钥算法的另一用途——数字签名。

关于公开密钥算法的安全性可引用一段话："公开密钥算法的安全性都是基于复杂的数学难题。根据所给予的数学难题来分类，有以下三类系统目前被认为是安全和有效的：大整数因子分解系统（代表性的有 RSA）、离散对数系统（代表性的有 DSA、ElGamal）和椭圆曲线离散对数系统（代表性的有 ECDSA）"。

公开密钥最主要的特点就是加密和解密使用不同的密钥，每个用户保存着一对密钥：公开密钥 PK 和秘密密钥 SK。因此，这种体制又称为双钥或非对称密钥密码体制。

在这种体制中，PK 是公开信息，用作加密密钥，而 SK 需要由用户自己保密，用作解密密钥。加密算法 E 和解密算法 D 也都是公开的。虽然 SK 与 PK 是成对出现的，但却不能根据 PK 计算出 SK。

公钥体制的产生主要是为了解决常规密钥密码体制的密钥管理与分配的问题和满足对数字签名的需求。因此，公钥密码体制在消息的保密性、密钥分配和认证领域有着重要的意义。

由上可知，公开密钥算法的优点如下：

（1）网络中的每一个用户只需要保存自己的私钥，便于管理。

（2）密钥分配简单，不需要秘密的通道和复杂的协议来传送密钥。公钥可基于公开的渠道，比如密钥分发中心分发给其他用户，而私钥则由用户自己保管。

（3）可以实现数字签名（数字签名的内容参见 7.6 节）。

与对称密码体制相比，公钥密码体制的加密、解密处理速度较慢，同等安全强度下公钥密码体制的密钥位数要求多一些，这些都是公钥密码体制的缺陷。在公开密钥密码体制中，最有名的一种是 RSA 体制，它已被推荐为公开密钥数据加密标准。

7.4.2　RSA 密码算法

1976 年，Dittie 和 Hellman 为解决密钥管理问题，在他们的奠基性的工作"密码学的新方向"一文中，提出一种密钥交换协议，允许在不安全的媒体上通过通信双方交换信息，安全地传送秘密密钥。在此新思想的基础上，很快出现了非对称密钥密码体制，即公钥密码体制。在公钥体制中，加密密钥不同于解密密钥，加密密钥公之于众，谁都可以使用；解密密钥只有解密人自己知道。它们分别称为公开密钥和秘密密钥。在迄今为止的所有公钥密码体系中，RSA 系统是最著名、使用最多的一种。RSA 公开密钥密码系统是由 R. Rivest、A. Shamir 和 L. Adleman 于 1977 年提出的。RSA 的取名就是来自于这 3 位发明者的姓的第一个字母。

1. RSA 算法的基本要素

RSA 的理论依据为：寻找两个大素数比较简单，而将它们的乘积分解开的过程则异常困难。在 RSA 算法中，包含两个密钥，即加密密钥 PK 和解密密钥 SK，加密密钥是公开的，其加密与解密方程为 PK=$\{e,n\}$,SK=$\{d,n\}$。其中 $n=p\times q, p\in[0,n-1]$,p 和 q 均为很大的素数,这两个素数是保密的。

RSA 的安全性依赖于大数分解。公开密钥和私有密钥都是两个大素数(大于 100 个十进制位)的函数。下面描述密钥对是如何产生的。

(1) 选择两个大素数 p 和 q,计算 $n = p\times q, \phi(n)=(p-1)\times(q-1)$。

(2) 随机选择和 $\varphi(n)$ 互质的数 d,要求 $d<\phi(n)$。

(3) 利用 Euclid 算法计算 e,满足 $e\times d\equiv 1 \mod(p-1)\times(q-1)$,即 d、e 的乘积和 1 模 $\phi(n)$ 同余。

(4) 于是,数 (n,e) 是加密密钥,(n,d) 是解密密钥。两个素数 p 和 q 不再需要,应该丢弃,不要让任何人知道。

加密信息 m 时,首先把 m 分成等长数据块 $m_1, m_2, \cdots, m_i$,块长 s,其中 $2^s \leq n$,s 尽可能大。对应的密文为

$$c_i = m_i^e \mod n \tag{7-1}$$

解密时做以下计算,即

$$m_i = C_i^d \mod n \tag{7-2}$$

RSA 也可用于数字签名,方案是用式(7-1)签名,式(7-2)验证。具体操作时考虑到安全性和 m 信息量较大等因素,一般是先做 Hash 运算。

对于巨大的质数 p 和 q,计算乘积 $n=p\times q$ 非常简便,而逆运算却非常难,这是一种"单向性",相应的函数称为"单向函数"。任何单向函数都可以作为某一种公开密钥密码系统的基础,而单向函数的安全性也就是这种公开密钥密码系统的安全性。

RSA 算法安全性的理论基础是大数的因子分解问题至今没有很好的算法,因而公开 e 和 n 不易求出 p、q 及 d。RSA 算法要求 p 和 q 是两个足够大的素数(如 100 位十进制数)且长度相差比较小。

为了说明该算法的工作过程,下面给出一个简单例子,显然在这里只能取很小的数字,但是如上所述,为了保证安全,在实际应用中所用的数字要大得多。

【例 7-1】 选取 $p=3, q=11$,计算 RSA 参数。

【解】 则 $n=33, \phi(n)=(p-1)\times(q-1)=20$。选取 $d=13$(大于 p 和 q 的数,且小于 $\phi(n)$,并与 $\phi(n)$ 互质,即最大公约数是 1),通过 $e\times 13 = 1 \mod 20$,计算出 $e=17$(大于 p 和 q,与 $\phi(n)$ 互质)。

假定明文为整数 $M=8$,则密文 C 为

$$\begin{aligned} C &= M^e \mod n \\ &= 8^{17} \mod 33 \\ &= 2\,251\,799\,813\,685\,248 \mod 33 \\ &= 2 \end{aligned}$$

复原明文 M 为

$$\begin{aligned} M &= C^d \mod n \\ &= 2^{13} \mod 33 \\ &= 8192 \mod 33 \\ &= 8 \end{aligned}$$

因为 e 和 d 互逆，公开密钥加密方法也允许采用这样的方式对加密信息进行"签名"，以便接收方能确定签名不是伪造的。

假设 A 和 B 希望通过公开密钥加密方法进行数据传输，A 和 B 分别公开加密算法和相应的密钥，但不公开解密算法和相应的密钥。A 和 B 的加密算法分别是 ECA 和 ECB，解密算法分别是 DCA 和 DCB，ECA 和 DCA 互逆，ECB 和 DCB 互逆。若 A 要向 B 发送明文 P，不是简单地发送 ECB(P)，而是先对 P 施以其解密算法 DCA，再用加密算法 ECB 对结果加密后发送出去。

密文 C 为

```
C = ECB(DCA(P))
```

B 收到 C 后，先后施以其解密算法 DCB 和加密算法 ECA，得到明文 P。

```
ECA(DCB(C))
 = ECA(DCB(ECB(DCA(P))))       /*DCB 和 ECB 相互抵消*/
 = ECA(DCA(P))                 /*DCA 和 ECA 相互抵消*/
 = P
```

这样 B 就确定报文确实是从 A 发出的，因为只有当加密过程利用了 DCA 算法，用 ECA 才能获得 P，只有 A 才知道 DCA 算法，任何人，即使是 B 也不能伪造 A 的签名。

2. RSA 的安全性

RSA 算法的安全性取决于从公开密钥 (e,n) 计算出秘密密钥 (d,p,q) 的困难程度。因此，RSA 算法的安全性完全依赖于分解大合数的难度，即只要能够将已知的 n 分解为 p 和 q 的乘积后，即可识破 RSA。因此，寻求有效的因数分解的算法就是寻求击破 RSA 公开密钥密码系统的关键。

显然，选取大数 n 是保障 RSA 算法的一种有效办法，RSA 实验室认为，512 位的 n 已不够安全，1997 年或 1998 年后就已停止使用。他们建议，现在的个人应用需要用 768 位的 n，公司要用 1024 位的 n，极其重要的场合应该用 2048 位的 n。RSA 实验室还认为，768 位的 n 可望到 2004 年仍保持安全。

不对称密钥密码体制（即公开密钥密码体制）与对称密钥密码体制相比较，确实有其不可取代的优点，但它的运算量远大于后者，超过几百倍、几千倍甚至上万倍，要复杂得多。

在公共媒体网络上全都用公开密钥密码体制来传送机密信息是没有必要的，也是不现实的。在计算机系统中使用对称密钥密码体制已有多年，既有比较简便可靠的、久经考验的方法，如以 DES（数据加密标准）为代表的分块加密算法（及其扩充 DESX 和 Triple DES）；也有一些新的方法发表，如由 RSA 公司的 Rivest 研制的专有算法 RC2、RC4 和 RC5 等，其中 RC2 和 RC5 是分块加密算法，RC4 是数据流加密算法。

如果传送机密信息的网络用户双方使用某个对称密钥密码体制（如 DES），同时使用 RSA 不对称密钥密码体制来传送 DES 的密钥，就可以综合发挥两种密码体制的优点，即 DES 的高速、简便性和 RSA 密钥管理的方便、安全性。

3. RSA 的不足

实际上，RSA 算法本身还具有以下缺点：

(1) 产生密钥很麻烦。受到素数产生技术的限制,大多数用于计算素数的算法有可能产生的不是素数,因而难以做到一次一密。

(2) 安全性。RSA 的安全性依赖于大数的因子分解,但并没有从理论上证明破译 RSA 的难度与大数分解难度等价,而且密码学界多数人士倾向因子分解不是 NPC 问题。目前,人们已能分解 140 多个十进制位的大素数,这就要求使用更长的密钥,速度更慢;另外,目前人们正在积极寻找攻击 RSA 的方法,如选择密文攻击,一般攻击者是将某一信息做一下伪装(Blind),让拥有私钥的实体签署。然后,经过计算就可得到它所想要的信息。实际上,攻击利用的都是同一个弱点,即存在这样一个事实:乘幂保留了输入的乘法结构。

$$(XM)^d = X^d \times M^d \bmod n$$

前面已经提到,这个固有的问题来自于公钥密码系统的最有用的特征——每个人都能使用公钥。但从算法上无法解决这一问题,主要措施有两条:一条是采用好的公钥协议,保证工作过程中实体不对其他实体任意产生的信息解密,不对自己一无所知的信息签名;另一条是绝不对陌生人送来的随机文档签名,签名时首先使用 One-Way Hash 函数对文档做 Hash 处理,或同时使用不同的签名算法。除了利用公共函数,人们还尝试利用解密指数或 $\phi(n)$ 等攻击。

(3) 速度太慢。由于 RSA 的分组长度太大,为保证安全性,n 至少也要 600 位以上,使运算代价很高,尤其是速度较慢,较对称密码算法慢几个数量级;且随着大数分解技术的发展,这个长度还在增加,不利于数据格式的标准化。目前,SET(Secure Electronic Transaction)协议中要求 CA 采用 2048 位的密钥,其他实体使用 1024 位的密钥。为了速度问题,目前人们广泛使用单、公钥密码结合使用的方法,优缺点互补,单钥密码加密速度快,人们用它来加密较长的文件,然后用 RSA 来给文件密钥加密,极好地解决了单钥密码的密钥分发问题。

4. RSA 的实际应用

由于 RSA 速度远比对称算法慢,因此 RSA 一般只用于少量数据加密。例如,RSA 可用于通信双方交换的对称密钥。当交换完成后,可转换到对称密码算法中进行大量的数据加密。

在 CA 系统中,公开密钥系统主要用于对秘密密钥的加密过程。每个用户如果想要对数据进行加密和解密,都需要生成一对自己的密钥对(Key Pair)。密钥对中的公开密钥和非对称加密解密算法是公开的,但私有密钥则应该由密钥的主人妥善保管。对数据信息进行加密传输的实际过程是:发送方生成一个秘密密钥并对数据流用秘密密钥(控制字)进行加扰,然后用网络把加扰后的数据流传输到接收方。

发送方生成一对密钥,用公开密钥对秘密密钥(控制字)进行加密,然后通过网络传输到接收方。

接收方用自己的私有密钥(存放在接收机智能卡中)进行解密后得到秘密密钥(控制字),然后用秘密密钥(控制字)对数据流进行解扰,得到数据流的解密形式。

因为只有接收方才拥有自己的私有密钥,所以其他人即使得到了经过加密的秘密密钥(控制字),也因为无法进行解扰而保证了秘密密钥(控制字)的安全性,从而也保证了传输数据流的安全性。实际上,在数据传输过程中实现了两个加密解密过程,即数据流本身的加解扰和秘密密钥（控制字）的加密解密，这分别通过秘密密钥（控制字）和公开密钥来实现。

7.5 通信网络中的加密

密码技术是网络安全最有效的技术之一。加密网络不但可以防止非授权用户的搭线窃听和入网，而且也是对付恶意软件的有效方法之一。根据网络的构形和通信的特点，在通信网络中可根据不同的要求采用3种加密方式：链路加密、节点加密和端到端加密。

7.5.1 链路加密

对于在两个相邻网络节点间的某一次通信，链路加密能为网上传输的数据提供安全保证。对于链路加密（又称在线加密），所有消息在被传输之前进行加密，在每一个节点对接收到的消息进行解密，然后先使用下一个链路的密钥对消息进行加密，再进行传输。在到达目的地之前，一条消息可能要经过许多通信链路的传输。

由于在每一个中间传输节点消息均被解密后重新进行加密，因此，包括路由信息在内的链路上的所有数据均以密文形式出现。这样，链路加密就掩盖了被传输消息的源点与终点。由于填充技术的使用以及填充字符在不需要传输数据的情况下就可以进行加密，这使得消息的频率和长度特性得以掩盖，从而可以防止对通信业务进行分析。

尽管链路加密在计算机网络环境中使用得相当普遍，但它并非没有问题。链路加密通常用在点对点的同步或异步线路上，它要求先对在链路两端的加密设备进行同步，然后使用一种链模式对链路上传输的数据进行加密。这就给网络的性能和可管理性带来了副作用。在线路或信号经常不通的海外或卫星网络中，链路上的加密设备需要频繁地进行同步，带来的后果是数据丢失或重врем。另外，即使仅一小部分数据需要进行加密，也会使得所有传输数据被加密。

在一个网络节点，链路加密仅在通信链路上提供安全性，消息以明文形式存在，因此所有节点在物理上必须是安全的，否则就会泄露明文内容。然而保证每一个节点的安全性需要较高的费用，为每一个节点提供加密硬件设备和一个安全的物理环境所需要的费用由以下几部分组成：保护节点物理安全的雇员开销；为确保安全策略和程序的正确执行而进行审计时的费用；为防止安全性被破坏会带来损失而参加保险的费用。

在传统的加密算法中，用于解密消息的密钥与用于加密的密钥是相同的，该密钥必须被秘密保存，并按一定规则进行变化。这样，密钥分配在链路加密系统中就成了一个问题，因为每一个节点必须存储与其相连接的所有链路的加密密钥，这就需要对密钥进行物理传送或者建立专用网络设施。而网络节点地理分布的广阔性使得这一过程变得复杂，同时增加了密钥连续分配时的费用。

7.5.2 节点加密

尽管节点加密能给网络数据提供较高的安全性，但它在操作方式上与链路加密是类似的：两者均在通信链路上为传输的消息提供安全性；都在中间节点先对消息进行解密，然后进行加密。因为要对所有传输的数据进行加密，所以加密过程对用户是透明的。

然而与链路加密不同,节点加密不允许消息在网络节点以明文形式存在,它先把收到的消息进行解密,然后采用另一个不同的密钥进行加密,这一过程是在节点上的一个安全模块中进行的。

节点加密要求报头和路由信息以明文形式传输,以便中间节点能得到如何处理消息的信息。因此这种方法对于防止攻击者分析通信业务是脆弱的。

7.5.3 端到端加密

端到端加密允许数据在从源点到终点的传输过程中始终以密文形式存在。采用端到端加密,消息被传输时在到达终点之前不进行解密,因为消息在整个传输过程中均受到保护,所以即使有节点被损坏也不会使消息泄露。

端到端加密系统的价格便宜些,并且与链路加密和节点加密相比更可靠,更容易设计、实现和维护。端到端加密还避免了其他加密系统所固有的同步问题,因为每个报文包均是独立被加密的,所以一个报文包所发生的传输错误不会影响后续的报文包。此外,从用户对安全需求的直觉上讲,端到端加密更自然些。单个用户可能会选用这种加密方法,以便不影响网络上的其他用户,此方法只需要源和目的节点是保密的即可。

端到端加密系统通常不允许对消息的目的地址进行加密,这是因为每一个消息所经过的节点都要用此地址来确定如何传输消息。由于这种加密方法不能掩盖被传输消息的源点与终点,因此它对于防止攻击者分析通信业务是脆弱的。

7.6 信息安全和确认技术

随着计算机技术的迅速发展,在计算机上完成的工作已由基于单机的文件处理、自动化办公,发展到今天的企业内部网、企业外部网和国际互联网的世界范围内的信息共享和业务处理,也就是常说的局域网、城域网和广域网。计算机网络的应用领域已从传统的小型业务系统逐渐向大型业务系统扩展。计算机网络在为人们提供便利、带来效益的同时,也使人类面临着信息安全的巨大挑战。在这样大规模的信息系统中,信息资源的共享是很方便的,但并不是任何信息资源都可供每个人自由享用。对不同范围的信息就其使用目的、价值和后果而言,共享的范围应有严格的限制,但同时,信息资源也应得到充分的保护以防人为的篡改和破坏。因此,信息系统的安全问题是极为重要且亟待解决的问题。

7.6.1 信息安全的基本概念

理解信息安全的概念有利于人们更容易地了解各种名目繁多及众多延伸出来的信息安全理论及其方法技术。问题就是:什么样的信息才认为是安全的呢?一般认为,信息安全包含以下几个方面的内容。

1. 信息的完整性

信息在存储、传递和提取的过程中没有残缺、丢失等现象的出现,这就要求信息的存储介质、存储方式、传播媒体、传播方法、读取方式等要完全可靠,因为信息总是以一定的方式来记录、传递与提取的,它以多种多样的形式存储于多样的物理介质中,并随时可能通过某种方式来传递。简单地说,如果一段记录由于某种原因而残缺不全了,则其记录的信息也就不完整了。那么就可以认为这种存储方式或传递方式是不安全的。

2. 信息的机密性

信息的机密性就是信息不被泄露或窃取。这也是一般人们所理解的安全概念。人们总希望有些信息不被自己不信任的人所知晓,因而采用一些方法来防止,比如把秘密的信息进行加密,把秘密的文件放在别人无法拿到的地方等,都是实现信息机密性的方法。

3. 信息的有效性

一种是对信息的存取有效性的保证,即以规定的方法能够准确无误地存取特定的信息资源;一种是信息的时效性,指信息在特定的时间段内能被有权存取该信息的主体所存取等。当然,信息安全概念是随着时代的发展而发展的,信息安全概念及内涵都在不断地发展变化,并且人们以自身不同的出发点和侧重点不同提出了许多不同的理论。另外,针对某特定的安全应用时,这些关于信息安全的概念也许并不能完全地包含所有情况,如信息的真实性(Authenticity)、实用性(Utinity)、占有性(Possession)等,就是一些其他具体的信息安全情况而提出的。

7.6.2 数字签名

数据加密技术是对信息进行重新编码,隐藏信息内容,使第三方无法获得真实信息的一种技术手段。而对文件进行加密只解决了传送信息的保密问题,而防止他人对传输的文件进行破坏,以及如何确定发信人的身份,还需要采取其他的手段。

在传统商务活动中,为了保证交易的安全与真实,一份书面合同或公文要由当事人或其负责人签字、盖章,以便让交易双方识别是谁签的合同,保证签字或盖章的人认可合同的内容,在法律上才能承认这份合同是有效的,即使用手书签字或印章以便在法律上能够认证、核准、生效,保证各方的利益。也就是交易双方的合法权益是通过手写签名或印章来保证的。

而在电子政务和商务的虚拟世界中,合同或文件是以电子文件的形式表现和传递的。在电子文件上,传统的手写签名和盖章是无法进行的,这就必须依靠技术手段在电子文件中识别双方交易人的真实身份,从而保证交易的安全性和真实性及不可抵赖性。因此,就迫切需要有一种新的方案产生以代替手写签名或印章,数字签名应运而生。

数字签名就是利用通过某种密码运算生成的一系列符号及代码组成电子密码进行"签名",来代替书写签名或印章。

使用加密技术的数字签名就是通过某种密码运算生成一系列符号及代码组成电子密码进行签名,它是一种类似于传统的手书签名或印章的电子标记,对于这种电子式的签名还可进行技术验证,其验证的准确度是在物理世界中与手工签名和图章的验证是无法相比的。

在电子商务安全保密系统中,基于公钥密码体制的数字签名技术有着特别重要的地位,数字签名在信息安全,包括身份认证、数据完整性、不可否认性等方面,特别是在大型网络安全通信中的密钥分配、认证及电子商务系统中,具有重要作用。

数字签名是目前电子商务、电子政务中应用最普遍、技术最成熟、可操作性最强的一种电子签名方法。它采用了规范化的程序和科学化的方法，用于鉴定签名人的身份以及对一项电子数据内容的认可。它还能验证出文件的原文在传输过程中有无变动，确保传输电子文件的完整性、真实性和不可抵赖性。

如前所述，公钥密码体制是一种非对称密码体制。使用公开密钥算法需要一对相互配套的密钥——公开密钥和秘密密钥。如果用公开密钥对数据进行加密，只有用对应的秘密密钥才能进行解密；如果用秘密密钥对数据进行加密，则只有用对应的公开密钥才能解密。

在公钥密码体制中，首先接收方要公布他的公钥，发送方通过接收方所发布的公钥对所传输的明文进行加密，在接收端，接收方则通过与之配对的私钥对密文进行解密。因为这个私钥只有接收方才能知道，所以就只有接收方才能够解密，这就保证了数据传输的安全性和可靠性。

下面介绍数字签名中的几个基本概念。

(1) 数字摘要。

数字摘要即对所要传输的报文用某种算法计算出最能体现这份报文特征的数来，一旦报文有变化，这个数就会随之而改变。数字摘要是通过一个散列函数(Hash)对要传送的报文进行处理而得到的，用以认证报文来源并核实报文是否发生变化的一个字母数字串。它采用单向的 Hash 函数，将需要加密的信息原文变换成 128bit 的密文，也叫数字指纹。不同的信息原文经过 Hash 变换后所形成的密文是不同的，而相同的信息原文经 Hash 变换而来的密文必定是相同的。因此，利用数字摘要，就可以验证经过网络传输的文件是否被篡改，从而保证了信息传输的完整性。

(2) 数字签名。

对于所传输的报文，根据 Hash 函数得到一个可以反映其特征的数字摘要，即数字指纹。报文发送方用自己的私钥对数字摘要进行加密，便形成发送方的数字签名，并把加密后的数字签名附加在要发送的原文后面发送给接收方。接收方对收到的报文根据同样的 Hash 运算得到一个收文的数字摘要，再用发送方的公开密钥对报文附加的数字签名进行解密又得到报文原文的数字摘要，将收文数字摘要和原文数字摘要进行比较，两者相同，接收方就能确认该数字签名是发送方的。通过数字签名可以实现对原始报文的真实性和不可否认性。

(3) 数字信封。

数字信封是用密码技术保证只有规定的收信人才能阅读信的内容。

在网络上进行数据传输，信息发送方选择一个通信密钥对信息进行加密，再利用公钥加密算法对该通信密钥进行加密，那么被公钥加密算法加密的通信密钥部分就称为数字信封。

发送方用接收方授予的公钥将这个通信密钥加密，然后传递给接收方，只有对应的接收方才有配套的私有密钥对其进行解密，而后得到通信密钥，利用这个通信密钥来对加密信息进行解密。

这相当于把一把钥匙装在信封里给收件人，只有收件人才能打开这个信封，取出钥匙后再去开保险箱。而这个公钥加密算法在这里就相当于一个信封，故称之为数字信封。

采用数字信封技术后，即使加密文件被他人非法截获，由于截获者无法得到发送方的通信密钥，就不能对文件进行解密。

1. 数字签名的实现过程

设 Alice 欲发消息 m 给 Bob。

(1) Alice 用 H 将消息 m 进行处理,得 $h=H(m)$。

(2) Alice 用自己的私钥 x 对 h "加密"得到 s,s 就是对消息 m 的签名值,(m,s) 就是一个签名消息。

(3) Alice 将 (m,s) 发送给 Bob。

(4) Bob 收到 (m',s) 后,用 Alice 的公钥 y,对数字签名 s 解密得到 $H(m)$,同时对消息 m' 经 Hash 变化后得到 $H(m')$,判断 $H(m')=H(m)$ 是否成立,若成立则 (m,s) 是 Alice 发送的签名消息。

在正式的签名中,发送方首先对发送消息 m 采用 Hash 变换,得到一个固定长度的数字摘要 $H(m)$;再用自己的私钥 S_k 对 $H(m)$ 进行加密,形成发送方的数字签名;数字签名将作为附件和原文一起发送给接收方;接收方首先从接收到的文件中用同样的 Hash 算法计算出新的数字摘要 $H(m')$,再用发送方的公钥 P_k 对报文附件的数字签名进行解密。

如果能够正确解密,说明此信息 m 来自 A,因为只有 A 才能拥有私钥 S_k,这就排除了别人冒充的可能性;这样的"数字签名"更是别人无法生成的,保证签名者不可否认;再比较 $H(m)$ 和 $H(m')$,如果数字摘要相等,说明文件在传输过程中没有被破坏,自文件签发后到收到为止未作任何修改,即证明数据的完整性。

2. 加入数字签名的报文在网络中的传输过程

通常,数字签名作为附件和原文一起发送给接收方的过程中,安全保密性能也得不到保证,因而要对其进行加密,加入数字签名的报文在网络中的传输过程如下:

(1) 对于待传送的报文,通过 Hash 函数得到一个可以反映其特征的数字摘要值。

(2) 发送方采用公钥加密算法,用私有密钥对数字摘要进行加密,即得到数字签名,并把加密后的数字签名附加在要发送的原文后面。

(3) 发送方用秘密密钥对附加数字签名的原文信息进行加密,得到加密信息。

(4) 发送方用接收方的公开密钥对秘密密钥进行加密,并通过网络把加密后的秘密密钥传送给接收方,即为装有秘密密钥的数字信封。

(5) 发送方将加密信息和数字信封一起发送给接收方。

(6) 接收方收到装有加密信息的数字信封后,利用自己和公开密钥配套的私有密钥对秘密密钥进行解密,得到秘密密钥,即通过自己的私有密钥打开数字信封,拿出秘密密钥。

(7) 接收方利用已得到的秘密密钥对加密信息进行解密,得到附加数字签名的原文信息。

(8) 接收方用发送方的公开密钥对数字签名进行解密,即得到原文的数字摘要值。

(9) 接收方用接收到的报文经过同样的 Hash 运算,得到收文的数字摘要值,与原文的数字摘要值进行比较,如果相同,则可以认为原始报文在传输的过程中没有被篡改,签名是真实、有效的;否则拒绝该签名。

3. 数字签名的作用

数字签名可以解决数据的伪造、篡改、冒充和否认等问题,在信息安全,包括身份认证、数据完整性及匿名性等方面有着重要应用。

1) 身份认证

数字签名可以对信息发送者的身份进行确认。

在数字签名中,使用的是公钥加密算法,报文发送方用自己的私有密钥对数字摘要进行加密形成发送方的数据签名,只有持有私钥的人才可以对发送报文进行数字签名,所以只要密钥没有被窃取,就可以肯定密钥是发送方签发的。

而当接收方收到带有数字签名的密文时,只有通过与发送方私钥相配对的公钥才可以解密,如果在接收方能通过此公钥进行解密的话,就更加确认了信息发送者的身份。

2) 验证数据的完整性

这个功能能保证信息自签发后到收到为止没有做任何修改。因为当两条信息摘要完全相同时,可以确信这两条信息的内容完全一样。因此,可以通过将信息发送前生成的数字摘要 $H(m)$ 与接收后生成的数字摘要 $H(m')$ 进行对比,来判断信息在传输过程中是否被篡改或改变。

由于数字摘要在发送之前,发送方使用私钥进行加密,其他人要生成相同加密的数字摘要几乎不可能,于是,接收方收到信息后,可以使用相同的函数变换,重新生成一个新的数字摘要,将接收到的数字摘要解密,然后进行对比,从而验证信息的完整性。

3) 保证信息的不可否认性

在信息的传输中,数字签名可以保证信息的发送方不能否认信息是由他签发的。

在一个经济系统中,一个顾客若通过计算机进行网上购物,向卖主发送订单订购商品,这个商品如很快降价,顾客可能会因此而否认他的订单,这样就会破坏公平交易的原则,损害卖家的利益。而数字签名则保证了顾客不能否认他的订单。

假如顾客在商品降价的时候否认他的订单,卖家可以将加了数字签名的订单提供给认证方。由于带有数字签名的订单是由发送方的私钥加密生成的,其他任何人也不可能产生这种信息。由于顾客的公钥是公开的,认证方可以通过这个公开的公钥去解密,如果解密成功,则说明此信息确实是顾客所发,从而顾客不能对此否认。

数字签名技术具有良好的防伪造、防篡改、防拒认的功能,在电子政务和商务领域中实现了传统意义上签名的功能,已经成为保障电子政务和商务安全交易的关键技术之一。

数字签名的出现,在很大程度上,使得它在很多方面要优于传统的手写签名或印章。数字签名可以通过计算机网络使不同地点的用户轻松实现签名;数字签名与整个文件的每一部分都相关,从而保证了不变性,而手写签名的文件则可以改换某一页的内容;手写签名一般要经过专家的鉴定才能够确认,而数字签名中,接收方可以立即识别接收文件中签名的真伪。

数字签名可以通过计算机网络使不同地点的用户轻松实现签名,并且与整个文件的每一部分都相关,从而保证了不变性。

4. 数字签名在电子商务中的应用

随着信息技术日新月异的发展,人类正在进入以网络为主的信息化时代,基于 Internet 开展的电子商务已逐渐成为人们进行商务活动的新模式,电子商务得到了极大的推广,虚拟银行、网络营销、网上购物等一大批前所未闻的新业务正在为人们所熟悉和认同,这些新业务也从另一个侧面反映了电子商务正在对社会和经济产生影响。电子商务正在改变着人们的生活以及整个社会的发展进程,而此时,网络安全问题便成了电子商务生死攸关的首要问题,其中保密性、完整性和不可否认性成为电子商务安全问题的关键。由于参与电子商务中的各方在物理上是互不谋面的,因此整个电子商务过程并不是物理世界商务活动的翻版,网上银行、在线电子支付等条件和数据加密、数字签名等技术在电子商务中发挥着重要的作用。

1) 电子商务中的安全性要求

当许多传统的商务方式应用于互联网上时,便会产生许多安全方面的问题。由于 Internet 的开放性,使网上交易存在许多风险,一般来说,商务安全中普遍存在着以下几种安全隐患。

窃取或篡改信息:电子的交易信息在网上传输的过程中,可能被非法用户窃取和分析,得到传输信息的内容,造成传输信息泄密,同时交易信息也有可能被修改、删除或重放,这样就使信息失去了真实性和完整性。

冒充:网络中的非法用户可以冒充为接收方或发送方进行交易,这样就有可能破坏交易或者盗取交易成果等。

否认:在电子交易过程中,由于商情发生了变化,为保护自己的利益,发送方或接收方不承认曾发送或接收过某一文件,这样就很有可能损害另一方的利益。

因此,在电子商务中,便有以下的安全性需求:

(1) 服务的有效性。电子商务系统应能保证服务系统的正常运行,预防由于网络故障和病毒发作等因素产生的系统停止服务等情况,保证交易数据能准确、快速地传送。

(2) 信息的保密性。电子商务系统应对用户所传送的信息进行有效的加密,防止因信息被截取破译,同时要防止信息被越权访问。

(3) 数据的完整性。它是指在数据处理过程中,交易的信息不能够有任何变化,必须保证严格一致;否则必然会损害一方的商业利益。

(4) 身份认证。电子商务系统应提供安全有效的身份认证机制,确保交易双方都是合法、有效的用户。

(5) 不可否认性。电子商务系统还需保证电子交易过程中信息的不可否认,以确保交易双方的公平和利益。

因此,在电子商务中,首先要对信息进行加密处理,保证信息不被窃取;还要能够确认交易双方的身份,保证交易双方不被非法用户冒充;同时还要保证交易文件的不可修改,以确保交易信息不被篡改;还需保证电子交易过程中信息的不可否认,以确保交易双方的公平和利益。

2) 数字签名在电子商务中的应用

在电子商务这种无纸化条件下,传统的手写签名和盖章都无法实现,必须依靠技术手段加以替代,以便能够在电子文件中识别当事人或者单位负责人的真实身份,保证交易的安全性和真实性。而数字签名技术就能够很好地解决这些问题。

数字签名机制作为保障网络信息安全的一种重要手段,可以解决伪造、抵赖、冒充和篡改问题。数字签名的目的之一,就是在网络环境中代替传统的手工签字与印章,其可抵御的网络攻击主要有以下几点:

(1) 防冒充(伪造)。

其他人不能伪造对消息的签名，因为私有密钥只有签名者自己知道，所以其他人不可以构造出正确的签名结果数据。显然要求各位保存好自己的私有密钥，好像保存自己家门的钥匙一样。

(2) 可鉴别身份。

由于传统的手工签名一般是双方直接见面的，身份自可一清二楚；在网络环境中，接收方必须能够鉴别发送方所宣称的身份。

在基于公钥加密系统的数字签名中，报文发送方用自己的私有密钥对数字摘要进行加密形成发送方的数据签名，因为只有持有私钥的人才可以对发送报文进行数字签名，所以当接收方收到带有原文的数字签名时，只有通过与发送方私钥相配对的公钥才可以对该签名进行解密，如果接收方能通过此公钥进行解密的话，则确认了签名者的身份，就是和该公钥配对的私钥所有者，其他人不能伪造对消息的签名。

(3) 防篡改(防破坏信息的完整性)。

这个功能能保证信息自签发后到收到为止没有做任何修改。因为当两条信息摘要完全相同时，可以确信这两条信息的内容完全一样。因此，可以通过将信息发送前生成的数字摘要 $H(m)$ 与接收后生成的数字摘要 $H(m')$ 进行对比，来判断信息在传输过程中是否被篡改或改变。

由于数字摘要在发送之前，发送方使用私钥进行加密，其他人要生成相同加密的数字摘要几乎不可能，于是，接收方收到信息后，可以使用相同的函数变换，重新生成一个新的数字摘要，将接收到的数字摘要解密，然后进行对比，从而验证信息的完整性。

传统的手工签字，假如要签署一份 200 页的合同，是仅仅在合同末尾签名呢还是对每一页都有签名，不然，对方会不会偷换其中几页这些都是问题所在。而数字签名，如前所述：签名与原有文件已经形成了一个混合的整体数据，不可能篡改，从而保证了数据的完整性。

(4) 防重放。

如在日常生活中，A 向 B 借了钱，同时写了一张借条给 B；A 还钱的时候，肯定要向 B 索回他写的借条撕毁，不然，恐怕他会再次挟借条要求 A 再次还钱。在数字签名中，如果采用了对签名报文添加流水号、时间戳等技术，可以防止重放攻击。

(5) 防抵赖。

在信息的传输中，数字签名可以保证信息的发送方不能否认信息是由他签发的。

在一个经济系统中，一个顾客若通过计算机进行网上购物，向卖主发送订单订购商品，这个商品如很快降价，顾客可能会因此而否认他的订单，这样就会破坏公平交易的原则，损害卖家的利益。而数字签名则保证了顾客不能否认他的订单。

假如顾客在商品降价的时候否认他的订单，卖家可以将加了数字签名的订单提供给认证方。由于带有数字签名的订单是由发送方的私钥加密生成的，其他任何人也不可能产生这种信息。由于顾客的公钥是公开的，认证方可以通过这个公开的公钥去解密，如果解密成功，则说明此信息确实是顾客所发，从而顾客不能对此否认。

如前所述，数字签名可以鉴别身份，不可能冒充伪造，那么，只要保存好签名的报文，就好似保存好了手工签署的合同文本，也就是保留了证据，签名者就无法抵赖。以上是签名者不能抵赖，那如果接收者确已收到对方的签名报文，却抵赖没有收到呢？要防止接收者的抵赖,在数字签名体制中,要求接收者返回一个自己签名的表示收到的报文,给对方或者是第三方,或者引入第三方机制。如此操作,双方均不可抵赖。

(6) 机密性(保密性)。

有了机密性保证,截收攻击也就失效了。手工签字的文件(如合同文本)是不具备保密性的,文件一旦丢失,文件信息就极可能泄露。数字签名,可以加密要签名的消息。所以,文件在传输的过程中,即使被攻击者截取,他也会因为没有密钥而无法识别文件的真实内容。当然,签名的报文如果不要求机密性,也可以不用加密。

电子商务尚是一个机遇和挑战共存的新领域,它的安全运行和不断发展,需要从技术角度进行防范,更多、更快地把新技术应用进来,从而保证电子商务持续快速、健康稳定地发展。数字签名技术具有良好的防伪造、防篡改、防拒认的功能,在电子政务和商务领域中实现了传统意义上签名的功能,已经成为保障电子政务和商务安全交易的关键技术之一。然而随着对数字签名研究的不断深入,随着电子商务、电子政务的快速发展,简单模拟手写签名的一般数字签名已不能完全满足需要,研究具有特殊性质或特殊功能的数字签名成为数字签名的主要研究方向。

7.6.3 网络信息安全技术

面对网络信息安全的诸多问题,计算机专家们采取了多种的防范措施来解决很多问题。

1. 防火墙技术

防火墙是指设置在不同网络(如可以信任的企业内部网和不可以信任的外部网)或网络安全域之间的一系列软件或硬件的组合。在逻辑上它是一个限制器和分析器,能有效地监控内部网和 Internet 之间的活动,保证内部网络的安全。为迎合广泛用户的需要,可以在网络中实施3种基本类型的防火墙:网络层、应用层和链路层防火墙。创建防火墙时,必须决定防火墙允许或不允许哪些传输信息从 Internet 传到本地网或从别的部门传到一个被保护的部门。3种最流行的防火墙分别是双主机防火墙、主机屏蔽防火墙、子网屏蔽防火墙。

(1) 双主机防火墙。这是把一台主机作为本地网和 Internet 之间的分界。这台主机使用两块独立网卡把每个网络连接起来。

(2) 主机屏蔽防火墙。建立此类防火墙应把屏蔽路由器加到网络上并使主机远离 Internet,即主机并不直接与 Internet 相连,如果网络用户需要连接到 Internet,则必须先通过与路由器相连的主机。

(3) 子网屏蔽防火墙。此结构把内部网络与 Internet 隔离开来。它把两台独立的屏蔽路由器和一台代理服务器连接起来。一台路由器控制从本地到网络的传输,另一台屏蔽路由器监测并控制进入 Internet 和从 Internet 出来的传输。

2. 身份验证技术

身份验证技术是用户向系统出示自己身份证明的过程。身份认证是系统查核用户身份证明的过程。这两个过程是判明和确认通信双方真实身份的两个重要环节,人们常把这两项工作统称为身份验证。它的安全机制在于首先对发出请求的用户进行身份验证,确认其是否为合法用户,如是合法用户,再审核该用户是否有权对他所请求的服务或主机进行访问。从加密算法上来讲,其身份验证是建立在对称加密的基础上的。

为了使网络具有是否允许用户存取数据的判别能力,避免出现非法传送、复制或篡改数据等不安全现象,网络需要采用的识别技术。常用的识别方法有口令、唯一标识符、标记识别等。口令是最常用的识别用户的方法,通常是由计算机系统随机产生,不易猜测、保密性强,必要时还可以随时更改,实行固定或不固定使用有效期制度,进一步提高网络使用的安全性;唯一标识符一般用于高度安全的网络系统,采用对存取控制和网络管理实行精确而唯一的标识用户的方法,每个用户的唯一标识符是由网络系统在用户建立时生成的一个数字,且该数字在系统周期内不会被别的用户再度使用;标记识别是一种包括一个随机精确码卡片(如磁卡等)的识别方式,一个标记是一个口令的物理实现,用它来代替系统打入一个口令。一个用户必须具有一个卡片,但为了提高安全性,可以用于多个口令的使用。

3. 网络防病毒技术

在网络环境下,计算机病毒具有不可估量的威胁性和破坏力。CIH 病毒及爱虫病毒就足以证明如果不重视计算机网络防病毒,那可能给社会造成灾难性的后果,因此计算机病毒的防范也是网络安全技术中重要的一环。网络防病毒技术的具体实现方法包括对网络服务器中的文件进行频繁地扫描和监测,工作站上采用防病毒芯片和对网络目录及文件设置访问权限等。防病毒必须从网络整体考虑,以方便管理人员能在夜间对全网的客户机进行扫描,检查病毒情况;利用在线报警功能,网络上每一台机器出现故障、病毒侵入时,网络管理人员都能及时知道,从而从管理中心处予以解决。

访问控制也是网络安全防范和保护的主要策略,它的主要任务是保证网络资源不被非法使用和非正常访问。它也是维护网络系统安全、保护网络资源的重要手段,可以说是保证网络安全最重要的核心策略之一。它主要包括身份验证、存取控制、入网访问控制、网络的权限控制、目录级安全控制、属性安全控制等。计算机信息访问控制技术最早产生于 20 世纪 60 年代,随后出现了两种重要的访问控制技术,即自主访问控制和强制访问控制。随着网络的发展,为了满足新的安全需求,近年来又出现了以基于角色的访问控制技术、基于任务的访问控制。

随着网络技术的日益普及,以及人们对网络安全意识的增强,许多用于网络的安全技术得到强化并不断有新的技术得以实现。随着计算机网络技术的进一步发展,网络安全防护技术也必然随着网络应用的发展而不断发展。

7.7 小结

本章首先介绍了加密编码的基本概念,引出了常用的两种数据加密体制,并详细介绍了两种加密体制的不同以及各自的优、缺点,同时给出了当前密码算法的不同分类;其次,针对对称加密体制和公开密钥加密体制,分别阐述了这两种数据加密体制的典型算法——DES 加密算法和 RSA 加密算法的加解密原理、算法步骤及应用场合,并对两种算法进行了安全性分析,同时对国际数据加密算法 IDEA 的算法原理及加解密过程进行了简要介绍;再次,对通信网络中可根据不同的要求采用的链路加密、节点加密和端到端加密 3 种方式进行了阐述;最后,围绕信息安全和确认技术,介绍了信息安全的基本概念,详细阐述了数字签名中的基本概念、签名的生成和验证方法以及数字签名的作用,并给出了数字签名在电子商务系统中的具体应用,同时对于几种网络信息安全技术进行了介绍。

习题

7-1 填空题

(1) 加密就是通过_____对数据消息进行转换,使之成为没有_____任何人都无法读懂的报文,阻止非法用户获取和理解原始数据,从而确保数据的保密性。

(2) 采用加密方法可以隐蔽和保护需要保密的消息,使未授权者不能提取信息,被隐蔽的消息称为_____,密码可将明文变换成另一种隐蔽形式,称为_____,这种变换称为_____,其逆过程,从密文恢复出明文的过程称为_____。

(3) 对明文进行加密时采用的一组规则称为_____,对密文解密时采用的一组规则称为_____。加密算法和解密算法通常都是在一组密钥控制下进行的,分别称为_____和_____。

(4) 若采用的加密密钥和解密密钥相同,或者实际上等同,即从一个易于得出另一个,称为_____,若加密密钥和解密密钥不相同,从一个难以推出另一个,则称_____。

(5) DES 分组密码算法的分组长度是_____b,每一轮所使用的子密钥长度为_____b,其中,有效密钥长度是_____b,迭代轮数是_____圈。

(6) 数字签名就是利用通过某种密码运算生成的一系列符号及代码组成_____进行"签名",来代替书写签名或印章。

7-2 选择题

(1) ( )用于验证消息完整性。
　　A. 消息摘要　　　　B. 加密算法　　　C. 数字信封　　　D. 都不是

(2) 数字证书采用公钥体制,每个用户设定一把公钥,由本人公开,用它进行( )。
　　A. 加密和验证签名　B. 解密和签名　　C. 加密　　　　　D. 解密

(3) 以下关于数字签名的说法,正确的是( )。
　　A. 数字签名是在所传输的数据后附加上一段和传输数据毫无关系的数字信息
　　B. 数字签名能够解决数据的加密传输,即安全传输问题
　　C. 数字签名一般采用对称加密机制
　　D. 数字签名能够解决篡改、伪造等安全性问题

(4) 公钥密码学的思想最早由( )提出。
　　A. 欧拉(Euler)
　　B. 迪菲(Diffie)和赫尔曼(Hellman)
　　C. 费马(Fermat)
　　D. 里维斯特(Rivest)、沙米尔(Shamir)和埃德蒙(Adleman)

(5) 在混合加密方式下,真正用来加解密通信过程中所传输数据的密钥是( )。
　　A. 非对称密码算法的公钥　　　　　B. 对称密码算法的密钥
　　C. 非对称密码算法的私钥　　　　　D. CA 中心的公钥

(6) 若 Bob 给 Alice 发送一封邮件,并想让 Alice 确信邮件是由 Bob 发出的,则 Bob 应

该选用(　　)对邮件加密。

  A. Alice 的公钥　　　B. Alice 的私钥　　　C. Bob 的公钥　　　D. Bob 的私钥

(7) 对称加密算法的典型代表是(　　)。

  A. RSA　　　　　　B. DSR　　　　　　C. DES　　　　　　D. MD5

(8) 防止他人对传输的文件进行破坏,以及如何确定发信人的身份需要采取的加密技术手段是(　　)。

  A. 数字签名　　　　B. 传输加密　　　　C. 数字指纹　　　　D. 实体鉴别

7-3 简述 RSA 体制中,密钥对的产生过程。

7-4 在 RSA 体制中,选取 $p=3, q=17$,取 $e=5$,试计算解密密钥 d 并加密 $M=2$。

7-5 简述加入数字签名的报文在网络中的传输过程。

7-6 简述数字签名在电子商务中可以抵御的网络攻击有哪些。

部分习题答案

第1章

1-1 (1) 含义,效用;(2) 不确定性;(3) 减小,增加;(4) 1948,通信的数学理论;
(5) 客观、共享、时效

1-2 (1) × (2) √ (3) × (4) × (5) √

1-3 (1) D (2) B (3) D (4) A

1-4 (略)

1-5 (略)

1-6 语法信息:是该方程中各个字母、符号的排列形式。

语义信息:ΔE 为所产生的能量,Δm 为质量的变化,c^2 为光速的平方,= 表示左右在量值上相等。综合起来就是,质量的微小变化可以产生巨大的能量。

语用信息:该方程可以启发主题在一定条件下,通过物质质量的变化来产生巨大的能量,如果让能量缓慢释放出来,可以得到核能;如果让能量瞬间释放出来,可借以制造核弹。

第2章

2-1 (1) 当前输出符号和前一时刻信源状态;(2) 时间起点;(3) 指数分布;
(4) 平均符号熵;(5) 不小于,不大于

2-2 (1) × (2) × (3) √ (4) × (5) ×

2-3 (1) 4.170bit (2) 5.170bit (3) 1.710bit

2-4 0.585bit

2-5 (1) 1bit、2bit、3bit、4bit、4bit;(2) 1.875bit

2-6 (1) 87.811bit;(2) 1.951bit

2-7 2.1×10^6 比特/符号,13288 比特/符号,158037

2-8 (1) 是平稳无记忆信源;(2) 1.942 比特/符号,0.971 比特/符号,0.971 比特/符号;
(3) 3.884 比特/符号

2-9 (1) 2.3 比特/符号;(2) 1.58.3 比特/符号;(3) 0.78 比特/符号

2-10 2.657 比特/符号 $\log_2 6$ 比特/符号

2-11 $W_1 = 10/25$ $W_2 = 9/25$ $W_3 = 6/25$

2-12 5/14,1/7,1/7,5/14

第3章

3-1 (1) 当前时刻的、以前的;(2) 上、下;(3) 散布度、噪声熵;
(4) 速度指标——信息(传输)率 R,即信道中平均每个符号传递的信息量;质量

指标——平均差错率 P_e，即对信道输出符号进行译码的平均错误概率。

(5) $I(X;Y)$ 达到最大值(即信道容量 C)

3-2 (1) × (2) √ (3) × (4) √ (5) √

3-3 (1) C (2) A (3) C (4) B (5) C

3-4 (1) $H(X)=0.815$ 比特/符号,$H(X/Y)=0.749$ 比特/符号,
$H(Y/X)=0.91$ 比特/符号,$I(X;Y)=0.066$ 比特/符号

(2) 0.082 比特/符号,$p(x)=0.5$

3-5 (1) $H(Y)=\frac{3}{2}-\frac{1+a}{4}\log_2(1+a)-\frac{1-a}{4}\log_2(1-a)\text{b/s}$；

(2) $3/2-a/2\text{b/s}$；(3) 0.16b/s

3-6 919bit/s

3-7 (1) 1.46 比特/符号；(2) 1.18 比特/符号；(3) 0.8；(4) 0.73；(5) 0.73；(6) 较差；
(7) 1.58 比特/符号,1.3 比特/符号

3-8 (1) 3.46Mb/s；(2) 1.34MHz；(3) 120

3-9 (1) 信道的传输速率为 2b/s,信源不通过编码时输出的速率 2.55b/s,所以不能直接与信道连接。

(2) 信源通过二次扩展编码,最低的输出速率可降低到 1.84b/s,可以在信道中进行无失真传输。

3-10 (1) 0.598 比特/符号；(2) 0.469 比特/符号；(3) 由于需要传递的信息量小于信道容量 $H(X)<C$,这个信道可以正确地传递顾客点菜的信息。

第 4 章

4-1 (1) 失真函数；(2) 平均失真；(3) 信息率失真函数 $R(D)$；
(4) 信源熵(或 $R(D_{\min})=R(0)=H(X)$)；(5) 连续信源

4-2 (1) B；(2) C；(3) D；(4) D；(5) D

4-3 $\boldsymbol{d}=\begin{bmatrix}0 & 1\\1 & 0\end{bmatrix}$, $\overline{D}=\varepsilon$

4-4 $D_{\max}=4/3$

4-5 $D_{\min}=0.2$, $D_{\max}=1.3$

4-6 $D_{\min}=0$, $R(0)=1$ 比特/符号,$\boldsymbol{P}=\begin{bmatrix}1 & 0\\0 & 1\end{bmatrix}$；$D_{\max}=1/2$, $R(1/2)=0$, $\boldsymbol{P}=\begin{bmatrix}0 & 1\\0 & 1\end{bmatrix}$

4-7 $D_{\min}=0$, $R(0)=2$ 比特/符号,$\boldsymbol{P}=\begin{bmatrix}1 & 0 & 0 & 0\\0 & 1 & 0 & 0\\0 & 0 & 1 & 0\\0 & 0 & 0 & 1\end{bmatrix}$；$D_{\max}=3/4$, $R(3/4=0)$,相应

编码器可以有多种,其中一种的转移概率矩阵 $\boldsymbol{P}=\begin{bmatrix}1 & 0 & 0 & 0\\1 & 0 & 0 & 0\\1 & 0 & 0 & 0\\1 & 0 & 0 & 0\end{bmatrix}$

4-8 $D_{\min}=0$, $R(0)=1$ 比特/符号,$\boldsymbol{P}=\begin{bmatrix}1 & 0 & 0\\0 & 1 & 0\end{bmatrix}$；$D_{\max}=1/4$, $R(1/4)=0$

$$\boldsymbol{P}=\begin{bmatrix} 0 & 0 & 1 \\ 0 & 0 & 1 \end{bmatrix}$$

4-9 (1) $\overline{D}=q(1-p)$;

(2) $\max R(D)=H(U)=-p\log_2 p-(1-p)\log_2(1-p)$; $q=0$ 时 $D=0$;

(3) $\min R(D)=0$; $q=1$ 时 $D=1-p$;

(4) 略

4-10 $R(D)=1-D$

4-11
$$R(D)=\begin{cases} D\log_2\dfrac{D}{2(1-D)}+\log_2 5(1-D)-0.8\log_2 2 & 0\leqslant D\leqslant 0.4 \\ (D-0.2)\log_2(D-0.2)+(1-D)\log_2(1-D)-0.8\log_2 0.4 & 0.4\leqslant D\leqslant 0.6 \end{cases}$$

4-12 略

4-13 $R(D)\begin{cases} =\log_2\left(\dfrac{4\pi}{D}\right)-3\log_2 e & 0\leqslant D\leqslant \dfrac{1}{\sqrt{6}} \\ >\log_2\left(\dfrac{4\pi}{D}\right)-3\log_2 e & \dfrac{1}{\sqrt{6}}<D\leqslant \dfrac{2}{\pi} \end{cases}$

第 5 章

5-1 (1) 定长,变长；(2) 0.75,0.25；(3) 最佳变长码；(4) 符号变换,冗余度压缩；
(5) 小；(6) $H(X),R(D)$；(7) 短码,长码

5-2 (1) B; (2) A

5-3 (1) C_1,C_2,C_3,C_6；(2) C_1,C_3,C_6；(3) $H(X)=2$ 比特/符号,66.7%,94.1%, 94.1%,80%。

5-4 (1) 7/4 比特/符号；(2) 7/4 二进制码元/符号；(3) $p_0=1/2, p_1=1/2$, 7/14 比特/二进制码元

5-5 (1) 含有 3 个或小于 3 个"1"的信源序列共有 $\begin{bmatrix}100\\0\end{bmatrix}+\begin{bmatrix}100\\1\end{bmatrix}+\begin{bmatrix}100\\2\end{bmatrix}+\begin{bmatrix}100\\3\end{bmatrix}\approx$ 166 750 种,若用二进制码元构成定长码,则需最小长度为 18bit；(2) 0.0017

5-6 (1) 200bit/s；(2) 198.55bit/s；(3) 200bit/s；198.55bit/s

5-7 (1) 1.98 比特/符号；(2) $p(0)=0.8, p(1)=0.2$；(3) $\eta=0.66$；(4) 0,10,110, 1110,11110,111110,1111110,1111111；(5) $\eta=1$

5-8 (1) 0,10,110,1110,11110,…,1…10($i-1$ 个"1"和 1 个"0"),…;
(2) $1/2+2/4+3/8+\cdots+i/2^i+\cdots$；(3) 1

5-9 0,10,11,20,21,22；$\eta=0.93$

5-10 当信源具有 $N=2^i$ 个符号时,每个符号的码字长度相等且为 $i$bit,平均码长为 $i$bit；当信源具有 $N=2^i+1$ 个符号时,其中 2^i-1 个符号的码字长度为 $i$bit,2 个符号的码字长度为 $(i+1)$bit,平均码长为 $\left(i+\dfrac{2}{2^i+1}\right)$bit

5-11 (1) 2.23 比特/符号；(2) 00,01,10,110,1110,1111；96.96%；(3) 1.62×10^5

5-12 2,00,01,10,11,12,020,021 和 00,01,02,10,11,12,20,21,22。$\overline{L_1}=2$ 三元码/

信源符号，$\sigma_1^2=0.4$，$\overline{L_2}=2$ 三元码/信源符号，$\sigma_2^2=0$。码 1 和码 2 是平均码长相同的三元非延长码，但它们方差不同，码 2 的方差为 0。所以，对于有限长的不同信源序列，用码 2 所编码的码序列长度没有变化，并且相对来说码序列长度要短些。因此码 2 更实用些。

5-13　(1) 2.35 比特/符号；(2) 00,010,100,101,1110,11110,82.7%；(3) 00,01,10,110,1110,1111,97.9%；(4) 10,00,01,110,1110,1111,97.9%；(5) 1,2,00,01,021,022,93.8%；(6) 3 比特/符号,78.3%；(7) 2.1×10^5

5-14　(1) 2.55 比特/符号，2.55bit/s；(2) 011,001,1,00010,0101,0000,0100,00011,97.3%；(3) 1001,011,00,11100,11011,1010,1100,11110,80.1%；(4) 100,01,00,1110,1101,101,1100,1111,96.2%。

5-15　(1) $a,ba,bb,ca,cba,cbb,cca,ccb,ccc,0.89$；(2) $c,ba,bb,aa,aba,abb,aca,acba,acbb,0.87$。

5-16　(1) 00,01,100,101,111,1100,1101,$\eta=0.95$；(2) $a,b,ca,cb,cca,ccb,ccc,\eta=1$；(3) 二进制信道花费 4.33 元，三进制信道花费 3.9 元，因而在三进制信道中传输码元可得到较小的花费

5-17　序列 11111110111110 的算术码的码字为 101000100，平均码长为 $\overline{L}=\dfrac{9}{14}$ 二元符号/信源符号，编码效率为 $\eta=\dfrac{H(X)}{\overline{L}}\approx\dfrac{0.5436}{9/14}\approx84.6\%$

5-18　1101

5-19　(1) 该扫描行的 MH 码为

64 白+	9 白	7 黑	11 白	18 黑	1600 白+	19 白	EOL
11011	10100	00011	01000	0000001000	010011010	0001100	000000000001

(2) 编码后该行总比特数为 58 位；(3) 这一行编码压缩比为：1728∶58≈29.8

第 6 章

6-1　(1) 51/63, 2/7；(2) 5；(3) 2,5；(4) 3,1；(5) 4,3/7；(6) 分组码，卷积码；(7) 维特比(Viterbi)

6-2　(1) √　(2) √　(3) √　(4) ×　(5) ×

6-3　(略)

6-4　(1) $g(x)=x^4+x^2+x+1$

$$H=\begin{bmatrix}1 & 1 & 0 & 1 & 0 & 0\\ 0 & 1 & 1 & 0 & 1 & 0\\ 1 & 1 & 1 & 0 & 0 & 1\\ 0 & 0 & 1 & 0 & 0 & 0\end{bmatrix}$$

(2) 1100101；(3) 能纠 1 位错码

6-5

(1) $H=\begin{bmatrix}1 & 1 & 0 & 1 & 0 & 0\\ 0 & 1 & 1 & 0 & 1 & 0\\ 1 & 0 & 1 & 0 & 0 & 1\end{bmatrix}$，$n=6,k=3$

(2) 监督关系式为：$a_2=a_5+a_4$，$a_1=a_4+a_3$，$a_0=a_5+a_3$

所有码组：000000,100101,001011,101110,010110,110011,011101,111000

(3) 最小码距 $d_0=3$

6-6 (1) $n=6, k=3, 8$

(2) $G=\begin{bmatrix} 1 & 0 & 0 & 1 & 1 & 0 \\ 0 & 1 & 0 & 0 & 1 & 1 \\ 0 & 0 & 1 & 1 & 0 & 1 \end{bmatrix}$

(3) 000000,001101,010011,011110,100110,101010,110101,111000；

(4) 不是

6-7

(1) $G=\begin{bmatrix} 1 & 0 & 0 & 0 & 1 & 1 & 0 \\ 0 & 1 & 0 & 0 & 0 & 1 & 1 \\ 0 & 0 & 1 & 0 & 1 & 1 & 1 \\ 0 & 0 & 0 & 1 & 1 & 0 & 1 \end{bmatrix}$ $H=\begin{bmatrix} 1 & 0 & 1 & 1 & 1 & 0 & 0 \\ 1 & 1 & 1 & 0 & 0 & 1 & 0 \\ 0 & 1 & 1 & 1 & 0 & 0 & 1 \end{bmatrix}$

(2) 0011010

第 7 章

7-1 (1) 密码算术，正确密钥；(2) 明文，密文，加密，解密；

(3) 加密算法，解密算法，加密密钥，解密密钥；

(4) 单钥或对称密码体制，双钥或公开密码体制；

(5) 64,64,56,16；(6) 电子密码

7-2 (1) A；(2) A；(3) D；(4) D；(5) C；(6) D；(7) C；(8) A

7-3 (1) 选择两个大素数 p 和 q，计算 $n=p\times q, \phi(n)=(p-1)\times(q-1)$；

(2) 随机选择和 $\phi(n)$ 互质的数 d，要求 $d<\phi(n)$；

(3) 利用 Euclid 算法计算 e，满足：$e\times d\equiv 1\mod(p-1)\times(q-1)$，即 $d、e$ 的乘积和 1 模 $\phi(n)$ 同余；

(4) 于是，数 (n,e) 是加密密钥，(n,d) 是解密密钥。两个素数 p 和 q 不再需要，应该丢弃，不要让任何人知道。

7-4 $d=13$ 假定明文为整数 $M=2$，则密文 C 为 32；复原明文 M 为 2

7-5 (略)

7-6 (1) 防冒充(伪造)；(2) 可鉴别身份；

(3) 防篡改(防破坏信息的完整性)；(4) 防重放；

(5) 防抵赖；(6) 机密性(保密性)

参 考 文 献

[1] 曹雪虹,张宗橙.信息论与编码[M].2版.北京:清华大学出版社,2009.
[2] 周炯磐,丁晓明.信源编码原理[M].北京:人民邮电出版社,1996.
[3] 吕锋,王虹,刘皓春.信息理论与编码[M].2版.北京:人民邮电出版社,2010.
[4] 傅祖芸.信息论——基础理论与应用[M].3版.北京:电子工业出版社,2011.
[5] 宋鹏.信息论与编码原理[M].北京:电子工业出版社,2011.
[6] 吴伟陵.信息处理与编码[M].北京:人民邮电出版社,1999.
[7] 吴伯,祝宗泰,钱霖君.信息论与编码[M].南京:东南大学出版社,1991.
[8] 周荫清.信息理论基础[M].北京:北京航空航天大学出版社,1993.
[9] 沈连丰,叶芝慧.信息论与编码[M].北京:科学出版社,2004.
[10] 傅祖芸,赵建中.信息论与编码[M].北京:电子工业出版社,2006.
[11] 姜楠,王健.信息论与编码[M].北京:清华大学出版社,2010.
[12] 于成波.信息论与编码[M].重庆:重庆大学出版社,2002.
[13] 王虹,刘雪冬.信息理论与编码学习指导[M].北京:人民邮电出版社,2010.
[14] 贾世楼.信息论理论基础[M].2版.哈尔滨:哈尔滨工业大学出版社,2001.
[15] 冯桂,林其伟,陈东华.信息论与编码技术[M].北京:清华大学出版社,2007.
[16] 孙丽华.信息论与纠错编码[M].北京:电子工业出版社,2005.
[17] 张宗橙.纠错编码原理与应用[M].北京:电子工业出版社,2000.
[18] 王新梅,肖国镇.纠错码——原理与方法[M].西安:西安电子科技大学出版社,2001.